LE SOMMEIL

ET

LES RÊVES

Paris. — Imprimerie de P.-A. BOURDIER et Cie, rue Mazarine, 30.

LE SOMMEIL

ET

LES RÊVES

ÉTUDES PSYCHOLOGIQUES SUR CES PHÉNOMÈNES

ET LES DIVERS ÉTATS QUI S'Y RATTACHENT

SUIVIES

DE RECHERCHES SUR LE DÉVELOPPEMENT DE L'INSTINCT
ET DE L'INTELLIGENCE
DANS LEURS RAPPORTS AVEC LE PHÉNOMÈNE DU SOMMEIL

PAR

L.-F.-ALFRED MAURY
Membre de l'Institut.

PARIS
LIBRAIRIE ACADÉMIQUE
DIDIER ET Cie, LIBRAIRES-ÉDITEURS
35, QUAI DES AUGUSTINS.

1861

PRÉFACE

Ce livre est l'exposé des études que j'ai depuis longtemps entreprises sur les rêves et les phénomènes qui s'y rattachent. Un premier aperçu en avait été donné dans les *Annales médico-psychologiques du système nerveux* (*Des hallucinations hypnagogiques*, janvier 1848; — *Nouvelles observations sur les analogies des phénomènes du rêve et de l'aliénation mentale*, juillet 1853; — *De certains faits observés dans les rêves et dans l'état intermédiaire entre la veille et le sommeil*, avril 1857).

Depuis la publication de ces mémoires, j'ai cherché à compléter et à étendre mes observations, en les rapprochant de faits qui m'étaient communiqués par des amis, ou que j'avais puisés chez des auteurs dignes de foi. Je crois avoir été mis ainsi sur la voie de la véritable théorie du rêve ; je suis loin cependant de prétendre en avoir dissipé toutes les obscurités. Peut-être en s'imposant une méthode d'observations aussi sévère et aussi suivie que celle à laquelle j'ai eu recours, d'autres psychologistes seront-ils plus heureux que moi. Mais, pour ne nous laisser rien ignorer de ce curieux phénomène, il faut que celui qui les étudie s'astreigne à une expérimentation de tous les jours. Trop souvent les personnes qui se livrent à la science des manifestations de l'âme et des opérations de la pensée substituent à l'observation patiente et méthodique, la seule voie qui nous puisse conduire à la vérité, des conceptions tirées d'idées préconçues ou de théories purement spéculatives. Aussi la psychologie n'a-t-elle fait jusqu'à présent que des progrès très-lents. Je me suis efforcé d'éviter ces défauts; je n'ai en conséquence adopté que les principes qui découlent de l'observation. N'appartenant d'ailleurs à aucune secte philosophique, j'ai observé simplement les faits avec le plus de rigueur qu'il m'a été possible, et je les ai laissé en quelque sorte parler. Pour ce qui est du redoutable problème des causes premières, j'ai évité de l'aborder, convaincu de l'impossibilité de le résoudre. L'homme n'a de la Divinité et de l'infini qu'un sentiment, qu'une notion vague, bien que vive, qui ne saurait se prêter à ces conceptions claires, précises, qui constituent la connaissance. Tout ce qu'il lui est permis d'atteindre, ce sont les phénomènes ; car c'est par les phénomènes qu'il est en relation avec la nature, et les phénomènes seuls agissent sur ses sens, source ordinaire de ses connaissances et de ses idées. En étudiant les rêves et le sommeil qui les amène, je n'ai guère cherché que la loi suivant laquelle ils se produisent, les circonstances auxquelles ils se rattachent. Cette étude m'a paru conduire à des résultats qui jettent quelque jour sur notre constitution psychologique et la formation des idées. Je n'ai point séparé dans mes recherches l'homme physique de l'homme moral, parce que dans notre existence terrestre ces deux faces de la personnalité sont étroitement unies. On ne saurait connaître les opérations de l'intelligence et les phases de la vie pensante, sans avoir préalablement étudié le jeu de l'organisme; la réaction du corps sur l'âme et de l'âme sur le corps est de tous les instants. L'homme, même lorsqu'il suppose échapper le plus à l'influence des organes, en subit encore l'empire. La psychologie demeurera toujours incomplète tant qu'elle ne tiendra compte de tous les faits physiologiques. Rien ne le montre mieux que l'étude des rêves, que les observations dont je présente dans cet ouvrage le détail et l'enchaînement. Ne voulant pas sortir du domaine des faits qui relèvent de l'expérience, je laisserai le lecteur libre de tirer des conséquences métaphysiques de plusieurs des phénomènes que j'indique, et je resterai prudemment dans les bornes de l'induction la plus naturelle et la plus légitime.

La méthode dans laquelle je me renferme est donc toute d'observation. C'est celle qui a fait faire tant de progrès aux sciences physiques, qui, appliquée par l'école écossaise, a fait entrer la philosophie dans une voie plus sûre et assurera l'avancement des sciences morales et psychologiques. Mais qu'on n'oublie pas que l'expérience, pour rester un guide sûr, doit être conduite avec cette vigilance, ces précautions, cette surveillance sur toutes les causes d'erreurs, qui constituent la méthode critique. L'observation n'a d'autorité et de valeur qu'autant qu'elle est contrôlée par un jugement sévère, que l'imagination n'intervient pas pour exagérer ou dénaturer ses résultats, ou que des théories préconçues ne donnent pas le change sur la véritable cause des phénomènes. Le besoin de merveilleux, le penchant au surnaturel, la facilité à admettre, en vertu de croyances irrationnelles, des faits qu'on a pris à peine le soin de constater, encombrent la psychologie d'une foule d'opinions, d'assertions et d'hypothèses qui nuisent singulièrement à son avancement. Tout ce qui tient au sommeil et au rêve se prête plus encore que les autres faits psychologiques à cette invasion de l'imagination sur le champ de l'observation. Et telle est la raison pour laquelle un phénomène aussi universellement constaté que le rêve, demeure encore enveloppé des mêmes obscurités qui dérobaient, dans le principe, à l'homme tous les phénomènes de la nature.

Si j'ai pu percer en quelques points ces ténèbres épaisses, j'aurai atteint mon but; d'abord j'aurai éclairé une des questions les plus curieuses de l'existence psychique, ensuite j'aurai apporté un témoignage de plus en faveur de la supériorité de la méthode expérimentale sur celle qui part de conceptions abstraites et d'axiomes ontologiques.

Ce livre se divise de fait en deux parties. Dans la première, j'expose la formation des rêves, ainsi qu'elle ressort de mes études; dans la seconde, j'applique les principes déduits de mes observations à des faits d'un ordre analogue, plus étranges, parce qu'ils sont plus rares, mais qu'il ne m'a pas été toujours permis d'étudier par moi-même : l'hypnotisme, le somnambulisme, et certains états pathologiques dans lesquels on a cru reconnaître des phénomènes en contradiction avec l'ordre naturel des choses. Je hasarde sans doute çà et là, surtout dans l'appendice et les notes, quelques vues théoriques qui peuvent ne pas paraître suffisamment établies ; mais, en les exposant, je les livre plus à l'étude, que je ne les présente comme des vérités démontrées. Les progrès de l'anatomie et de la physiologie serviront un jour à les contrôler. La connaissance de la composition et de l'action de l'encéphale est encore dans l'enfance. Les analyses chimiques qui ont été tentées ne sont que de grossiers essais. Il y a là toute une physique physiologique qui réclame les lumières de la chimie organique aujourd'hui à peine constituée. La psychologie a besoin de ses indications pour se rendre compte d'actions qui lui échappent, et la pathologie mentale, à son tour, achèvera d'éclairer le problème. Mais, en attendant, il est permis de proposer quelques aperçus qui s'appuient sur l'observation des faits. Aussi, quand je n'ai pu parvenir à démontrer, je crois du moins donner utilement à réfléchir. Il est toujours bon de ramener l'homme à l'étude de soi-même. En nous observant et redescendant dans notre conscience intime, nous comprenons davantage tout ce qu'il y a d'admirable dans notre organisation, et notre intelligence s'élève à des hauteurs qui nous font planer au-dessus des mesquins intérêts de la vie terrestre. Notre pensée s'ennoblit; elle devient plus sereine et plus pure!

LE SOMMEIL

ET

LES RÊVES

CHAPITRE PREMIER

MA MÉTHODE D'OBSERVATION

Le lecteur vient de voir par ma préface quels principes m'ont guidé dans cet essai sur le sommeil et les rêves. C'est de la psychologie expérimentale que j'ai voulu faire. Avant d'entrer dans l'exposé de mes observations, je dois dire quelques mots de la manière dont je les ai recueillies. Il est nécessaire que chacun soit à même de répéter mes expériences, afin d'en vérifier la rigueur et de s'assurer de la légitimité des inductions que j'en tire. Voilà bien des années que je poursuis sur moi-même une étude qu'il est loisible à tout homme d'entreprendre, mais dont on ne s'est guère occupé, faute de constance, d'attention suffisante et parce qu'on a négligé diverses précautions que, pour ce motif, je tiens à signaler.

Je m'observe tantôt dans mon lit, tantôt dans mon

fauteuil, au moment où le sommeil me gagne; je note exactement dans quelles dispositions je me trouvais avant de m'endormir, et je prie la personne qui est près de moi de m'éveiller, à des instants plus ou moins éloignés du moment où je me suis assoupi. Réveillé en sursaut, la mémoire du rêve auquel on m'a soudainement arraché est encore présente à mon esprit, dans la fraîcheur même de l'impression. Il m'est alors facile de rapprocher les détails de ce rêve des circonstances où je m'étais placé pour m'endormir. Je consigne sur un cahier ces observations, comme le fait un médecin dans son journal pour les cas qu'il observe. Et en relisant le répertoire que je me suis ainsi dressé, j'ai saisi, entre des rêves qui s'étaient produits à diverses époques de ma vie, des coïncidences, des analogies dont la similitude des circonstances qui les avaient pour ainsi dire provoquées m'ont bien souvent donné la clef.

L'observation à deux est presque toujours indispensable; car avant que l'esprit ait repris conscience de soi-même, il se passe des faits psychologiques dont la mémoire peut sans doute persister après le réveil, mais qui sont liés à des manifestations qu'autrui seul peut constater. Ainsi, les mots qu'on prononce, assoupi ou dans un rêve agité, doivent être entendus par quelqu'un qui vous les puisse rapporter. Il n'est pas jusqu'aux gestes, aux attitudes qui n'aient aussi leur importance. Enfin, ce qui rend nécessaire le concours d'une seconde personne, c'est l'impossibilité où vous seriez de vous éveiller à un moment donné, par un procédé mécanique, comme vous le faites avec l'aide d'une main complaisante. Il va sans dire que, pour être en position de recueillir des observations utiles, il faut être prédisposé à la rêvasserie, aux rêves, sujet à ces hallucinations hypnagogiques que je décrirai plus loin; tel est précisément mon cas. Peu de personnes rêvent aussi vite, aussi fréquemment que moi; fort rarement le souvenir de ce que j'ai rêvé m'échappe, et la mémoire de mes rêves subsiste souvent pendant plusieurs mois aussi fraîche, je dirai volontiers aussi saisissante, qu'au moment de mon réveil. De plus, je m'endors aisément le soir, et durant ces courts instants de sommeil je commence des rêves dont je puis vérifier, au bout de quelques secondes, la relation avec ce qui m'occupait précédemment. Enfin, le moindre écart dans mon régime, le plus léger changement dans mes habitudes, fait naître en moi des rêves ou des hallucinations hypnagogiques en désaccord complet avec ceux de ma vie de tous les jours. J'ai donc presque constamment en main la mesure des effets produits par des causes qu'il m'est possible d'apprécier.

Maintenant que le public connaît ma méthode et est dans la confidence de mon tempérament, je vais me présenter devant lui tour à tour assoupi ou endormi, et lui dire ce qu'il m'advient alors. J'aurai d'ailleurs besoin de le mettre encore plus dans le secret de mes faiblesses et de mes défauts. Pour des observations de cette sorte, où l'âme cherche à découvrir comment elle agit, il lui faut se découvrir avec simplicité et candeur aux regards d'autrui, et, comme celui qui pose devant un peintre, laisser à tous ses mouvements leur aisance et leur naturel. Non-seulement j'ai besoin de mettre de côté mon amour-propre individuel, mais encore mon orgueil d'homme et presque ma dignité de créature de Dieu. C'est que cette intelligence dont nous sommes si fiers, force est de la montrer passant à tout instant par des alternatives de puissance et de faiblesse. Rien n'est plus humiliant que de voir un moment de sommeil ou d'assoupissement nous ravaler, comme on le verra dans mes observations, au niveau de l'enfant qui vagit ou du vieillard qui radote; il est triste d'avoir à constater notre misère et d'étudier des phénomènes qui nous mettent constamment en présence d'une décomposition ou d'une suspension de la pensée voisine de la mort. Mais le philosophe trouve dans la satisfaction d'une vérité découverte la consolation des faits désolants qu'elle peut nous révéler, et si la curiosité qui nous pousse à scruter les merveilleux détails de notre organisation physique nous fait aisément surmonter le dégoût des chairs mortes et des cadavres éventrés, l'intérêt qu'excite la connaissance psychologique de l'homme nous fera passer par-dessus les tristesses que le spectacle de l'intelligence humaine, sous toutes ses phases, peut nous réserver. Bien d'autres avant moi se sont chargés de mettre en lumière ce qu'il y a de noble, de grand, de puissant, d'étendu, de sublime même dans l'entendement humain ; il ne reste guère qu'à étudier l'intelligence en déshabillé, et à nous dire ce qu'elle devient quand elle secoue ce vêtement d'apparat que l'on appelle la raison, et cette contenance quelque peu fatigante que l'on nomme la conscience.

CHAPITRE II

DE L'ÉTAT PHYSIOLOGIQUE PENDANT LE SOMMEIL

Avant de nous occuper des phénomènes dont le sommeil forme le point de départ, il est indispensable de se faire une idée précise de l'état où se trouve l'homme qui dort. Pour arriver à cette détermination, mes observations personnelles ne sauraient suffire ; je dois emprunter les lumières de la physiologie. Toutefois, vu ce qu'elles laissent encore d'obscur, j'essayerai de les contrôler par les faits que me suggère ma propre expérience. D'ailleurs, ce n'est point une théorie complète du sommeil, sous le rapport physiologique, que j'ai ici à établir. La tâche serait trop lourde, et bien d'autres que moi, de plus habiles, y ont échoué. Rechercher quelles sont les principales circonstances biologiques et les modifications de notre économie qui coïncident avec l'apparition du sommeil, c'est là seulement ce que je me propose. Un certain nombre de faits recueillis par les médecins, fournis par une étude attentive des phénomènes de la vie physique, me semblent suffire à nous donner une notion des changements qui s'opèrent en nous pendant le sommeil. Ces changements sont d'autant plus nécessaires à noter qu'ils se rattachent précisément aux causes que j'ai été conduit à assigner, par la suite de mes expériences, à certains phénomènes liés au sommeil.

Ainsi, on ne trouvera dans ce chapitre rien de plus que ce qu'on peut raisonnablement attendre de la méthode purement expérimentale et inductive.

Le sommeil chez l'homme, comme chez les animaux, est amené par le besoin de repos ; c'est la forme principale et périodique sous laquelle les êtres animés rendent à l'organisme fatigué l'énergie nécessaire pour vaquer à de nouvelles occupations et continuer les actes constitutifs de la vie de relation. Et, en effet, les phénomènes qui se produisent pendant le sommeil indiquent un ralentissement dans les fonctions de la vie, une suspension d'action des organes chargés de nous mettre en rapport avec le monde extérieur. La circulation se fait plus lentement; la respiration, la digestion sont moins actives; les mouvements musculaires ont presque totalement cessé, et les sens sont émoussés, ou aux trois quarts abolis[1].

Le sommeil est le plus ordinairement la conséquence de la fatigue que nous éprouvons à mettre en jeu les organes placés sous l'empire de la volonté ; comme durant la veille nous ne cessons pas d'agir, comme, d'autre part, nous ne pouvons, en vertu de notre

1. Voy. Cabanis, *Rapports du physique et du moral de l'homme*, du Sommeil en particulier.

constitution propre, produire qu'une certaine somme d'activité, le besoin du repos procuré par le sommeil se fait sentir périodiquement et à des intervalles d'autant plus rapprochés que nous sommes doués d'une moindre énergie pour agir. Selon que ce sommeil est plus ou moins complet, nos membres et nos sens, notre cerveau et nos muscles sont plus ou moins reposés, c'est-à-dire plus ou moins aptes à entrer de nouveau en jeu durant un laps de temps déterminé. L'épuisement de nos forces intellectuelles et physiques s'annonce par l'envie de dormir, et si nous voulons lutter contre l'invasion du sommeil à l'aide d'une surexcitation de la force nerveuse, notre fatigue augmente, cette surexcitation passée, et le besoin ne tarde pas à devenir plus impérieux.

Ainsi, cette force cachée et mystérieuse qui donne à l'économie son impulsion et entretient la vie, en stimulant nos fonctions et nos facultés, n'agit plus, quand nous dormons, avec la même puissance que durant la veille. L'homme, l'animal est-il fatigué, ou, pour parler plus exactement, a-t-il dépensé presque tout l'approvisionnement de la force vitale qu'avait comme accumulée en lui le dernier sommeil, il n'a plus l'énergie suffisante pour entretenir, sans surexcitation, ce jeu complet de l'économie qui s'appelle la veille; il voit ses fonctions se ralentir, ses organes ne plus obéir aussi docilement à sa volonté, et l'organisme devenir en quelque sorte plus obtus : c'est ce qu'on appelle l'envie de dormir. L'homme alors, par le repos de ses organes fatigués, doit laisser le temps à une nouvelle quantité de force vitale ou nerveuse de s'accumuler en lui, de la même façon que la torpille épuisée par des décharges réitérées de la force électrique qu'elle engendre a besoin d'un certain laps de temps et d'un repos de l'appareil électrophorique pour être apte à produire de nouvelles décharges. C'est à cela que paraît tenir la succession de la veille et du sommeil, du sommeil et de la veille.

Toutefois, en recourant à l'effort dont je viens de parler, l'homme est doué de la faculté de pouvoir, par un acte de sa volonté, entretenir encore un certain temps le mouvement et la veille, la surexcitation des nerfs déterminant une reproduction de la force vitale épuisée. L'appareil nervoso-biologique est fatigué, la quantité de vie qu'il fournit a diminué, mais, soit au moyen d'excitants, soit par une réaction morale, nous parvenons à empêcher l'engourdissement de gagner les membres et le cerveau, les nerfs et l'intelligence. Il se produit, dans ce cas, une lutte entre les nerfs et l'économie, lutte qui nous épuiserait si elle était prolongée, et ne tarderait pas à amener un trouble profond dans l'appareil sensoriel ou l'encéphale. L'insomnie, la privation de sommeil[1], à quelque cause qu'elle tienne, engendre la folie, parce que le système cérébro-spinal est

1. Voy. le mémoire de M. le docteur E. Renaudin, *Sur*

alors contraint de fournir incessamment à une dépense de force nerveuse que rien ne répare. Mais une fois engourdi, l'organisme ne sort du sommeil que par l'effet d'une excitation externe, ou quand la quantité de force nerveuse produite et non dépensée est devenue tellement abondante, qu'elle détermine à elle seule une excitation sur les organes. En sorte que notre sommeil sera de plus ou moins longue durée. Des causes semi-pathologiques, une légère congestion cérébrale, l'absence de mouvement peuvent d'ailleurs le prolonger ou le faire naître ; car, comme il résulte de la non-dépense de force nerveuse, quand même celle-ci se trouve encore accumulée en proportion suffisante pour fournir à la veille, nous nous endormons si nous n'en faisons pas usage. Toutes les circonstances qui diminuent ou suspendent l'exercice des facultés mentales tendent ainsi à amener le sommeil.

Par une cause inverse de celle qui se produit, si l'on combat volontairement l'envie de dormir à l'aide d'un surcroît forcé d'activité, l'excès de sommeil alourdit et émousse l'intelligence.

Il ne faut pas, on le sait, donner à l'organisme un repos trop prolongé, car en ramenant plus souvent qu'il n'est nécessaire l'engourdissement du système nerveux, le sommeil finirait par en affaiblir l'énergie.

l'Influence pathogénique de l'insomnie, dans les *Annales médico-psychologiques*, 3e série, t. III, p. 384 et suiv.

« Quand le sommeil est habituellement trop long, écrit Cabanis[1], il engourdit le système nerveux, il peut même finir par hébéter entièrement les fonctions du cerveau. On verra sans peine que cela doit être ainsi si l'on veut faire attention que le sommeil suspend une grande partie des opérations de la sensibilité, notamment celles qui paraissent plus particulièrement destinées à les exciter toutes, puisque c'est d'elles que viennent les plus importantes impressions, et que par l'effet de ces impressions mêmes, dont la pensée tire ses plus indispensables matériaux, elles dirigent, étendent et fortifient le plus grand nombre des fonctions sensitives et réagissent sympathiquement sur les autres. »

Ce que je viens de dire montre que l'homme n'est pas seulement placé sous l'influence de sa volonté mettant en jeu ses organes, qu'il obéit encore plus souvent à des influences extérieures. Son corps, ses sens sont incessamment provoqués à l'action par des causes placées en dehors de lui. Aussi, afin de nous livrer au repos, cherchons-nous la position, les lieux, les conditions les plus propres à nous faire échapper aux incitations extérieures. L'homme, de même que l'animal, fait choix pour dormir d'un endroit retiré, tranquille, où rien ne vient l'arracher au repos dont il

1. *Rapports du physique et du moral de l'homme,* Influence du régime sur les habitudes morales.

éprouve le besoin. Il adopte la posture qui n'exige aucun effort volontaire, qui l'expose le moins à subir les effets des forces externes dont il est en quelque sorte environné. Le serpent s'enroule sur lui-même, l'oiseau cache sa tête sous son aile, la fouine se couvre les yeux avec sa queue, le hérisson se met en boule, le chien place son museau sous sa patte, l'homme s'étend sur le côté ou sur le dos, il s'assied ou s'allonge. C'est seulement quand le besoin de sommeil est devenu tout à fait irrésistible, c'est-à-dire quand la force d'action et de volonté dont nous disposons est totalement épuisée, que nous dormons dans quelque position que nous nous trouvions placés, comme cela a lieu à la suite d'une extrême fatigue.

J'ai dit que le dormeur doit se réveiller de lui-même, lorsque, après un certain temps de repos, cette force vitale s'est reformée en quantité plus que suffisante. On a dit que c'était l'âme qui éveillait le corps; que la première veille, tandis que le second sommeille; que l'âme secoue l'engourdissement des membres et des organes. Telle est notamment l'opinion qu'a développée Jouffroy avec son talent habituel dans ses *Mélanges philosophiques*[1]. Mais ici l'ingénieux observateur ne nous paraît pas s'être rendu un compte suffisant du phénomène. Et d'abord, en se servant du mot âme, il a le tort de recourir à un principe dont il

1. *Du Sommeil*, t. I, p. 118 et suiv. (Paris, 1833.)

ne pouvait nettement définir le caractère. L'âme, Jouffroy le reconnaît lui-même, ne peut prendre connaissance des objets qui l'entourent que par l'intermédiaire des sens. Puisque les sens sont complétement endormis, comment la notion d'un fait extérieur lui parviendrait-elle ? Il est clair que si le sommeil devient moins profond, par suite d'un commencement de réparation de la perte de force vitale, les sens ne seront pas aussi assoupis ; ils éprouveront une tendance à entrer en jeu, et transmettront déjà à l'intelligence quelques impressions. Ce sont ces impressions qui font sortir le cerveau de son état d'engourdissement, provoquent l'attention et la volonté, et cette dernière, à son tour, achève de secouer l'engourdissement des organes. Le point de départ a donc été un ravivement d'activité dans les sens. La volonté ne fait que finir ce que la sensation a commencé. Et la preuve, c'est que si le sommeil est très-profond, autrement dit, si par suite du besoin de repos les sens sont dans un état de torpeur extrême, il est nécessaire pour nous réveiller de les soumettre à une excitation énergique et prolongée, autrement nous ne nous réveillons pas. Ainsi la volonté de s'éveiller ne se manifeste qu'autant que l'intelligence a perçu l'impression des sens, et pour recevoir l'impression, ceux-ci doivent être déjà sortis de l'engourdissement complet.

Jouffroy conclut de la manière dont il conçoit le phénomène que l'âme est toujours éveillée. Il faut bien s'entendre sur ce mot. Veut-on parler de l'intelligence; l'assertion n'est pas exacte. Car celle-ci peut, de même que le corps, présenter des degrés divers d'engourdissement. Ce qui arrive pour les sens a lieu également pour le cerveau. Si l'intelligence demeurait dans le même état pendant le sommeil et pendant la veille, elle ne perdrait pas presque toujours, dans le premier cas, la volonté et la raison, deux de ses attributs essentiels. Il est vrai que certains auteurs soutiennent que les facultés intellectuelles ne sont pas altérées durant le sommeil, et que le caractère incohérent, déraisonnable des songes tient à ce que les sens ne fournissent alors à nos perceptions que des éléments incomplets; mais il est facile de leur répondre par ce fait que, dans l'état de veille, bien que les sens puissent cesser de nous transmettre des impressions complètes, la raison agit encore normalement si elle n'est pas malade, et que conséquemment l'intelligence peut fonctionner régulièrement, quoique cela n'ait point lieu pour les sens. Nous rectifions alors par la pensée la perception incomplète ou confuse dont nous ne sommes pas dupes; nous suppléons par la mémoire à la donnée insuffisante qu'apportent les sens. C'est ce qui arrive, d'une part, dans le cas d'une illusion de l'oreille, de la vue ou du toucher; c'est ce qui s'observe, de l'autre, chez l'aveugle ou le sourd-muet. Mais dans le rêve, nous ne formons qu'incomplétement des idées, nous portons des jugements chimériques et absurdes, l'association des idées ne se fait plus sous l'empire de la volonté, et toutes les notions de l'intelligence se présentent confondues ou confuses; les facultés intellectuelles sont donc en réalité momentanément troublées.

De plus, l'attention, qui est une des facultés de l'intelligence, un des actes par lesquels elle arrive à la connaissance, est visiblement affaiblie dans le sommeil. Car, ainsi que l'a judicieusement fait observer Dugald Stewart[1], tout ce qui tend à diminuer l'attention provoque à dormir, et plus l'attention est faible chez un individu, plus facilement le sommeil s'empare de lui. Tous les hommes ne sont pas également capables d'attention, et la grande puissance qu'on peut apporter dans celle-ci est une preuve de force intellectuelle.

Du moment qu'en dormant nous cessons de vouloir, de comparer, de comprendre, d'être attentif, c'est que l'intelligence s'engourdit comme les membres. On dira peut-être que ce n'est pas l'intelligence mais le cerveau qui chancelle. A cela je réponds qu'il n'est pas possible de distinguer, dans notre mode actuel d'existence, l'organe de la force par laquelle il agit. Notre intelligence ne se manifeste qu'à la condition que le cerveau fonctionne plus ou moins

1. Voy. *Éléments de la philosophie de l'esprit humain*, trad. Peisse, t. I, p. 244.

complétement; et si celui-ci tombe dans un état de langueur ou d'hébétude, on doit dire que l'intelligence s'affaiblit. Du moment donc que le cerveau participe de ce même engourdissement qui envahit le reste du corps, l'intelligence s'endort comme l'organisme sensitif, et ainsi que nous voyons, durant le sommeil, les sens ne s'émousser qu'incomplétement et exercer encore quelque action, l'intelligence le plus ordinairement garde des traces d'activité. Cela n'autorise point à dire que l'âme veille et que le corps sommeille, puisque dans le sommeil ils conservent leur corrélation habituelle ; et en même temps que les sens s'émoussent, que les membres s'engourdissent, l'intelligence devient plus obtuse. Mais bien que l'un et l'autre atteints momentanément dans leur activité, le corps et l'intelligence continuent d'être dans un rapport mutuel qui fait que l'excitation imprimée aux sens se communique à l'esprit, et qu'alors l'esprit à son tour excite les sens et achève de les réveiller.

En fait, le réveil est dû à des influences venues du dehors, ou à des impressions amenées par le jeu des fonctions animales, intellectuelles qui s'est continué pendant le sommeil. L'accumulation de l'urine dans la vessie, des matières fécales dans le rectum, par exemple, déterminent en nous des sensations qui sont assez énergiques pour nous faire sortir de l'engourdissement. Semblablement un rêve qui a fortement impressionné notre imagination, un cauchemar, nous réveillent, parce qu'ils impriment au cerveau une secousse qui se communique bientôt au reste du corps. Ainsi, que les sensations se produisent par les opérations de l'économie, ou qu'elles soient dues à une excitation du dehors, c'est toujours dans l'intelligence qu'elles se réfléchissent; elles agissent soit sur la moelle, soit sur le cerveau, et elles provoquent des actions instinctives ou volontaires; mais cela ne prouve pas que l'âme, autrement dit le principe actif et pensant, soit plus éveillée que le corps. L'un et l'autre sont simplement susceptibles, à raison d'une excitation transmise par les sens et perçue par l'esprit, ou éprouvée par l'esprit et communiquée aux sens, d'être arrachés à leur état de torpeur.

En thèse générale, la cause vraiment naturelle du réveil spontané est l'excitation résultant, dans l'appareil cérébro-spinal, de l'accumulation de force nerveuse qui s'est effectuée pendant le repos.

L'accumulation peut n'être pas encore suffisante pour que le réveil s'opère de soi-même, mais être cependant assez grande pour qu'à la suite d'une excitation accidentelle, légère, la veille reprenne son cours. Les forces ont été réparées, incomplétement sans doute, mais elles l'ont été cependant, et notre économie, nantie d'une provision d'activité, pourra faire face à une veille nouvelle.

La suspension des fonctions animales et intellectuelles n'est, au reste, jamais complète; car la suspension complète serait la mort. Mais les ressorts de notre machine peuvent passer par tous les degrés d'activité, depuis l'exaltation la plus vive jusqu'à la torpeur la plus profonde, et sur l'échelle décroissante d'énergie vitale on trouve successivement la simple rêvasserie, le sommeil léger avec rêves, le sommeil profond, à rêves incomplets et mal définis, ou sans rêves, l'état comateux, l'évanouissement.

Dugald Stewart, d'ordinaire si fin, si judicieux observateur des phénomènes psychologiques, est cependant tombé dans une erreur manifeste quand il pose cette alternative, ou que la volonté reste suspendue pendant le sommeil, ou qu'elle perd son influence sur les facultés de l'esprit et les membres du corps. La volonté est rarement alors aussi complétement abolie que dans l'état comateux; d'ordinaire elle apparaît encore, mais elle a perdu une partie de son action et de son énergie par suite du demi-engourdissement des organes qu'elle met en jeu pour se produire; elle peut donc, comme les membres, être plus ou moins éveillée. Si elle n'agit pas, ce n'est pas le résultat nécessaire de ce que les organes, devenus obtus, sont rebelles à son stimulant, c'est aussi parce que le cerveau peut lui-même être engourdi comme les membres. Au reste, l'erreur commise par le philosophe écossais n'est pas la seule qu'on puisse reprocher à sa théorie du sommeil; on s'aperçoit, en la lisant, qu'il n'a pas assez étudié les faits physiologiques. Il n'a point remarqué que les mouvements involontaires et vitaux peuvent s'engourdir, se ralentir durant le sommeil, comme ceux de l'intelligence, en vertu de l'affaiblissement de la force nerveuse, et que, par contre, les opérations de l'âme dépendant de la volonté ne restent pas toujours suspendues, ainsi qu'il le soutient. Nous voulons en rêve, et quelquefois fortement, mais l'inertie de nos organes et l'absence du jugement, qui met à la disposition de la volonté les moyens de se manifester, font obstacle à son accomplissement. La volonté demeure à l'état de simple idée, à moins que le corps ne soit que partiellement endormi, qu'une surexcitation antérieure n'ait laissé un excédant de force nerveuse suffisant pour tenir comme éveillés les organes, les parties de l'encéphale dont l'esprit a besoin pour faire exécuter sa conception. Tel est notamment le cas chez le somnambule, comme je le ferai voir dans la suite de cet ouvrage.

On ne saurait donc admettre que l'intelligence agisse également dans les diverses formes de sommeil, et, quoi qu'aient avancé certains philosophes, la pensée peut alors être plus ou moins complète, les opérations intellectuelles s'effectuer avec une conscience plus ou moins nette et d'une façon plus ou moins active. Sans doute l'idiot, le crétin, l'homme atteint de ramollissement cérébral, pensent encore; mais cette pensée, faible et incohérente, souvent suspendue et soumise à des intermittences, ne saurait être comparée à la réflexion de l'homme sain.

Un fait dont Jouffroy s'est appuyé pour soutenir que dans le sommeil l'esprit demeure éveillé et fait en quelque sorte sentinelle, c'est le réveil à la suite de bruits étranges ou inconnus, et la persistance du sommeil quand ces bruits frappent depuis longtemps l'oreille du dormeur, rassuré dès lors sur leur caractère. Le meunier, habitué au tic-tac de son moulin, n'en éprouve aucune incommodité pendant qu'il dort; le Parisien, fait au bruit des voitures, ne s'aperçoit pas des commotions qu'elles déterminent, le soir ou le matin, dans sa chambre. Au contraire, celui qui couche pour la première fois dans un moulin, ou qui est arrivé depuis peu à Paris, est sans cesse inquiété par un bruit inaccoutumé et sort à tout instant de son sommeil. C'est ici le lieu de reproduire la remarque que j'ai consignée plus haut. L'âme ne saurait entendre que par l'intermédiaire de l'ouïe, ou au moins des commotions que le corps ressent; sort-elle de la demi-torpeur qui constitue son sommeil pour ordonner à l'organisme de reprendre son activité, surprise ou effrayée qu'elle est par des bruits inaccoutumés, c'est que le sens auditif a transmis le bruit au cerveau; cette transmission a déterminé sur l'encéphale une excitation qui n'est que la conséquence de l'impression de l'oreille. Celle-ci n'était pas complétement insensible ou engourdie, sinon elle n'aurait pu recevoir l'ébranlement; l'intelligence non plus n'était pas complétement suspendue, sinon elle n'aurait pu percevoir le son. Et, ainsi que l'observe judicieusement Jouffroy, quand l'intelligence est déjà informée de la cause du bruit externe, il lui suffit d'une conception rapide et fugitive pour se la rappeler; elle ne sort pas alors de son état, ou, pour mieux dire, elle n'en sort que pour y rentrer aussitôt, et le corps demeure dans cet engourdissement partiel qui est le propre du sommeil.

Toutefois Jouffroy, s'il n'a vu qu'imparfaitement les choses, a été fondé cependant à reconnaître ici un phénomène analogue à celui qui se produit lors de la concentration de l'attention. L'intelligence acquiert l'habitude de demeurer indifférente à certaines sensations, pour n'en percevoir que certaines autres. L'homme qui s'est fait à travailler au milieu de la conversation et du bruit, est comme le dormeur que n'éveillent plus les sons, les commotions auxquels il est accoutumé. Il y a là un phénomène d'habitude et de puissance de l'attention, une énergie de l'esprit inverse de la disposition à la distraction. Mais cette force intellectuelle, qui apparaît souvent au plus haut degré chez le mathématicien ou l'homme en proie à une préoccupation profonde, n'implique pas le jeu complet de l'intelligence, et est compatible avec le sommeil, c'est-à-dire avec un certain degré d'affaiblissement de la sensibilité. On en aura la preuve par ce qui sera dit dans cet ouvrage du somnabulisme naturel et de l'extase. L'intelligence doit être réputée engourdie quand, dans leur ensemble, ses facultés manifestent de l'hébétude; mais cela n'empêche pas que l'une de ces facultés ne puisse alors continuer d'agir normalement, souvent même elle le fait avec une intensité plus grande que dans la veille. Nous reviendrons sur ce sujet à propos des rêves.

Du reste, la volonté affaiblie pendant le sommeil peut être surexcitée et comme réveillée avant les sens; elle est susceptible de sortir de son engourdissement avant que le corps ait totalement secoué le sien. Parfois dans un rêve, un cauchemar surtout, nous voulons et ne pouvons rendre les organes dociles à cette volonté. Nous nous croyons en danger, et nous voulons appeler du secours, nous ne parvenons qu'à pousser des cris faibles et inarticulés; nous cherchons alors à nous arracher au sommeil par la conscience vague que nous avons qu'un songe nous oppresse, et nous n'y parvenons qu'avec peine. Ici la volonté est visiblement plus éveillée que les sens externes; mais il est à noter que ce qui a ravivé cette volonté, ce sont des impressions sensorielles internes très-vives; tant il est vrai que les sens doivent d'abord transmettre des incitations à l'esprit pour qu'il agisse.

Je n'entrerai donc pas davantage dans cette distinction de l'âme et du corps, sur laquelle on a trop appuyé pour le sommeil; il me suffit de dire que leurs deux mécanismes agissent de concert, et conservent leurs relations réciproques.

Ce que je dois chercher, c'est la cause de l'engourdissement de la faculté volontaire et de la force d'attention, qui correspond pour l'esprit, quand on s'endort, au ralentissement de l'activité musculaire, à l'hébétude des sens et à la détente de nos ressorts organiques.

L'engourdissement dans un organe est dû au ralentissement de la circulation dans les artères et surtout dans les veines, ralentissement qui réagit sur les nerfs. Ceux-ci, en même temps qu'ils sont les incitateurs de la circulation, en subissent aussi le contre-coup, et quand la circulation devient moins active, la sensibilité s'émousse ou s'affaiblit.

Réciproquement, si la sensibilité s'affaiblit, la circulation s'opère plus lentement. Voyons ce qui se passe lorsque, par la station prolongée d'une partie du corps, d'une jambe par exemple, dans la même position, l'engourdissement se produit. En laissant notre jambe immobile, nous n'avons plus stimulé la force nerveuse; son action se ralentit, et ce ralentissement réagissant sur la circulation, le sang coule avec moins de rapidité; c'est ce qui nous fait éprouver les fourmillements caractéristiques de l'engourdissement. Le même phénomène a lieu lorsque la paralysie s'annonce; l'affaiblissement de la force nerveuse détermine de temps en temps des arrêts dans la circulation, et des fourmillements sont les avant-coureurs de la perte du mouvement ou de la sensibilité. Inversement, ralentissons-nous la circulation en comprimant un organe, un membre, un doigt, la sensibilité s'y émousse. Ici la circulation réagit sur la force nerveuse, tandis que dans le premier cas c'était la force nerveuse qui réagissait sur la circulation.

Dans la fièvre nerveuse, comme l'a noté le docteur Sandras [1], le pouls offre une vivacité particulière; la pulsation frappe vite et disparaît rapidement; on sent que l'action cède immédiatement après que l'ondée a passé; l'ondée sanguine a, quoique variable de volume, quelque chose de brusque et de dur qui fait place à l'instant à une vivacité frappante des parois artérielles. La peau prend alors de la chaleur, mais c'est une chaleur superficielle qui disparaît quand on laisse quelque temps la main au contact du malade. Ici l'inégalité de l'action nerveuse donne à la circulation un mouvement inégal qui amène des congestions actives et passives successives. Le sang coule vite, puis lentement, voilà pourquoi la chaleur est de peu de durée. Il y a pour ce motif, dans le pouls, quelque chose de dur qui tient à la tension extrême, puis au relâchement. Cette observation du pouls dans la fièvre nerveuse nous montre bien l'action des nerfs sur la circulation.

1. Voy. Sandras, *de la Fièvre nerveuse*, dans les *Annales médico-psychologiques*, t. VIII, p. 221 (septembre 1846).

Le ralentissement circulatoire a pour effet de comprimer l'organe où il se produit, soit que cette compression s'effectue mécaniquement, soit qu'elle résulte simplement de l'affaiblissement de l'influx nerveux. Ce qui se passe pour les organes en général doit donc avoir lieu pour le cerveau. La force nerveuse est affaiblie par suite de la dépense de la veille, la circulation ralentie ; il s'opère dans l'encéphale une compression analogue à celle qu'éprouvent les membres engourdis ; de là, diminution de la force d'attention et de volonté.

Ne voyons-nous pas que, lorsque nous éprouvons de la céphalalgie, que nous sentons le sang comprimer notre cerveau, notre attention devient pénible, notre activité moins énergique. Si le mal de tête est nerveux, c'est-à-dire si c'est la force nerveuse qui est affaiblie, soit à raison d'une trop vive surexcitation due à l'usage de boissons excitantes, soit par suite d'une atonie idiopathique du système, la sensation est encore la même ; mais ici c'est l'influx nerveux qui a ralenti la circulation et engorgé les vaisseaux, tandis que dans la céphalalgie déterminée par la congestion sanguine, c'est le sang qui s'arrête, qui s'engorge dans les vaisseaux et réagit sur les nerfs et l'encéphale. Nous avons là deux modes de congestion importants à distinguer, bien que leurs symptômes se rapprochent beaucoup. Car, comme l'a remarqué M. Andral, c'est une loi en pathologie, que dans tout organe, la diminution de la quantité de sang qu'il doit normalement contenir produit des désordres fonctionnels aussi bien que la présence d'une quantité de sang surabondante. Mais de plus, dans l'un et l'autre cas, les désordres fonctionnels sont parfois exactement semblables. Le cœur, le poumon et l'estomac présentent ces phénomènes aussi bien que le cerveau, et l'on a trouvé fréquemment ce dernier organe ainsi que ses membranes complétement exsangues chez des enfants morts au milieu de convulsions. L'état comateux aussi bien que le délire coïncident avec la pâleur des centres nerveux. Dans la chlorose, aussi bien que dans l'hypérémie, la céphalalgie, il y a des étourdissements, des vertiges, des tintements d'oreilles.

Déjà un anatomiste éminent, J. Henle [1], avait signalé les distinctions à établir dans le phénomène de la congestion ; il a fait remarquer qu'il dépend d'une atonie des vaisseaux et de leurs nerfs, qu'il peut survenir directement en même temps que l'atonie des nerfs de la vie animale, ce qui constitue la congestion *passive ;* ou indirectement, et avec l'exaltation de l'action de ces nerfs, d'où résulte la congestion dite *active.* Ces deux congestions capillaires se manifestent, la première par un sentiment de froid, la seconde par une augmentation de chaleur.

1. *Traité d'anatomie générale,* ou *Histoire des tissus,* traduit de l'allemand par Jourdan, t. II, p. 58. Paris, 1843.

Dans le sommeil normal la température du corps humain s'abaisse, les nerfs perdent de leur activité ; il y a congestion *passive*. Nous trouvons donc là une vérification de l'explication du phénomène donnée ci-dessus.

La nuit, qui diminue le nombre des sensations, qui n'apporte pas toutes les causes d'excitation du jour, stimule ainsi moins l'appareil sensoriel ; elle ne met pas autant en jeu la force nerveuse, et voilà pourquoi elle provoque l'homme au sommeil, d'autant plus qu'elle vient se joindre à la fatigue de la veille.

Pour échapper à cette influence soporifique de la nuit, il faudra multiplier par des moyens factices les causes d'excitation, employer la lumière artificielle, les boissons qui accélèrent la circulation, la musique, ou recourir à l'attrait de quelque forte passion.

De la sorte on pourra transporter la veille là où la nature a marqué le repos, et réciproquement mettre le repos là où devait se placer la veille. Ce renversement de l'état normal ne s'opère pas sans de graves inconvénients pour la santé[1], car le sommeil du jour n'est jamais aussi réparateur que celui de la nuit. Quand le soleil est levé, mille causes tendent à mettre en activité nos sens, et le ralentissement de la circulation, propre au sommeil, ne se produit plus d'une ma-

1. Voy. Michel Lévy, *Traité d'hygiène publique et privée*, 3e édit., p. 385 et suiv.

nière aussi régulière. « Le sommeil diurne, écrit le docteur Michel Lévy, laisse après lui des symptômes de réfection incomplète qui persistent jusqu'à la fin du jour, tels qu'un peu de pesanteur de tête, de la paresse des sens, l'amertume ou l'empâtement de la bouche. »

Le même auteur a noté que le sommeil auquel on se livre de jour, dans les pays du Midi, ou durant les fortes chaleurs, n'a pas les mêmes vertus que le sommeil de nuit. La nature provoque cependant alors à dormir; mais la congestion qui détermine ce sommeil n'est plus du même ordre. La haute température engendre une congestion active; et c'est cette congestion qui s'opère, toutes les fois qu'au lieu d'être simplement amené par le besoin de réparer nos forces nerveuses, le sommeil est la conséquence de l'afflux de sang dans le cerveau, d'une accélération de la circulation due à la digestion; il prend toujours plus ou moins, dans ce cas, un caractère pathologique. L'ivresse donne naissance à un pareil sommeil. Aussi est-elle généralement accompagnée de pesanteurs de tête, de céphalalgie. Le sang qui presse sur les diverses parties du cerveau affaiblit l'action nerveuse. Cet affaiblissement, s'il est la suite de l'emploi des toxiques ou de l'abus des alcooliques, est fréquemment précédé d'une surexcitation violente dont l'atonie nerveuse est le contre-coup; les facultés intellectuelles, ravivées d'abord par l'injection d'une certaine quantité d'alcoolique, tombent ensuite dans le collapsus.

L'analogie de l'état cérébral de l'homme ivre et du dormeur achève de nous démontrer que le sommeil est la conséquence d'une congestion passagère. Mais la congestion n'est pas de la même nature dans l'un et l'autre cas. Lors de la céphalalgie due à une congestion sanguine, la tête, au lieu de se refroidir, devient plus chaude, la congestion est *active.* Quant aux effets produits sur l'intelligence dans l'une et l'autre congestion, ils présentent une certaine analogie.

L'aliénation mentale, qui offre, comme on le verra plus loin, tant de ressemblance, sous le rapport du délire qu'elle amène, avec le rêve, tient de même, le plus ordinairement, à un état congestif de l'encéphale que produit ou qu'entretient la surexcitation nerveuse. La folie paralytique, ou paralysie générale des aliénés, est incontestablement due à une cause de cet ordre. La plupart de ceux chez lesquels la folie va éclater se plaignent de maux de tête avec des sensations particulières dans le cerveau. « Aux uns, écrit le docteur A. Sauze [1], il semble qu'on comprime ou déchire la tête, les autres éprouvent une sensation de vide ou de froid dans le crâne. Les malades accusent aussi une lassitude que rien ne semble justifier. Ils sont inca-

1. Voy. A. Sauze, *des Symptômes physiques de la folie,* dans les *Annales médico-psychologiques,* 3e série, t. III, p. 364.

pables de se livrer à leurs occupations habituelles. » Bref, il se manifeste chez eux quelque chose qui rappelle l'invasion du sommeil, et cela certainement parce que la cause qui agit est analogue dans les deux phénomènes. J'ai souvent remarqué que lorsque je souffre de névralgie, les approches du sommeil redoublent mes douleurs et me donnent de la céphalalgie locale, comme celle qui est, selon M. Sauze, un des symptômes de l'aliénation mentale.

Un des effets de l'engourdissement auquel est dû le sommeil étant de rendre plus obtuse la sensibilité, on comprend qu'il se manifeste, quand le sommeil est très-profond, un commencement d'anesthésie dans certains organes. Il y a des dormeurs dont le sommeil est si complet, qu'on les touche, on les choque, on les frappe même, sans les réveiller. P. Prévost, de Genève, a cité l'exemple d'une personne à laquelle on brûla, pendant son sommeil, un calus au pied, sans qu'elle s'en aperçût [1]. Le froid, qui amène le sommeil parce qu'il ralentit la circulation et détermine une congestion passive du cerveau, engendre aussi l'anesthésie incomplète, et l'on a pu, à l'aide de refrigérants, produire des anesthésies locales [2].

On le voit, quand on prend soin de distinguer les

1. Voy. *Observations sur le sommeil*, dans la *Bibliothèque universelle de Genève*, t. LV, Littérature (1834), p. 237, 238.

2. Voy. *Annales médico-psychologiques*, 2e série, t. IV, p. 467.

différentes formes de la congestion, on ne se trouve plus en face des contradictions dont M. Lélut accuse la théorie physiologique du sommeil [1]. Ces contradictions n'apparaissent que si l'on s'en tient à une étude superficielle du phénomène; elles demandent pour être résolues un examen attentif du mode d'action de l'économie.

Les diverses parties du système cérébro-spinal, ayant chacune leurs fonctions propres, sont susceptibles d'un déploiement plus ou moins grand d'activité. La force nerveuse ou vitale n'est pas également répandue dans tout l'organisme, dans tous les foyers d'innervation. On comprend donc que pendant le sommeil telle partie de notre système nerveux soit en proie à un engourdissement plus ou moins prononcé, selon qu'elle a plus ou moins épuisé la force qui y réside. La moelle épinière, la moelle allongée, le cervelet, le mésolobe, les tubercules quadrijumeaux, les lobes cérébraux peuvent être inégalement affaiblis, inégalement engourdis, ou, pour parler plus simplement, les diverses parties du corps peuvent ne pas dormir d'un sommeil égal. De faciles observations nous montrent l'inégalité possible de cet engourdissement. Au moment de notre réveil, certains membres, certains muscles demeurent plus longtemps

1. Voy. *Dictionnaire des sciences philosophiques*, t. VI, article *Sommeil*. (Paris, 1852.)

engourdis que d'autres. Voulons-nous nous lever rapidement, nous le faisons, mais en trébuchant; c'est que le cervelet, régulateur des mouvements de locomotion, n'est point encore sorti de l'engourdissement qu'ont déjà secoué les lobes cérébraux. Chez l'homme qui rêvasse en marchant, l'intelligence, autrement dit les lobes cérébraux par lesquels elle s'exerce, commence déjà à s'engourdir, tandis que la moelle épinière, le cervelet, sont encore en plein exercice. Chez celui qui laisse en dormant, et sans en avoir conscience, ses excréments lui échapper, la moelle allongée, premier moteur du mouvement de défécation, n'est point engourdie, tandis que les lobes cérébraux, le cervelet le sont. Ce qui a lieu pour les grandes divisions du système cérébro-spinal, et peut-être aussi, bien qu'à un moindre degré, pour le système du grand sympathique, doit se passer pour les diverses parties du cerveau proprement dit. Leur degré d'engourdissement doit varier de l'une à l'autre, suivant que l'une ou l'autre éprouve plus ou moins le besoin de réparer sa force nerveuse. Malheureusement, les physiologistes ignorent encore quelles sont les fonctions précises de ces diverses parties. A quelles opérations de la vie ou de l'intelligence président la glande pinéale, les corps striés, le corps calleux, la voûte à trois piliers, la corne d'Ammon, les deux substances blanche et grise des lobes cérébraux, c'est ce sur quoi les médecins n'ont pu se mettre d'accord, ce qui demeure encore environné de beaucoup d'incertitudes.

A mon avis, on ne saurait nier que les différentes opérations intellectuelles, et les divers sentiments moraux, ne réclament plus spécialement le concours de certaines parties respectives de l'encéphale. Cela ressort avec évidence d'un grand nombre d'observations. Non pas que pour cela j'admette les localisations des phrénologistes ; la cranioscopie repose, comme l'ont démontré MM. Lélut et Flourens, sur un empirisme arbitraire; mais la phrénologie mise hors de cause, il reste encore ce fait attesté par bien des autopsies, c'est que la perte de la mémoire de certains ordres d'objets ou de mots, l'affaiblissement du jugement, de la faculté d'abstraction, correspondent aux altérations de certaines parties ou à des arrêts de développement de l'encéphale. Le fait est manifeste chez les idiots. La formation d'une tumeur intra-crânienne peut frapper d'impuissance la mémoire ou l'aptitude à parler, à juger, à enchaîner les idées [1]. Chaque opération de l'intelligence exige sans doute le concours de diverses facultés, mais il y a en elle un principe qui répond à un organe spécial.

Pour arriver, non pas à cette détermination, encore impossible dans l'état de nos connaissances, mais

1. Voy. notamment les observations rapportées par M. Godard à l'Académie des sciences. Compte rendu de la séance du 22 juin 1846.

à démontrer l'inégalité d'action des facultés intellectuelles qu'engendrent les lobes cérébraux, peut-être avec le concours du cervelet, il nous faut étudier les phénomènes intellectuels qui se passent pendant le sommeil; c'est ce que je ferai dans le chapitre suivant.

CHAPITRE III

DES RÊVES ET DE LA MANIÈRE DONT FONCTIONNE L'INTELLIGENCE PENDANT LE SOMMEIL

J'ai dit que l'engourdissement qui constitue le sommeil n'envahit pas généralement au même degré toutes les parties du système cérébro-spinal; nous en avons une première preuve dans ce fait, qu'au moment où l'on s'endort, l'engourdissement ne gagne pas à la fois et également tous nos sens, toutes nos fonctions actives et conscientes; une autre preuve déjà rappelée ci-dessus, c'est qu'au réveil, tel organe persiste souvent plus que tel autre dans sa demi-torpeur. La nature des mouvements cérébraux et nerveux qui se continuent pendant le sommeil nous permet d'apprécier s'il est plus ou moins profond. Le même criterium est applicable aux facultés intellectuelles; la perceptivité, la mémoire, l'imagination, la volonté, le jugement sont inégalement développés pendant le rêve; ce qui dénote des degrés divers d'activité dans telle ou telle partie des hémisphères cérébraux. Tantôt notre esprit évoque des images à lui connues, par exemple la figure d'un ami, d'un parent, sans se rappeler son nom; tantôt les sensations que nous transmettent les sens, aux trois quarts éveillés, ne sont qu'imparfaitement perçues; nous leur attribuons une intensité, un caractère qu'elles n'ont pas. Dans le premier cas, il y a atonie de la mémoire; dans le second, affaiblissement de la perceptivité. Une autre fois, nous supposons que nous avons pris part à des événements impossibles, à des faits bien plus anciens que nous; nous croyons à l'existence de personnes que nous savons mortes, à des voyages instantanés de plusieurs centaines de lieues; ici c'est le jugement qui est affaibli. Il est des rêves où nous ne pouvons parvenir à nous représenter des images qui nous sont familières, à former des idées, à vouloir des actes que nous désirons, à nous abstenir d'actions qui nous font horreur; dans ces songes, l'imagination ou la volonté sont visiblement affaiblies. Au reste, l'affaiblissement dont est atteinte une faculté, et nécessairement l'organe encéphalique qui y préside, varie lui-même pendant la durée du sommeil. Tel organe cérébral s'engourdit, puis commence à se réveiller par suite d'une excitation passagère, se rendort, pour se réveiller encore, et ainsi de suite.

Du conflit de ces organes cérébraux inégalement engourdis résulte le caractère du rêve. Plus l'engourdissement domine, plus le rêve est vague, fugace; plus certains organes ont été éveillés dans le sommeil, plus le rêve laisse, au contraire, de traces dans notre esprit. Si même il n'y a d'engourdis que quelques sens, quelques facultés secondaires, et que, sur certains points, la mémoire, l'imagination, le jugement, la volonté restent intacts, nous pourrons dans nos rêves combiner des idées d'une manière suivie, composer des vers, comme l'avait fait Voltaire pour un chant de *la Henriade*; de la musique, comme le fit Tartini pour sa fameuse sonate du *Diable;* opérer une découverte scientifique, comme rapporte l'avoir fait le physiologiste Burdach. La concentration de la pensée sur un sujet, l'écart de toute cause de distraction, ne feront que favoriser, pendant le sommeil, ces opérations de l'intelligence. Ajoutons que, non-seulement certaines parties du cerveau peuvent demeurer éveillées, tandis que d'autres restent engourdies, mais qu'elles sont même susceptibles d'un plus grand degré de surexcitation, en vertu de diverses causes, par exemple l'alimentation, les boissons, les émotions morales antérieures, la fatigue même qui a amené la douleur, laquelle, ainsi que le note Cabanis, devient à son tour une cause de surexcitation [1]. Toutefois, comme l'a remarqué judicieusement M. Charma dans son Mémoire sur le som-

1. *Rapports du physique et du moral de l'homme.* Du Sommeil en particulier. — Cet éminent penseur note, en effet, que les personnes qui ont éprouvé de grandes fatigues ont besoin de prendre des bains tièdes, des boissons et des aliments sédatifs, ou du moins de se reposer quelque temps dans le silence et l'obscurité avant de pouvoir s'endormir.

meil[1], ce sont là des cas rares : le bon sens, les conceptions suivies n'apparaissent en songe que comme des éclairs, et en quelque sorte automatiquement.

Ce n'est ni l'attention ni la volonté qui amènent devant le regard intellectuel ces images que nous prenons en rêve pour des réalités ; elles se produisent d'elles-mêmes, suivant une certaine loi due au mouvement inconscient du cerveau et qu'il s'agit de découvrir ; elles dominent ainsi l'attention et la volonté, et par ce motif nous apparaissent comme des créations objectives, comme des produits qui n'émanent point de nous et que nous contemplons de la même façon que des choses extérieures. Ce sont, non pas seulement des idées, mais des images, et ce caractère d'extériorité est précisément la cause qui nous fait croire à leur réalité.

Toutefois, ne l'oublions pas, nos rêves, comme nos pensées, comme les idées qui surgissent tout à coup dans notre esprit éveillé, comme nos actes, sont la résultante de toutes les impressions internes ou externes auxquelles notre organisme général est soumis. Ainsi que l'a fort bien montré M. Lélut, dans un excellent travail sur la *Physiologie de la pensée*[2], tous les organes du corps humain sont des foyers

1. *Mémoires de l'Académie des sciences, arts et belles-lettres de Caen*, 1851, p. 419.

2. Voy. *Annales médico-psychologiques*, 3e série, t. IV. (Janvier 1858.)

d'impressions sensibles. Il se fait incessamment, de ces impressions sensibles, des réveils qui n'en sont que des reproductions plus ou moins affaiblies; et du concours de ces impressions naît le sentiment de la personnalité.

M. Peisse a eu raison de reprocher à certains aliénistes de ne pas faire une part assez large dans la production de la folie, et par conséquent dans celle des idées, aux sensations qui naissent de la vie purement végétative. Ce sont précisément ces impressions qui constituent le plus notre personnalité, car étant inconscientes, elles n'ont rien d'objectif; elles sont vraiment nous. « Le cerveau, comme il le dit[1], intervient sans doute toujours, en tant que condition instrumentale de toute représentation intellective ou affective dans la conscience, dans le moi; mais il n'est en quelque sorte que l'écho des modifications survenues dans les profondeurs du système général ganglionaire en qui résident les sources mères de la vitalité. Ce sont ces modes divers de la sensibilité organique, appelés à tort *insensibles* par Bichat, qui, exprimés dans le sens intime comme états et affections propres du moi, donnent naissance à l'infinie variété de sentiments, d'émotions, de dispositions par lesquels se révèle plus ou moins vivement la conscience de l'existence. »

1. *La Médecine et les Médecins*, t. II, p. 21. (Paris, 1857.)

Le défaut d'harmonie et de liaison régulière de ces impressions, dû à un inégal éveil des organes, détermine une perturbation dans nos idées et nos sentiments, une aberration du sentiment de la personnalité, et cette perturbation est le délire du rêve.

Ce délire, il est aussi varié que les états qui le provoquent; il est une fonction de la somme d'activité qui subsiste dans les diverses parties des appareils encéphaliques. Il est le miroir de notre économie. Il tient donc à mille causes que nous ne saurions démêler, mais qui ont cependant leur raison d'être physiologique ou pathologique. C'est en cela qu'il peut parfois fournir à la médecine des pronostics certains, révéler certaines tendances de l'esprit ou du cœur. Le rêveur est rendu à ses instincts, et ses idées mêmes se produisent instinctivement [1]. Dans ce chaos de causes multiples, on peut en discerner plus nettement quelques-unes; mais, pour en bien saisir le mode d'action, il faut étudier la génération du rêve, comme je vais maintenant essayer de le faire.

1. Voy. à ce sujet l'Appendice.

CHAPITRE IV

DES HALLUCINATIONS HYPNAGOGIQUES

Il est un phénomène éprouvé par un grand nombre de personnes, et auquel je suis moi-même fort sujet, qui me paraît de nature à jeter du jour sur le mode de production des rêves; je veux parler des hallucinations dont est précédé le sommeil ou accompagné le réveil. Ces images, ces sensations fantastiques se produisent au moment où le sommeil nous gagne, ou quand nous ne sommes encore qu'imparfaitement réveillés. Ils constituent un genre à part d'hallucinations auxquelles convient l'épithète d'*hypnagogiques*[1] dérivée des deux mots grecs ὕπνος, *sommeil*, ἀγωγεύς, *qui amène*, *conducteur*, dont la réunion indique le moment où l'hallucination se manifeste d'ordinaire. Déjà plusieurs physiologistes allemands se sont occupés de ce bizarre phénomène, J. Müller, Purkinje, Gruthuisen, Brandis, Burdach, et un aliéniste français, auquel

1. Voy. J. Müller, *Manuel de physiologie*, trad. par Jourdan, t. II, p. 536; — Burdach, *Traité de physiologie*, trad. par Jourdan, t. V, p. 205, où les Mémoires des autres physiologistes allemands se trouvent analysés.

nous devons d'excellents travaux sur l'hallucination, M. Baillarger, en a fait l'objet d'un Mémoire spécial; mais ces auteurs sont loin d'avoir épuisé la matière et surtout d'avoir suffisamment saisi, à mon avis, la liaison qui unit l'hallucination hypnagogique au rêve, d'une part, aux hallucinations de la folie, de l'autre. Afin de combler cette lacune, j'ai entrepris, depuis longtemps, une série d'observations sur moi-même, et j'ai complété ces observations à l'aide de communications qu'ont bien voulu me faire des personnes sujettes au même phénomène.

C'est de l'exposé des faits ainsi recueillis que je tirerai les rapprochements qui me serviront à expliquer diverses circonstances essentielles du rêve.

Il faut d'abord noter que les personnes qui éprouvent le plus fréquemment des hallucinations hypnagogiques sont d'une constitution facilement excitable et généralement prédisposées à l'hypertrophie du cœur, à la péricardite et aux affections cérébrales.

C'est ce que j'ai pu confirmer par ma propre expé-

1. Baillarger, *De l'Influence de l'état intermédiaire à la veille et au sommeil sur la production et la marche des hallucinations*, dans les *Annales médico-psychologiques du système nerveux*, t. V. (Paris, 1845.) Voyez aussi dans le même recueil, t. VII, p. 1 et suiv., le Mémoire de M. Baillarger *Sur les Hallucinations psycho-sensorielles*.

2. Voy., sur l'analogie de ces hallucinations avec celles des aliénés, W. Griesinger, *Die Pathologie und Therapie der psychischen Krankheiten*, p. 75. (Stuttgart, 1845.)

rience. Mes hallucinations sont plus nombreuses, et surtout plus vives, quand j'éprouve, ce qui est fréquent chez moi, une disposition à la congestion cérébrale. Dès que je souffre de céphalalgie, dès que je ressens des douleurs nerveuses dans les yeux, les oreilles, le nez, dès que je ressens des tiraillements dans le cerveau, les hallucinations m'assiégent, à peine la paupière close. Aussi je m'explique pourquoi j'y suis toujours sujet en diligence, après y avoir passé la nuit, le défaut de sommeil, le sommeil imparfait, produisant constamment chez moi le mal de tête. Un de mes cousins, M. Gustave L...., qui éprouve les mêmes hallucinations, a eu occasion de faire, en ce qui le touche, des remarques analogues.

Lorsque dans la soirée je me suis livré à un travail opiniâtre, les hallucinations ne manquent jamais de se présenter. Il y a quelques années, ayant passé deux jours consécutifs à traduire un long passage grec assez difficile, je vis, à peine au lit, des images si multipliées, et qui se succédaient avec tant de promptitude, que, en proie à une véritable frayeur, je me levai sur mon séant pour les dissiper. Au contraire, à la campagne, quand j'ai l'esprit calme, je n'éprouve que rarement le phénomène.

Le café noir, le vin de Champagne, qui même pris en assez petite quantité, provoquent chez moi des insomnies et de la céphalalgie, me disposent fortement aux visions hypnagogiques. Mais, dans ce cas, elles n'apparaissent qu'après un temps fort long, quand le sommeil, appelé vainement durant plusieurs heures, va finir par me gagner.

A l'appui des observations qui tendent à faire regarder la congestion cérébrale comme l'une des causes marquées d'hallucinations, je dirai que toutes les personnes qui les éprouvent comme moi, et que j'ai rencontrées, m'ont assuré être également fort sujettes aux maux de tête, tandis que plusieurs personnes, entre lesquelles je citerai ma mère, et auxquelles la céphalalgie est à peu près inconnue, m'ont déclaré n'avoir jamais vu ces images fantastiques.

Cette première observation nous montre que le phénomène doit se lier à une surexcitation du système nerveux et à une tendance congestive du cerveau.

Les hallucinations du libraire allemand Nicolaï, qui offraient une grande analogie avec les hallucinations hypnagogiques, et en étaient en quelque sorte une variété, mais qui se produisaient à l'état de veille, au lieu d'apparaître dans l'état intermédiaire entre le sommeil et la veille, cédèrent à l'application des sangsues[1].

L'hallucination hypnagogique est un indice que,

1. Nicolaï apercevait, les yeux ouverts, des figures d'hommes et d'animaux, surtout au sortir de table, c'est-à-dire au moment du travail de la digestion. Ces hallucinations de la vue finirent, comme chez le naturaliste Savigny, par s'associer à des hallucinations de l'ouïe.

durant le sommeil qui se prépare, l'activité sensorielle et cérébrale ne sera que légèrement affaiblie. En effet, quand ces hallucinations débutent, l'esprit a cessé d'être attentif; il ne poursuit plus l'ordre logique et volontaire de ses pensées, de ses réflexions; il abandonne à elle-même son imagination, et devient le témoin passif des créations que celle-ci fait naître et disparaître incessamment. Cette condition de non-attention, de non-tension intellectuelle, est dans le principe nécessaire pour la production du phénomène; et elle explique, à notre avis, comment celui-ci est un prodrome du sommeil. Car, pour que nous puissions nous y livrer, il faut que l'intelligence se retire en quelque sorte, qu'elle détende ses ressorts et se place dans un demi-état de torpeur. Or, le commencement de cet état est précisément celui qui est nécessaire pour l'apparition des hallucinations. Le retrait de l'attention peut être l'effet soit de la fatigue des organes de la pensée, de leur défaut d'habitude d'agir et de fonctionner longtemps, soit de la fatigue des sens qui s'émoussent momentanément, n'apportent plus les sensations au cerveau, et dès lors ne fournissent plus à l'esprit d'éléments, de sujets d'activité. C'est de la première de ces causes que résulte le sommeil auquel nous a conduit la rêvasserie qui l'a précédé. L'esprit, en cessant d'être attentif, a graduellement amené le sommeil. Telle est la raison pour laquelle certaines personnes d'un esprit peu fait à la méditation ou à l'attention purement mentale, s'endorment sitôt qu'elles veulent méditer ou seulement lire. Voilà pourquoi un discours, un livre ennuyeux provoquent à dormir. L'attention n'étant plus suffisamment excitée par l'orateur ou l'intérêt du livre, elle se retire, et le sommeil ne tarde pas à s'emparer de nous.

M. le docteur Marcé nous apprend que chez les choréiques les hallucinations hypnagogiques se lient aussi à une grande difficulté pour fixer l'attention. La personne atteinte de chorée est dans un état d'excitation nerveuse et cérébrale analogue à celui de la personne hypnagogiquement hallucinée; toutefois, cet état est beaucoup plus prononcé et se mêle à des désordres nerveux qui tiennent à une condition morbide [1].

Mais il n'est pas nécessaire que l'absence d'attention soit de longue durée pour que l'hallucination hypnagogique se manifeste; il suffit qu'elle ait lieu seulement une seconde, moins peut-être. C'est ce que j'ai bien souvent constaté par moi-même. Je me couchais; au bout de quelques minutes, l'attention, qui avait été tenue jusqu'alors éveillée, se retirait; aussitôt les images s'offraient à mes yeux fermés. L'apparition de ces hallucinations me rappelait alors à moi, et je reprenais le cours de ma pensée, pour retomber bientôt après dans de nouvelles visions, et

1. Voy. *Annales médico-psychologiques*, 3e série, t. V, p. 456.

cela plusieurs fois de suite, jusqu'à ce que je fusse totalement endormi. Le 30 novembre 1847, j'ai pu observer ces alternatives singulières. Je lisais à haute voix le *Voyage dans la Russie méridionale*, de M. Hommaire de Hell : à peine avais-je fini un alinéa, que je fermais les yeux instinctivement. Dans un de ces courts instants de somnolence, je vis hypnagogiquement, mais avec la rapidité de l'éclair, l'image d'un homme vêtu d'une robe brune et coiffé d'un capuchon, comme un moine des tableaux de Zurbaran : cette image me rappela aussitôt que j'avais fermé les yeux et cessé de lire; je rouvris subitement les paupières, et je repris le cours de ma lecture. L'interruption fut de si courte durée, que la personne à laquelle je lisais ne s'en aperçut pas.

Dans cet état de non-attention, les sens ne sont point encore assoupis : l'oreille entend, les membres sentent ce qui est en contact avec eux, l'odorat perçoit les odeurs; mais cependant leur faculté, leur aptitude à transmettre la sensation n'est plus aussi vive, aussi nette que dans l'état de veille. Quant à l'esprit, il cesse d'avoir une conscience claire du moi, il est en quelque sorte passif, il est tout entier dans les objets qui le frappent; il perçoit, voit, entend, mais sans percevoir qu'il perçoit, voit, entend. Il y a là un machinisme mental d'une nature fort particulière, et en tout semblable à celui de la rêvasserie. Mais dès que l'esprit revient à lui, dès que l'attention se rétablit, la conscience reprend ses droits. On peut donc dire avec raison que, dans l'état intermédiaire entre la veille et le sommeil, l'esprit est le jouet des images évoquées par l'imagination, que celles-ci le remplissent tout entier, le mènent où elles vont, le ravissent comme au dehors de lui, sans lui permettre dans le moment de réfléchir sur ce qu'il fait, quoique ensuite, rappelé à soi, il puisse parfaitement se souvenir de ce qu'il a éprouvé, qu'il soit en état de le décrire, ainsi que je le ferai voir plus loin.

L'attention ne devant être provoquée par rien, afin de ne point arrêter la manifestation du phénomène, il est nécessaire qu'aucun objet ne frappe les yeux, qu'aucun son trop bruyant ne tienne l'oreille occupée, qu'aucune odeur trop forte n'agisse sur l'odorat. De là, la nécessité absolue de l'occlusion des yeux pour que les hallucinations aient lieu. Je n'ai pas éprouvé celles-ci une seule fois les yeux ouverts, non plus que la majorité des personnes sujettes au même phénomène que j'ai interrogées. Quand je dis *éprouvé*, j'entends que jamais les images ne se sont montrées avant que les paupières se fussent abaissées; mais, une fois qu'elles sont apparues, elles peuvent se continuer un instant, immédiatement après que les yeux viennent de s'ouvrir. L'image fantastique brille alors un temps très-court devant la vue qui se rétablit; mais elle disparaît aussitôt, pour ne plus revenir, que si les paupières s'abaissent de nouveau. Ce phénomène de persistance se passe aussi parfois, quand on s'éveille au milieu d'un rêve qui vous a vivement impressionné; on voit alors durant une seconde, moins peut-être, l'image qui vous leurrait en songe. J'ai plusieurs fois éprouvé cet effet que d'autres ont aussi constaté. Il est, au reste, vrai de dire que, bien qu'ouverts, les yeux ne perçoivent point encore distinctement les objets, qu'ils ne sont en réalité qu'*écarquillés*. Et c'est au moment où la vue cesse d'être confuse, que l'image s'évanouit.

La surexcitation à laquelle tient le phénomène empêche le cerveau de tomber tout de suite dans cette atonie inséparable du sommeil profond. Les images qui se dessinent devant nos yeux fermés, les sons qui retentissent à nos oreilles à demi engourdies, sont les précurseurs des songes qui occuperont notre esprit une fois que nous serons endormis. Les physiologistes allemands qui se sont occupés des hallucinations hypnagogiques l'avaient déjà reconnu, et Gruthuisen a appelé avec raison ces apparences fantastiques le *chaos du rêve*.

Lorsque, le soir, je m'endors dans mon fauteuil, en me faisant réveiller quelques moments après que le sommeil s'est appesanti sur moi, j'ai bien souvent constaté la liaison des images qui m'avaient apparu au moment de m'assoupir, et les rêves que j'ai faits durant ce court sommeil. Un soir, des figures bizarres, grimaçantes, à coiffures insolites, se présentaient avec une incroyable persistance devant mes yeux déjà clos. Je ne dormais point encore; j'entendais tout ce qui se disait autour de moi. Arraché brusquement au sommeil qui suivit ces hallucinations hypnagogiques, je remarquai que j'avais vu en songe les mêmes coiffures singulières.

Une autre fois, sous l'empire d'une faim due à une diète que je m'étais imposée pour raison de santé, je vis, dans l'état intermédiaire entre la veille et le sommeil, une assiette et un mets qu'y prenait une main armée d'une fourchette. Endormi, quelques minutes après, je me trouvai à une table bien servie, et j'entendis dans ce rêve le bruit des fourchettes des convives. Il y a peu de temps, j'éprouvais une vive irritation de la rétine ; je vis le soir, dans mon lit, au moment où je fermais les yeux, des caractères microscopiques que je lisais, lettre par lettre, avec une extrême fatigue; réveillé environ une heure après, ma mémoire était encore toute pleine de mon rêve, et je me rappelais alors avoir vu en songe un livre ouvert, imprimé en fort petit texte, et que je lisais péniblement.

Je pourrais multiplier les exemples; ceux-ci me semblent suffire pour montrer que les hallucinations hypnagogiques constituent les éléments formateurs du rêve. Mais dans l'état intermédiaire entre la veille et le sommeil, l'esprit a encore pleine conscience de soi, il ne croit pas à la réalité des images ou des sensations fantastiques; il se sent, il se possède, bien que l'étrangeté des hallucinations puisse parfois le troubler ou l'effrayer; ce qui l'arrache alors souvent au sommeil prêt à l'envahir. J'ai connu une vieille domestique, fort sujette aux hallucinations hypnagogiques, et à laquelle les vilaines figures qu'elle voyait faisaient tant de peur, qu'elle tenait constamment auprès de son lit une lumière allumée.

Il n'y a pas que des images plus ou moins étranges, des sons, des sensations de goût, d'odeur, de toucher qui nous assaillent au moment où le sommeil nous gagne; quelquefois des mots, des phrases surgissent tout à coup dans la tête, quand on s'assoupit, et cela sans être aucunement provoqués. Ce sont de véritables hallucinations de la pensée; car les mots sonnent à l'oreille interne comme si une voix étrangère les prononçait. J'ai plusieurs fois constaté entre le rêve qui suivait l'une de mes hallucinations et quelques-uns de ces mots une liaison manifeste.

Ainsi, un soir, les mots *géométrie analytique à trois dimensions* s'offrirent soudain à mon imagination. Déjà, depuis plusieurs jours, cette même phrase me revenait sans cesse et machinalement à l'esprit. M'étant endormi ensuite, je rêvai que je faisais des mathématiques, et je répétais dans ce songe, je me le rappelle fort bien, les mêmes mots : *géométrie analytique à trois dimensions*. Une autre fois, je m'entends appeler par mon nom, comme je fermais les yeux pour m'endormir : c'était là une pure hallucination hypnagogique; dans le rêve qui suivit de près, mon nom me fut plusieurs fois prononcé.

Le phénomène se produit donc de même, qu'il s'agisse d'une image, d'un son ou d'une idée. Le cerveau a été fortement impressionné par une sensation, par une pensée; cette impression se reproduit plus tard spontanément, par retentissement de l'action cérébrale, lequel donne naissance soit à une hallucination hypnagogique, soit à un rêve. Ces répercussions des pensées, cette réapparition d'images antérieurement perçues par l'esprit, sont souvent indépendantes des dernières préoccupations de celui-ci; elles résultent alors de mouvements intestins du cerveau corrélatifs de ceux du reste de l'organisme, ou elles se produisent par voie d'enchaînement avec d'autres images qui ont surexcité l'esprit, de la même façon que cela se produit pour nos idées, sitôt que nous nous abandonnons à la rêverie, que nous laissons vaguer notre imagination.

Je me souviens encore qu'étant à Florence, je vis, peu de temps avant de m'endormir, un tableau de Michel-Ange, qui m'avait frappé aux Loges, et je le revis ensuite en rêve. Une autre fois, à Paris, je reconnus en rêve deux figures bizarres de chasseurs à cheval qui m'étaient apparues dans mes hallucinations. Enfin, pour citer un dernier fait, je vis, il y a un mois, en m'endormant, un lion qui me rappelait celui en compagnie duquel j'étais revenu, douze ans auparavant, de Syra à Trieste, et l'aperçus en rêve avec une pose identique à celle qu'il avait, placé de même dans sa cage. L'image de ce lion m'avait été suggérée, j'en suis convaincu, par une lecture que je venais de faire sur l'instinct des animaux.

Je me bornerai à ces exemples; j'en pourrais produire, au reste, beaucoup d'autres, et notamment celui d'une figure rhomboédrique, de couleur verte, qui m'apparut en songe quelques minutes après que je venais de la voir déjà, les yeux fermés, ce sommeil fait sur une chaise n'ayant duré que dix minutes[1]. Mais ces citations multipliées n'éclairciraient pas davantage le phénomène.

Ce qui précède suffit et nous permet de conclure que les mouvements automatiques du cerveau, l'excitation des sens qui déterminent les hallucinations hypnagogiques, se continuent pendant le sommeil et sont les agents producteurs du rêve.

On voit donc ici la confirmation de ce que j'ai noté au chapitre précédent, à savoir que le rêve tient à ce que certaines parties de l'encéphale et des appareils sensoriaux restent éveillés, par suite d'une surexcitation qui s'oppose à l'engourdissement complet. Cette surexcitation, ordinairement légère, prend un carac-

1. Voy. à ce sujet les observations du docteur Cesare Lombroso, *Frammenti medico-psicologici*, p. 20. (Milano, 1860.)

tère prononcé dans certaines maladies ; de là ces rêves fatigants qui en sont les symptômes ordinaires.

Les hallucinations peuvent porter sur tous les sens, et l'ordre suivant lequel ceux-ci se placent, eu égard à la fréquence des hallucinations qu'ils amènent, est précisément le même que celui qui s'observe dans les illusions de rêve. C'est d'abord la vue. Les images visibles forment le fond de toutes les hallucinations hypnagogiques, aussi bien que des songes. Nous voyons, au moment de nous endormir et durant le sommeil, une succession de figures et d'objets fantastiques ayant toute la vivacité de figures et d'objets réels. Après la vue, vient l'ouïe. Nous entendons, dans l'état intermédiaire entre la veille et le sommeil, des sons, des voix, des paroles articulées, tout comme nous les entendons en rêve. L'intervention du toucher, du goût, de l'odorat, est également rare dans les hallucinations hypnagogiques et les rêves. Cependant plusieurs personnes éprouvent, au moment de s'endormir, de fausses sensations de tact, elles sentent des odeurs ou des saveurs imaginaires analogues à celles dont on est, en certains cas, la dupe en rêve.

Afin de mieux analyser ces différentes hallucinations, je traiterai séparément des divers genres de sensations qui se produisent dans l'état intermédiaire entre la veille et le sommeil.

Hallucinations de la vue. — Les hallucinations de la vue paraissent avoir pour point de départ des illusions dues à une forte excitation de la rétine, ainsi que l'a remarqué J. Müller [1]. Ces illusions nous font voir, les paupières une fois fermées, des flammes, des couleurs, des lignes sinueuses et éclairées, des formes mal définies. Il est des personnes chez lesquelles les hallucinations hypnagogiques de la vue ne vont pas au delà de ces apparences bizarres et soudaines. Purkinje a remarqué que les images fantastiques sont d'abord des nébulosités vagues, au milieu desquelles apparaissent souvent des points brillants ou obscurs, et qui déterminent, au bout de quelques minutes, des stries nuageuses, errantes. Burdach déclare n'avoir vu fréquemment, dans l'état intermédiaire entre la veille et le sommeil, que des formes indéterminées [2]. J. Müller parle de masses isolées, claires ou colorées. Mais l'imagination ne tarde pas, quand l'esprit ne juge déjà plus nettement par suite de l'invasion du sommeil, à prêter à ces apparences lumineuses et colorées une forme définie.

Les hallucinations de la vue peuvent se produire non-seulement au moment de l'invasion du sommeil, mais, si le système nerveux est très-surexcité, dès qu'on ferme les yeux ou qu'on passe dans l'obscurité, ainsi que le docteur Cheyne l'a constaté chez certaines femmes. Le célèbre naturaliste Lelorgne de

1. *Manuel de physiologie*, trad. Jourdan, t. II, p. 537.
2. *Traité de physiologie*, trad. Jourdan, t. V, p. 206.

Savigny en était constamment inquiété, quand il faisait nuit; ce qui produisit chez lui un état insupportable, car il était atteint d'une maladie nerveuse qui l'obligeait à se tenir dans l'obscurité. Ses hallucinations de la vue ne tardèrent pas, du reste, à s'associer à des hallucinations de l'ouïe qui tenaient beaucoup du délire de l'aliénation mentale.

La coloration des images, leur éclat, puis leur pâleur, quand le phénomène s'affaiblit, prouvent clairement qu'elles sont nées d'une excitation de la rétine entretenue ou provoquée par l'irritation du cerveau, la congestion cérébrale, l'encéphalite, etc. On peut s'en convaincre en lisant le détail de la célèbre hallucination du libraire allemand Nicolaï, qui se produisit dans l'état de veille sous l'action prolongée des mêmes causes agissant passagèrement dans l'état intermédiaire entre la veille et le sommeil. Les figures qu'il apercevait finirent par perdre leur couleur et leur intensité. Suivant Purkinje, les images fantastiques changent lorsque les muscles viennent à comprimer le globe de l'œil, et J. Müller a noté qu'elles peuvent disparaître au moindre mouvement de l'organe. Gruthuisen a signalé des cas où ces images, comme les illusions simplement dues à l'inflammation ou à l'excitation de la rétine, couvraient les objets extérieurs, où, conformément aux lois ordinaires de l'optique, tantôt une image fantastique très-brillante laissait à sa place une figure de forme identique, mais obscure, où l'observateur, après avoir rêvé, par exemple, qu'on jetait du spath fluor violet sur des charbons ardents, voyait une tache jaune sur un fond bleu [1].

Dans une hallucination du genre de celles de Nicolaï, un malade aperçut tout à coup sous un arbre un homme drapé d'un large manteau bleu, et voulant vérifier une expérience célèbre de David Brewster, il pressa le globe d'un de ses yeux; il rendit ainsi la figure moins distincte; puis, la regardant obliquement, il la vit double et de grandeur naturelle [2].

Ces faits, ainsi que l'a observé le docteur Baillarger, prouvent qu'ici l'hallucination est toute sensorielle. Il y a non pas une simple erreur de l'esprit, mais encore un trouble dans l'appareil sensitif. Autrement dit, il se produit une double erreur, erreur des sens, erreur mentale. Or c'est ce qui se passe également dans le rêve, où, comme le remarque Aristote [3], nous pensons autre chose encore au delà des images qui nous apparaissent. Il arrive alors à peu près ce qui se produit fréquemment chez le myope; celui-ci, ne distinguant pas nettement les objets à distance, les transforme, par un travail de son imagination, en d'autres fort différents, dont son œil croit reconnaître les diverses parties. C'est ce que j'ai pu vérifier maintes fois par moi-même, car j'ai la vue très-basse.

1. Voy. *Annales médico-psychologiques*, t. VII, p. 9.
2. *Ibid.*, t. III, p. 170.
3. *Traité des rêves*, ch. I, § 3.

Ainsi je me rappelle avoir cru, un jour, sur le Pont-Neuf, apercevoir un cuirassier à cheval dont je m'imaginais distinguer tout le costume, le casque, le plumet, la cuirasse et l'habit. En m'approchant de ce prétendu cavalier, je reconnus un commissionnaire qui portait sur ses crochets une énorme glace. Les reflets de celle-ci et l'élévation à laquelle elle se dressait au-dessus du portefaix avaient produit toute l'illusion. Bien des hallucinations de l'ivresse n'ont pas d'autre caractère. Marc cite l'histoire d'un ivrogne qui heurta un travail de maréchal, et, le prenant pour un homme, s'écria avec un accent de colère : « Va, demain tu me le payeras; je saurai bien te reconnaître à ton habit écarlate et à tes boutons d'acier [1]. » Il n'est guère de personnes affligées de la même infirmité de la vue qui ne puissent citer des cas analogues. Lorsque, sous l'influence de la superstition ou de la crainte, nous transformons la nuit en revenants, en spectres, en brigands, quelque arbre, quelque pan de mur en ruine et à forme insolite qu'éclaire la clarté de la lune, notre imagination effrayée ajoute de même sa propre conception à la perception incomplète que nous transmet la vue incertaine au milieu des ténèbres.

J'ai pu, en certains cas, me rendre compte de l'origine toute sensorielle de mes propres hallucinations

1. Marc, *de la Folie considérée dans ses rapports avec les questions médico-judiciaires*, t. II, p. 610.

hypnagogiques. En voici un exemple : quand je souffre de congestion dans la rétine, je vois généralement, les yeux fermés, des mouches colorées et des cercles lumineux qui se dessinent sur ma paupière. Eh bien, dans les courts instants où le sommeil m'annonce son invasion par des images fantastiques, j'ai souvent constaté que l'image lumineuse qui était due à l'excitation du nerf optique s'altérait en quelque sorte sous les yeux de mon imagination, et se transformait en une figure dont les traits brillants représentaient ceux d'un personnage plus ou moins fantastique. Il m'a été possible de suivre durant quelques secondes les métamorphoses successives opérées par mon esprit sur cette impression nerveuse primitive, et j'apercevais encore sur le front, les joues de ces têtes, la couleur rouge, bleue ou verte, l'éclat lumineux qui brillaient à mes regards, les yeux fermés, avant que l'hallucination hypnagogique eût commencé.

Disons tout de suite, quoiqu'il ne soit pas encore ici question des hallucinations auditives, que le même fait a lieu pour l'ouïe. Des bourdonnements, des tintements d'oreille sont le point de départ de ces sons articulés et de ces voix que nous nous imaginons entendre dans l'instant où le sommeil s'appesantit sur nous. Nous transformons en musique et en paroles ce qui n'est qu'un bruit confus engendré par l'excitation du nerf acoustique. Sans doute aussi les nerfs du tact, du goût et de l'odorat, déterminent, par leur excitation, des impressions vagues auxquelles l'esprit, en les percevant, donne plus de force et de précision.

A la longue, les hallucinations hypnagogiques peuvent prendre plus d'intensité et devenir de véritables visions. On les éprouve alors non plus seulement au moment de s'endormir, mais dès qu'on ferme les yeux, ou les yeux ouverts, dans l'obscurité. C'est ce qui a lieu chez un de mes amis, M. M.... Dans le principe, les hallucinations ne se produisent qu'au moment où l'attention se détend, où l'esprit cesse de penser. J'ai été longtemps à n'éprouver le phénomène que, dans ces circonstances, mais peu à peu l'esprit, en quelque sorte réveillé par ces apparitions, acquiert la faculté de pouvoir les contempler et les fixer. Les images fantastiques deviennent moins fugitives. Le temps que durent maintenant mes hallucinations a pu parfois assez se prolonger pour que je saisisse tous les détails d'une figure grimaçante ou d'un paysage évoqué spontanément devant mon œil fermé.

Un soir, après une journée où j'avais beaucoup lu de livres anglais imprimés sur papier satiné, je vis, à l'instant où mes yeux se fermaient et où je m'apprêtais à dormir, un papier brillant sur lequel étaient écrits trois mots anglais que j'eus le temps de relire et de comprendre. Une autre fois, je m'étais regardé à plusieurs reprises dans un miroir pour me faire la barbe, ce qui m'avait occasionné une certaine fatigue de la vue. Le soir, étendu dans mon lit, je revis distinctement ma figure sur un fond brillant, telle que me l'avait offerte mon miroir.

Ce dernier fait est un de ceux qui montrent le mieux que les objets aperçus dans les hallucinations hypnagogiques ne sont le plus ordinairement, comme nos rêves, que des impressions auparavant perçues et qui s'éveillent d'elles-mêmes dans notre mémoire.

La plupart des portraits que j'ai vus dans mes hallucinations m'ont semblé être purement de fantaisie; quelques-uns m'ont cependant offert distinctement les traits de parents, d'amis, de personnes de connaissance ou de gens que j'avais rencontrés. Ainsi j'ai vu plusieurs fois, et récemment encore, la figure de mon père, que j'ai eu le malheur de perdre en 1831. Ses traits se présentaient alors à mon œil interne, avec une vivacité que mon simple souvenir ne pourrait jamais leur rendre.

Quelques-uns de ces portraits, qui ne se rapportaient à aucune personne à moi connue, se sont fréquemment montrés à mes yeux, plusieurs nuits de suite, ou se succédant à peu d'intervalle l'une de l'autre. J'ai, du reste, noté le même fait dans mes songes. Je me rappelle avoir rêvé huit fois en un mois d'un certain personnage, auquel je donnais toujours la même figure, le même air, et que je ne connaissais pourtant pas, qui n'avait même probablement aucune existence, en dehors de mon imagination. Et, ce qui est bizarre, c'est que ce personnage continuait fréquemment dans un rêve des actions qu'il avait commencées dans un autre.

Les paysages qui se sont dessinés devant mes yeux fermés m'ont paru de même, tantôt des compositions de fantaisie, tantôt la représentation de lieux, de sites que j'avais visités, ou au moins dont j'avais vu des tableaux. Ainsi la première nuit que je couchai à Constantine, ville dont l'aspect pittoresque avait fortement excité mon admiration, je revis distinctement, étant dans mon lit, et les yeux fermés, le spectacle que j'avais contemplé en réalité l'après-midi. J'ai éprouvé le même phénomène à Constantinople, deux jours après mon arrivée. Étant à Barcelone, l'hallucination ne donna lieu qu'à une reproduction partielle; je vis, dans mon lit, une maison du quartier de Barcelonette, qui n'avait cependant que peu appelé mon attention. Enfin, à Édimbourg, à Munich, à Brest, se sont retracés, à mon œil fermé, des paysages qui m'avaient frappé durant mes excursions aux environs de ces villes. C'est particulièrement en voyage que je suis sujet à ces hallucinations pittoresques. Le château de F..., situé à dix lieues de Paris, et où j'ai passé quelques heureux moments, fait fréquemment les frais de mes visions nocturnes. Mais je ne le revois presque jamais sous le même aspect.

Les objets fantastiques qui se dessinent devant les yeux ne présentent point tout à fait le caractère d'objets réels; l'œil distingue facilement leur fausseté; et cependant ces images sont beaucoup plus vives, beaucoup plus animées que ne le seraient les peintures les plus vraies qu'on en pourrait exécuter. Elles sont généralement petites, surtout les figures d'hommes ou d'animaux. Je ne me rappelle pas en avoir aperçu de grandeur naturelle; et je n'en trouve aucune indication dans les observations que je consigne par écrit depuis quatre ans. Les paysages même sont fort réduits; ce sont presque des miniatures. Rarement j'aperçois plus de deux ou trois objets à la fois, et le plus ordinairement je n'en vois qu'un. Toutefois, il m'est arrivé dans quelques occasions d'en voir un nombre assez considérable. Me trouvant en diligence et me rendant en Suisse par la route de Mulhouse, j'eus une des hallucinations à images multipliées les plus remarquables que j'aie constatées chez moi. Fatigué par deux nuits passées en voiture, je commençais, sur les onze heures du matin, à entrer dans une rêvasserie qui annonçait l'invasion prochaine du sommeil. Je fermais machinalement les yeux. J'entendais encore le bruit des chevaux et le colloque des postillons qui relayaient, lorqu'une foule de petits personnages, rougeâtres et brillants, exécutant mille mouvements et paraissant causer entre eux, s'offrirent à moi. Cette vision dura un grand quart d'heure. Elle revint à plusieurs reprises et ne disparut complétement qu'à mon arrivée à Belfort. Je me levai alors; j'étais fort coloré; le sang me montait avec violence à la tête.

J'ai éprouvé quelque chose d'analogue, il y a deux ans, au mois de juillet, étant également en voiture; les figures n'étaient alors ni si nombreuses, ni surtout si brillantes.

Le rappel de perceptions antérieures a lieu aussi bien pour les images que pour les sons, les saveurs et les odeurs. Quand une figure, une parole, un fait, une réflexion ont fortement impressionné notre esprit, nous en rêvons, ou une hallucination hypnagogique peut les reproduire. Notre cerveau et celui de nos sens qui a été puissamment agité sont en quelque sorte pris d'un mouvement spasmodique qui réveille une impression antérieurement perçue.

Il y a quelques années, j'éprouvais un mal de tête par suite de douleurs rhumatismales accompagnées d'une légère congestion dans la région pariétale. Il était dix heures, et je venais de me mettre au lit; vingt ou trente secondes après m'être laissé aller au vague de la pensée, avant-coureur du sommeil, j'entendis très-distinctement, quoique non cependant avec la même clarté et surtout la même *extériorité* que si j'eusse entendu une voix réelle, une phrase exclamative répétée plusieurs fois de suite. L'hallucination fut assez forte pour rappeler mon attention et me faire sortir complétement de cette somnolence commençante. La pesanteur que je ressentais au voisinage des oreilles tendait à s'accroître, et, réfléchissant sur la voix que je venais d'entendre, je reconnus parfaitement l'intonation, le rhythme du verbe d'une personne qui m'avait parlé quelques jours auparavant. Le timbre de cette voix m'avait frappé, dans le moment, comme le souvenir m'en revint alors.

Un matin suivant, un phénomène du même genre s'est reproduit : je ressentais au cœur une de ces pesanteurs que déterminent chez moi certaines variations atmosphériques; le sang me portait à la tête; bien qu'au moment de me lever, je demeurais sous l'empire d'une rêvasserie qui ne s'empare de moi ordinairement que le soir. Soudain l'oreille de mon esprit, qu'on me pardonne une métaphore sans laquelle je ne saurais rendre ce que j'éprouvais, est frappée par le bruit de mon nom; j'entends très-distinctement ces mots : *Monsieur Maury*, *Monsieur Maury;* et cela avec une netteté de son et un accent tellement particuliers, que je reconnus du premier coup la manière dont un de mes amis, avec lequel je m'étais entretenu la veille au soir, avait prononcé mon nom. Cependant l'intonation qu'il avait mise dans son exclamation n'avait point alors excité ma surprise : j'étais habitué à sa voix, et le son m'était resté plus dans l'oreille que dans l'esprit.

Ainsi, dans ces deux cas encore, le trouble auquel étaient en proie certaines fonctions de mon économie produisait un retentissement dans mon cerveau et faisait mouvoir la touche correspondante à une perception vive qui avait laissé en moi, sans que j'en eusse conscience, un reste d'ébranlement.

Cette excitation des sens peut venir, comme dans le rêve, en aide à la mémoire et nous faire ressouvenir de figures, de sons que, dans l'état de veille, nous ne nous représentions qu'imparfaitement. J'avais, il y a maintenant dix-huit années, passé la soirée chez le peintre Paul Delaroche, et y avais entendu de gracieuses improvisations sur le piano d'un habile compositeur, M. Ambroise Thomas. Rentré chez moi, je me couchai et demeurai longtemps sans pouvoir m'endormir ; à la fin, le sommeil me gagne, je clos les paupières, et voilà que j'entends comme dans le lointain plusieurs des jolis passages qu'avaient exécutés les doigts brillants de M. Ambroise Thomas. Notez que je ne suis pas musicien et ai la mémoire musicale peu développée. Je n'eusse certainement pu me rappeler à l'état de veille de si longs morceaux. Une autre fois, me rendant à l'île de Staffa, et étant étendu, les yeux fermés, sur le pont d'un steamer, j'entendis l'air qu'un aveugle avait joué près de moi, la veille, sur son *bag-pipe*.

Quelques années après, j'étais à une période de ma vie où, au lieu de figures humaines qui font le sujet principal de mes hallucinations, je voyais surtout des paysages. C'étaient de longues perspectives de coteaux ombragés d'arbres, des bocages frais et solitaires ; tout-à-coup j'aperçois dans une de ces visions qu'entrecoupaient de continuels retours à la veille la vue de Rotterdam, que j'avais visité peu de mois auparavant, et cela avec une clarté que jamais je n'eusse obtenue par une vive représentation intérieure et volontaire de cette curieuse ville.

De même, j'ai reconnu dans une autre hallucination un site des environs de Ratisbonne où je m'étais trouvé en 1839 et que j'avais complétement oublié.

Ce rappel de faits effacés de l'esprit se produit fréquemment dans les rêves. Je citerai ici encore quelques faits qui me sont personnels.

J'ai passé mes premières années à Meaux et je me rendais souvent dans un village voisin, nommé Trilport, situé sur la Marne, où mon père construisait un pont. Il y a quelques mois, je me trouve en rêve transporté aux jours de mon enfance et jouant dans ce village de Trilport; j'aperçois un homme, vêtu d'une sorte d'uniforme, auquel j'adresse la parole, en lui demandant son nom. Il m'apprend qu'il s'appelle C..., qu'il est le garde du port, puis disparaît pour laisser la place à d'autres personnages. Je me réveille en sursaut avec le nom de C... dans la tête. Était-ce là une pure imagination, ou y avait-il eu à Trilport un garde du port du nom de C...? Je l'ignorais, n'ayant aucun souvenir d'un pareil nom. J'interroge, quelque temps après, une vieille domestique, jadis au service de mon père, et qui me conduisait souvent à Trilport. Je lui demande si elle se rappelle un individu du nom de C..., et elle me répond aussitôt que c'était un garde du port de la Marne quand mon père construisait son pont. Très-certainement, je l'avais su comme elle, mais le souvenir s'en était effacé. Le rêve, en l'évoquant, m'avait comme révélé ce que j'ignorais.

Je reviendrai plus loin sur ces curieux rappels de mémoire; je retourne aux hallucinations hypnagogiques.

J'ai dit que l'on parvient à prolonger la durée de ces visions fantastiques assez pour les contempler. On peut même arriver à les évoquer, à en faire naître de certaines natures, en y conduisant à dessein sa pensée. Un soir, voulant tenter l'expérience, je pensais fortement à un portrait de mademoiselle de La Vallière que j'avais vu naguère à la Pinacothèque de Munich, et au bout de quelques minutes, comme je m'endormais, je vis la figure charmante de cette femme célèbre, mais sans pouvoir distinguer ni son vêtement, ni le bas de son corps. Une autre fois, je songeais aux clefs de l'écriture chinoise que j'avais apprises, et je ne tardai pas, en m'endormant, à voir trois de ces clefs. Tout dernièrement j'avais, durant la journée, rangé les livres de ma bibliothèque. Le soir, étendu dans mon lit, je songeais à ce long et fatigant rangement; le sommeil me gagne et j'aperçois plusieurs rayons de ma bibliothèque sur lesquels étaient placés des livres la tête en bas; je vis les titres, mais ne pus en lire aucun.

Un de mes amis, sujet aux hallucinations hypnagogiques, m'a déclaré qu'il pouvait presque évoquer telle ou telle image à son gré. Donc, la volonté peut imprimer une direction à l'imagination, qui réagit ensuite sur les perceptions dues à l'excitation sensorielle. Nous avons là, comme je le montrerai dans un autre chapitre, un phénomène analogue à celui qui se produit pour l'extase.

Hallucinations de l'ouïe.— Ce que j'ai dit à propos des hallucinations de la vue fait suffisamment comprendre le mode de production des hallucinations de l'ouïe. Ce sont généralement des phrases courtes ou des mots qui retentissent à notre oreille, mais d'une manière plus faible que des sons réels. Aussi doit-on les ranger dans la classe des hallucinations que M. Baillarger a appelées *psychiques*. La voix est comme lointaine et intérieure ; c'est cependant une voix véritable qui a son timbre et son accent particuliers. Tantôt c'est la reproduction d'une voix déjà entendue, ainsi que l'a montré l'exemple cité plus haut ; tantôt ce sont des voix insolites, graves ou criardes. Un jour, me trouvant sur l'impériale d'une diligence qui me conduisait à Strasbourg, fatigué d'une nuit passée en voiture, je m'assoupissais vers l'heure de midi. Je me sentais la tête lourde et brûlante. Bientôt des voix, qui parlaient allemand, frappent mon oreille ; cependant j'étais encore loin de l'Alsace ; il n'y avait aucun Allemand autour de moi. Je secoue mon engourdissement pour y retomber peu après ; les voix reprennent, mais c'était alors un mélange de mots hollandais et allemands. Le fait est que j'éprouvais un tintement d'oreilles, et ce bruit incommode était transformé par ma mémoire, alors pleine de mots allemands et hollandais, en une suite de phrases composées dans les deux idiomes.

Hallucinations du toucher. — Ces hallucinations n'appartiennent guère à l'état hypnagogique ; lorsqu'elles apparaissent dans l'état intermédiaire entre le sommeil et la veille, elles sont généralement, comme les fausses sensations de tact éprouvées en rêve, déterminées par des pressions, des attouchements venus du dehors, ou au moins par une excitation de la peau. C'est ce que montrent les deux observations suivantes. Je me trouvais un jour dans une mauvaise auberge du nord de l'Écosse; j'étais appesanti par la fatigue; j'avais fait une longue marche à pied dans les Highlands, et la fatigue avait amené chez moi une sorte de courbature accompagnée d'un prurit général à la peau. Épuisé, je m'endormais sur ma chaise, attendant que la servante eût fait mon lit. Des hallucinations hypnagogiques ne cessaient de m'assaillir, et dans ces visions je m'imaginais tantôt sentir les morsures d'un rat, tantôt les piqûres d'une abeille. Une autre fois, la peau aussi excitée par un lavage à l'eau froide, à la suite duquel je m'étais couché, je sentis comme une main de femme qui passait sur mes épaules, et il est à noter que cette hallucination était accompagnée de visions de jolies figures féminines.

Hallucinations du goût. — Je suis peu sujet à cette sorte d'hallucination. Toutefois, je me rappelle en avoir éprouvé à deux reprises, en des circonstances significatives. La première fois, j'avais dans la bouche une saveur de porc, comme un goût de saucisson. Il est à noter que quelques jours auparavant, c'était pendant les tristes journées de juin 1848, on avait distribué comme vivres à la compagnie de gardes nationaux chargée de défendre le Luxembourg de la charcuterie en abondance; j'en avais eu ma part. Le rappel du goût d'un de ces saucissons se liait à celui d'une foule de sensations et d'idées, car j'étais en proie à la vive appréhension que causaient dans Paris les événements. Lors de ma seconde hallucination, je me trouvais à Barcelone. Arrivé depuis peu en Espagne, j'étais persuadé n'y rencontrer qu'une cuisine à l'huile rance, et cependant je n'avais encore rien mangé qui justifiât ce préjugé. Le soir, comme je fermais les paupières, le goût d'huile rance me vint dans la bouche avec persistance.

Au reste, les hallucinations hypnagogiques du goût s'expliquent d'autant plus naturellement que ce sens est le plus directement placé sous l'empire de l'imagination. On sait qu'il suffit souvent de penser à un mets succulent pour que la saveur en vienne à la bouche.

Hallucinations de l'odorat. — Ces hallucinations, très-fréquentes dans l'état hypnagogique chez les personnes atteintes d'un commencement d'aliénation mentale, ainsi que cela ressort du *Mémoire* de M. Baillarger, sont assez rares dans l'état sain. Je ne me rappelle pas les avoir jamais éprouvées. Deux faits que j'ai recueillis pourront montrer dans quelles conditions doit se produire l'hallucination hypnagogique de l'odorat. La vieille domestique qui était si fort effrayée de ses visions, et dont j'ai parlé plus haut, se plaignait souvent, en s'endormant, de sentir l'odeur du brûlé ; il est à noter qu'elle était toujours tourmentée par la crainte du feu. J'ai connu un paysan de la Brie qui sentait, lorsqu'il était près de s'endormir, une épouvantable puanteur; je ne serais pas étonné, ajoutait-il, que ce fût l'odeur du diable, car je vois souvent en même temps de bien vilaines figures. Ce paysan était, du reste, fort sain d'esprit, quoique superstitieux.

Les hallucinations du goût et de l'odorat tiennent certainement à un état d'irritation de la muqueuse de l'estomac et de la membrane pituitaire ; mais elles peuvent se lier, comme cela avait lieu chez mon paysan, à une excitation des appareils sensoriaux du goût et de l'odorat, indépendants de l'estomac et des fonctions olfactives.

On voit par tout ce qui vient d'être dit quelle étroite liaison rattache aux rêves les hallucinations hypnagogiques. Ce sont de même des perceptions soudaines, déterminées par une excitation de l'appareil sensoriel, et qui servent de thème à notre imagination, affranchie du contrôle du jugement, de la raison, livrée à son action spontanée, ou imparfaitement réglée par la volonté. Sans doute, une foule d'idées naissent de même ainsi tout spontanément dans notre esprit, sans être appelées, et par suite du mouvement intestin du cerveau provoqué par diverses causes physiologiques ou pathologiques soit internes, soit externes; mais lorsque nous sommes éveillés, la volonté s'en empare, les combine avec d'autres idées volontairement appelées, de façon à en tirer des conceptions et des jugements. Dans l'état intermédiaire entre la veille et le sommeil, nous ne jugeons plus, nous ne combinons plus, nous voyons, nous entendons, nous odorons, nous touchons; voilà la différence. Nous n'allons guère au delà de ces sensations, de ces perceptions; nous pouvons n'y point ajouter foi, si nous sommes encore assez éveillés pour en comprendre l'inanité; mais nous ne nous en servons guère pour effectuer des raisonnements suivis, et arriver à des conceptions logiques. Les mêmes images, les mêmes sons fantastiques se continuent-ils après que le sommeil est devenu complet, notre esprit, qui garde un reste d'activité, en est la dupe, et s'égare à leur poursuite. Il en subit l'empire, dans ce qui lui reste encore de raison; autrement dit, il raisonne d'après ces impressions, sans être en état d'en apprécier la valeur.

Ainsi, l'hallucination hypnagogique nous fournit comme l'embryogénie du rêve. Ce sont les mêmes phénomènes objectifs, c'est presque le même état physiologique ; car nous avons vu plus haut que l'afflux du sang au cerveau, l'excitation nerveuse engendrent les hallucinations hypnagogiques. De même, si durant le sommeil l'atonie des forces vitales, l'engourdissement du système nerveux trouvent une sorte d'antagonisme dans une disposition congestive avec excitation, les rêves deviennent plus nombreux et plus suivis. L'affaiblissement de l'activité cérébrale est contre-balancée par l'afflux sanguin qui tend à rétablir le jeu des facultés intellectuelles.

De là, la vivacité des images dans l'hallucination hypnagogique et le rêve, la puissance de la mémoire, et souvent même de la réflexion. Si le jugement demeure toujours vicié en quelque chose, sans doute parce que son exercice ne saurait se passer du concours de toutes les facultés dans leur plénitude, les autres fonctions cérébrales retrouvent leur jeu à peu près complet, et le jugement tend même à reprendre son intégrité quand il y a un commencement de réveil, par suite d'une restauration déjà notable de forces intellectuelles. C'est dans ce cas surtout qu'un doute traverse comme un éclair notre esprit sur la réalité des chimères dont il est occupé. Bien souvent, en songe, on se demande si tout ce qu'on voit n'est pas un rêve, et un vague sentiment de l'illusion qui nous égare s'empare de nous et affaiblit les émotions que provoquent les tableaux que nous avons devant les yeux.

Je n'ai pas parlé des rêves pathologiques, de ceux qui sont le prodrome ou le symptôme de certaines maladies. Cette catégorie de rêves a été déjà étudiée avec beaucoup de soin par M. le docteur Macario[1], et je n'ai rien à ajouter à ce qu'il en dit. Je ferai seulement remarquer qu'ils sont une preuve manifeste de l'intervention des sensations internes dans les idées spontanées dont s'empare l'imagination du rêveur pour en tisser le songe. L'identité de forme des rêves accompagnant telle ou telle affection démontre que l'esprit subit forcément, dans des créations en apparence capricieuses et incohérentes, le contre-coup de ce que le corps éprouve à son insu[2]. Il n'y a, en effet, rien de capricieux et d'arbitraire dans la nature, aussi bien pour l'état sain que pour l'état malade, et les visions qui leurrent l'esprit endormi dans un organisme souffrant se produisent d'après les mêmes lois que les idées spontanées proprement dites.

1. Voy. Macario, *Du sommeil, des rêves et du somnambulisme, dans l'état de santé et dans l'état de maladie.* (Lyon, 1857, in-8°.)

2. Voyez la note A, à la fin de cet ouvrage.

CHAPITRE V

DES ANALOGIES DE L'HALLUCINATION ET DU RÊVE AVEC L'AFFAIBLISSEMENT PATHOLOGIQUE DE L'INTELLIGENCE

Puisque le sommeil n'est qu'un engourdissement partiel et plus ou moins profond des facultés intellectuelles, des sens et des nerfs, il doit nécessairement offrir une certaine analogie avec les états pathologiques dus à un ramollissement de la substance cérébrale, à l'âge ou à la maladie. Dans ce cas, l'attention devient difficile, les sens se montrent obtus, la volonté est vacillante, la mémoire présente des lacunes.

Une première cause d'affaiblissement de l'intelligence chez le vieillard tient très-certainement à ce que les sensations sont incomplètes, confuses; elles ne portent alors au cerveau que des ébranlements insuffisants pour que la perception nette et lucide se produise. L'affaiblissement de certains sens peut ainsi amener un commencement de démence, s'il n'y a pas assez de vitalité pour que le sens qui conserve l'intégrité de son action se charge de suppléer à ceux qui s'engourdissent ou s'éteignent. Aussi, qu'un vieillard devienne sourd, aveugle, cela pourra porter une atteinte grave à l'exercice de ses facultés intellectuelles. J'ai connu un ancien libraire qui avait perdu la vue et presque l'ouïe; il était manifeste que l'intelligence souffrait beaucoup de cette privation. Donc nul doute que la simple occlusion des sens ne puisse, si l'intelligence n'est pas douée d'une grande activité propre, lui enlever durant le sommeil une partie de sa force et de sa précision. M. le docteur Bouisson a cité récemment l'exemple curieux d'un individu âgé d'environ cinquante ans, devenu aliéné par suite de la perte de la vue. Il était tombé dans un état de démence. Comme sa cécité était le résultat d'une cataracte, l'opération lui rendit la vue, et il recouvra du même coup l'intelligence [1].

Mais cet engourdissement des sens n'est assurément pas l'unique cause de l'incohérence de nos rêves ou des idées chez l'homme atteint de démence sénile. Il y a de plus un engourdissement du cerveau même, qui tient pour les rêves à l'affaiblissement de la force nerveuse pendant le sommeil; pour la démence, à une décomposition de la matière cérébrale chez l'homme d'un âge avancé.

Dans l'état hypnagogique, comme dans le sommeil léger, les sens ne sont pas assez assoupis pour rester totalement fermés aux excitations extérieures. Qu'une personne se présente alors devant moi, je la vois;

1. Voy. *Annales médico-psychologiques*, 3e série, t. VII, p. 194.

qu'elle me parle, je l'entends; il y a plus, je lui réponds. Mais comme mon attention est faible, mon intelligence engourdie, je ne me rends pas un compte exact de ce que je vois, de ce que j'entends; je discerne mal les choses et commets les plus étranges confusions; je ne saisis pas le sens de ce qu'on me dit et n'entends que des mots; je réponds parfois à ces mots, mais ma réponse ne correspond pas au sens des paroles qu'on m'adresse. Le son d'un mot évoque en moi une idée qui s'y est attachée et qui n'a peut-être aucun rapport avec la phrase de mon interlocuteur. La question qui m'est faite joue alors le même rôle que la modification interne due à une cause physiologique ou pathologique; elle se répercute dans mon cerveau et y fait vibrer au hasard une idée. Parlons plus exactement : l'ébranlement qu'elle produit dans mon cerveau se communique, dans la région vers laquelle elle se dirige, à celles des fibres ou des molécules qui étaient déjà disposées à vibrer. Mais, souvent, je n'entends absolument rien de la question qui m'est adressée; elle n'est pour moi qu'un son qui me fait sortir, en frappant mon ouïe, de la somnolence rêveuse où j'étais tombé. Je prononce alors des phrases n'ayant aucune liaison de mots ni d'idées avec ce que l'on me dit : ce ne sont plus seulement des coq-à-l'âne bizarres, ce sont des paroles incohérentes rappelant celles d'un vieillard qui a atteint le dernier terme de la caducité intellectuelle. Cependant, il m'est quelquefois arrivé, par une réflexion rétrospective, de saisir une liaison entre plusieurs de ces mots et ce qui s'était passé dans mon esprit. Ces phrases incohérentes expriment l'idée ou l'image qui se promenait devant mes yeux au moment où l'interlocuteur éveilla en moi par sa question un commencement d'attention. On me parle, je me hâte de répondre, et j'exprime ce que je voyais dans le moment où l'on m'a interrogé. Un jour, par exemple, je m'étais assoupi pendant une lecture; la personne qui lisait m'adresse une question sur un passage qu'elle venait de lire; je réponds: *Il n'y a pas de tabac dans ce lieu;* ce qui n'avait absolument aucune relation ni de sens, ni de mots, ni de son avec la parole qui m'était adressée. Ma réponse provoque naturellement une hilarité bruyante, et mon assoupissement est tout à coup dissipé. Je n'avais qu'une conscience vague de ce que je venais de répondre, mais ma mémoire gardait encore le souvenir de quelques-unes des idées-images qui avaient défilé devant les yeux de mon imagination; et je me rappelai alors que l'idée de tabac s'était présentée à moi au milieu du cortége disparate d'une foule de mots et d'idées s'enchaînant par tous les bouts. Ainsi, j'avais répondu à mon rêve et non à la question. Et pourquoi ce rêve? un éternument me l'expliqua: quelques grains de tabac, qui m'étaient restés dans le nez, après en avoir accepté d'une tabatière bienveillante, agissaient sur la membrane olfactive, et renvoyaient au cerveau cette sensation dont je n'avais pas, dans l'instant, conscience.

J'ai comparé ma réponse incohérente à celle qu'aurait pu faire un vieillard en enfance, et je n'ai point trouvé là une simple analogie; car ce qui se passe dans une intelligence qui s'éteint est presque identique avec le phénomène dont je viens de parler : l'attention s'affaiblit, la volonté s'engourdit et l'imagination, livrée à elle-même, se berce des images et des idées qui reflètent les troubles incessants auxquels sont en proie toutes les parties d'un organisme marchant rapidement vers sa destruction. Le mouvement automatique de l'esprit l'emporte de plus en plus sur le mouvement volontaire, et les idées qui dans le passé avaient le plus occupé le vieillard sont celles qui jouent le rôle principal dans cette association confuse et incohérente dont son intelligence est le réceptacle. La même cause qui fait que le vieillard répète incessamment les mêmes histoires, revient toujours sur des souvenirs de jeunesse, provoque par la voie spontanée la formation de ses idées et de ses souvenirs. L'homme en enfance est dans un état perpétuel de rêvasserie, et les paroles incohérentes qu'il vous répond doivent être l'expression des idées dont il est bercé. Dès que vous ravivez son attention par une demande, il cherche à reprendre les rênes de ce char intellectuel sur lequel Platon place l'âme ; mais il ne peut arriver jusqu'à vous, et il se dirige simplement dans le sens où l'entraînait l'idée qui passait devant son esprit.

C'est aussi ce qui arrive parfois pour le fou et l'homme distrait. Mais l'un et l'autre ne sont pas tombés dans cet état de contemplation passive qui constitue la rêvasserie. Ils réfléchissent, au contraire, avec tant de force à leur idée, qu'ils ne peuvent s'en départir. Dans le premier moment qu'on les interroge, et bien qu'on les tire de cette absorption de la pensée, ils ne peuvent que suivre leur idée, quoiqu'ils entrent par la parole en relation avec le monde extérieur. Le rêveur, au contraire, fait par faiblesse de l'intelligence ce que les précédents font par énergie de la réflexion ; il n'a pas la force d'appliquer son attention à l'objet qu'on lui présente, et sa parole n'est qu'un écho de l'idée qu'il contemple machinalement.

Ainsi il est à croire que c'est surtout par l'affaiblissement de la puissance d'attention que s'opère la désorganisation de notre intelligence. Chez l'idiot, c'est l'attention qu'il est le plus difficile de fixer, et dès qu'on y est parvenu, un progrès sensible se fait sentir dans son intelligence. Chez l'enfant, on sait combien l'esprit a de mobilité, et la succession des images qui se dessinent en lui a toujours nui, quand elle est trop abondante, à la perception des choses, car l'attention s'y applique plus difficilement.

L'homme qui s'endort s'identifie donc, pour un instant, avec le vieillard dont l'esprit s'affaiblit ; il passe par un premier degré d'idiotie sénile, et quand il est complétement endormi, et qu'il tombe tout entier sous l'empire d'un songe, il représente véritablement, comme je le ferai voir dans un prochain chapitre, l'homme atteint d'aliénation mentale.

Cette triste désorganisation de l'intelligence dans l'extrême vieillesse s'effectue encore par bien d'autres points, sur lesquels l'étude des rêves peut aussi porter quelque lumière.

Je me rappelle un bon vieillard dont l'existence calme et régulière s'écoulait dans un petit château des environs de Meaux : l'âge avait exercé sur cette intelligence, assez mal prémunie contre les ravages du temps, une influence fâcheuse qui n'échappait à personne. Sa conversation se réduisait de plus en plus au cercle étroit d'anciens souvenirs de la guerre d'Amérique et de la Révolution ; sa mémoire lui faisait tellement défaut pour ses besoins de tous les jours, qu'une heure ou deux lui suffisaient à oublier ce qu'il avait dit ou fait, et si la visite se prolongeait, on risquait fort de s'entendre raconter, au moment de le saluer, l'histoire d'Amérique par laquelle il avait commencé la conversation. Sa mémoire l'abandonnait même au jeu de tric-trac qu'il avait pratiqué toute sa vie, et qui avait été l'objet de ses réflexions les plus sérieuses. Il oubliait les coups comme les dés, et faisait des écoles que l'amitié de ceux qui consentaient à faire sa partie avait soin de ne pas lui signaler. Les mots finirent par sortir de sa mémoire comme les faits, et il ne tarda pas à confondre dans ses anecdotes favorites les noms de ses personnages auxquels ses visiteurs habituels, et j'étais du nombre, avaient été depuis longtemps initiés. J'observai alors en lui un phénomène qui m'est revenu à l'esprit quand, vingt ans plus tard, je me livrai à ces études psychologiques. Peu de temps après avoir raconté une de ses aventures, il reprenait celle qui suivait invariablement; mais il transportait dans celle-ci une partie des noms de la première ; en sorte que la chose eût été complétement inintelligible, s'il ne vous avait pas mis, quelques mois auparavant, quand sa mémoire était plus sûre, au courant des vrais personnages. Même fait se reproduisait quand il était au tric-trac : jouait-il le petit jan, il croyait être au jan de retour de la partie précédente, et il était difficile de lui faire comprendre qu'il avait à se démarquer. Ainsi son attention, devenue plus lente, ne pouvait que difficilement se détacher de l'objet qui l'avait occupé précédemment, quand un nouveau sujet lui était proposé ; et comme cela se produit chez le rêveur qui répond simplement à l'idée qui s'offre à lui, et ne peut saisir celle qui vient d'autrui, en commençant un nouvel ordre d'idées, l'attention du vieillard demeurait encore enchaînée à des faits vers lesquels il avait eu aussi, sans doute, beaucoup de peine à ramener son esprit occupé des faits antérieurs.

Une autre circonstance de l'enfance sénile la rapproche du rêve. Le vieillard dont je viens de parler avait un frère plus âgé que lui et qui, bien que fort supérieur en intelligence, n'avait pu échapper aux effets de la décrépitude; il était également tombé en enfance; mais comme le cercle de ses idées fut toujours moins borné, il ne circonscrivait pas ses histoires dans la sphère étroite des guerres de la Révolution ou de l'Indépendance américaine. Il avait beaucoup voyagé, mais encore lu plus de voyages, qu'il n'en avait fait. Les souvenirs de ses pérégrinations et de ses lectures avaient fini par complétement se confondre; et tout cela se présentant à la fois à son esprit, lorsqu'il était étendu sur sa chaise longue, il vous racontait gravement tout ce qu'il avait lu; il vous disait par exemple qu'il avait été aux Indes avec Tavernier, aux îles Sandwich avec Cook, que de là il était revenu à Philadelphie, où il avait servi sous la Fayette. Le souvenir et le sentiment du temps s'étaient complétement effacés en lui, en sorte que ses idées s'enchaînaient exactement de la même façon qu'elles auraient pu le faire dans un rêve.

Ces étranges aberrations de vieillards m'avaient beaucoup surpris, moi fort jeune homme, et encore si loin de ces misères. Un jour, je voulus faire comprendre au premier des deux frères, dont j'ai parlé, qu'il confondait les hommes et les mots; je lui expliquai de mon mieux la signification des noms qu'il échangeait entre eux si bizarrement, et quelques instants après je le vis retomber dans les mêmes erreurs! Cette faiblesse incurable d'une intelligence qui avait pourtant un acquis, une expérience si supérieure à la mienne, car je n'avais alors que quinze ans, me frappa de stupeur, et grava en moi des souvenirs dont je ne soupçonnais pas tirer plus tard les observations que je consigne ici.

Ainsi on peut dire en présence de ces faits que l'homme est un automate dont la volonté monte de temps en temps les ressorts et dont l'habitude est comme le balancier. Cet automate continue d'aller quand la volonté est absente, tant que le ressort peut encore se débander. Une fois l'horloge montée, les rouages continuent leur mouvement régulier, altéré quelque peu, cependant, par l'action des causes extérieures et des modifications internes qui affectent leur composition et leur nature. Dans les horloges intellectuelles les mieux faites, c'est-à-dire les intelligences les plus saines et les plus fortes, l'intermittence de l'action de la volonté se reproduit à des intervalles extrêmement courts; mais plus l'intelligence s'énerve ou s'affaiblit, moins la volonté est active, et plus souvent elle laisse la machine obéir à l'automatisme qui lui est propre.

Cet automatisme par lequel l'homme commence et par lequel il finit ne peut se prolonger indéfiniment. L'horloge montée ne marche que plusieurs jours; si une main intelligente n'intervient pas, le mouvement s'arrête, les rouages ne tardent pas à se détériorer. Il en est de même de l'esprit : si la volonté ne rend pas de temps en temps à l'intelligence l'activité libre, son mouvement machinal s'affaiblit graduellement, et l'engourdissement complet, précurseur de la mort, finit par s'emparer de ces rouages qui avaient quelques instants obéi à une impulsion initiale. C'est encore ce que l'observation du rêve m'a bien fait comprendre. En effet, à l'issue de la rêvasserie et des hallucinations hypnagogiques, du sommeil agité et entremêlé de songes lucides ou peu incohérents, viennent souvent des rêves d'une extrême confusion, d'une incohérence telle, qu'ils ne laissent que le souvenir de leur existence; après quoi le sommeil peut devenir assez profond et les sens assez obtus pour qu'aucun indice de rêve ne se manifeste.

La meilleure preuve que dans le rêve l'automatisme est complet et que les actes que nous accomplissons s'opèrent par un effet de l'habitude imprimée par la veille, c'est que nous y commettons, en imagination, des actes répréhensibles, des crimes même dont nous ne nous rendrions jamais coupables à l'état de veille. Ce sont nos penchants qui parlent et qui nous font agir, sans que la conscience nous retienne, bien qu'elle nous avertisse parfois. J'ai mes défauts et mes penchants vicieux; à l'état de veille, je tâche de lutter contre eux, et il m'arrive assez souvent de n'y pas succomber. Mais dans mes songes j'y succombe toujours, ou pour mieux dire, j'agis par leur impulsion, sans crainte et sans remords. Je me laisse aller aux accès les plus violents de la colère, aux désirs les plus effrénés, et quand je m'éveille, j'ai presque honte de ces crimes imaginaires. Évidemment les visions qui se déroulent devant ma pensée et qui constituent le rêve me sont suggérées par les incitations que je ressens et que ma volonté absente ne cherche pas à refouler. L'excitation nerveuse qui accompagne parfois le sommeil et provoque des rêves où se déploient librement nos passions, par exemple le libertinage, la colère, la haine, la crainte, peuvent imprimer à nos actes et à nos sentiments un caractère de violence qu'ils n'ont pas dans l'état de veille. La cause de ce développement des passions ne provient pas seulement alors de ce que la volonté et d'autres impressions ne sont pas là éveillées pour les refréner, mais de ce que la sensibilité est surexcitée. Le délire qui se manifeste dans ce cas se rapproche beaucoup de celui des affections chez les maniaques, délire qui a été d'abord clairement décrit par Esquirol[1] et étudié depuis d'une manière spéciale par M. Auzouy[2]. Il se manifeste chez nous, en songe, des penchants soudains, irrésis-

1. Voy. *Des maladies mentales*, t. II, p. 145. (Paris, 1838.)

2. Auzouy, *Du délire des affections ou de l'altération des sentiments affectifs dans les diverses formes de l'aliénation mentale*, dans les *Annales médico-psychologiques*, 3e série, t. IV. (Janvier 1858.)

tibles, comme chez le fou, surtout chez le maniaque épileptique, le plus exposé de tous les aliénés à la perturbation des affections. Mais ces rêves avec exaltation maladive des passions sont, du reste, rares et ils dénotent peut-être déjà une prédisposition à la folie. Je pourrais en citer divers exemples qui prouvent qu'ils ne mettent pas simplement à nu nos vices, nos penchants cachés, mais qu'ils tiennent à une exaltation de penchants fort modérés dans l'état de veille.

M. M***, d'un caractère très-doux et nullement porté au meurtre, m'a déclaré avoir tué plusieurs personnes en rêve. Quoique je ne sois pas d'un caractère superstitieux, j'ai eu fréquemment en songe des craintes évidemment superstitieuses. M. F*** m'a affirmé avoir souvent rêvé de bons dîners et cependant il est fort sobre.

Au reste, on sait que la maladie, la folie changent souvent radicalement le caractère par une surexcitation du même genre. Des aliénés violents étaient avant la maladie des hommes fort doux; des jeunes filles pleines de pudeur se sont montrées impudiques, une fois atteintes de folie.

En rêve, l'homme se révèle donc tout entier à soi-même dans sa nudité et sa misère natives. Dès qu'il suspend l'exercice de sa volonté, il devient le jouet de toutes les passions contre lesquelles, à l'état de veille, la conscience, le sentiment d'honneur, la crainte nous défendent. Toutefois, les effets de ceux-ci peuvent se faire encore sentir pendant le sommeil; c'est alors un résultat d'habitude; ce sont des sentiments acquis passés à l'état d'instincts et qui se produisent conséquemment sans le concours de la volonté, ou des sentiments instinctifs qui reparaissent, parce que la raison et la volonté ne sont plus là pour les refouler. La conscience morale devient en quelque sorte automatique, et, s'il était permis de s'exprimer par des mots contradictoires, je dirais insciente d'elle-même. C'est ainsi que dans mes songes je me suis trouvé des scrupules religieux, des terreurs puériles que j'ignore complétement à l'état de veille, et qui remontent à ma première enfance. Ce sont de vieux préjugés que la raison a fait taire, mais dont les racines subsistent en nous et qui reprennent leur empire sitôt que la volonté se retire, s'affaiblit, par l'effet du songe ou de la vieillesse. Nous avons là une nouvelle preuve que les instincts natifs, les penchants innés se confondent avec les dispositions imprimées à l'homme par l'éducation première, puisque quand la volonté est abolie et que nous devenons de vrais automates, les uns et les autres sont les ressorts qui nous font agir.

J'ai réuni deux mots fort discordants, quand j'ai dit, une conscience insciente d'elle-même. C'est que le rêve est le théâtre des contradictions; les actions les plus opposées s'y produisent, de façon à dérouter toutes nos théories psychologiques. En songe, je poursuis des actes, des pensées, des projets dont l'exécution et la conduite dénotent presque autant d'intelligence que j'en puis apporter dans l'état de veille. J'ai soutenu des discussions et combiné des réponses pour parer à de redoutables objections ; je me suis conformé dans ma conduite imaginaire au caractère de ceux dont j'évoquais le souvenir et que je faisais intervenir dans mon rêve ; il y a plus, j'ai eu des idées, des inspirations que je n'avais jamais eues, éveillé; j'ai même trouvé certaines choses que j'avais vainement cherchées dans le recueillement du cabinet. Tout dernièrement, dans un rêve, où je me croyais en face d'une personne qui m'avait été présentée depuis deux jours, il me vint sur sa moralité un doute qui ne s'était certainement pas élevé dans mon esprit auparavant. Une autre fois, craignant de faire une petite perte d'argent, je fus, en rêve, le jouet d'aventures qui avaient leur point de départ dans cette préoccupation. Je rencontrai mon débiteur, il avait l'air triste et maussade; il cherchait à m'éviter. Je n'étais point en vérité dans le rêve, cela ressemblait trop à la réalité. Mais voici le rêve qui commence : sa figure se transforme et je reconnais en lui un de mes amis : Vous me prenez, dit-il, pour votre débiteur, je le connais et je lui parlerai. Le fait est que la liaison existant entre mes deux personnages était possible, probable même; mais je n'y avais pas songé; c'est en rêve seulement que la chose me vint à l'esprit. Il n'y a pas de semaine que je ne fasse d'observations du même genre. Une fois, par exemple, j'avais été chargé d'un rapport dans une des sociétés scientifiques auxquelles j'appartiens. Je pris connaissance des pièces et je remis au lendemain le soin de coordonner, de rédiger les idées que ce premier aperçu avait fait naître en moi. Mais voilà que la nuit je crois en rêve assister à la séance où mon rapport devait être lu ; je prends la parole ; toutefois le nom de l'auteur allemand sur lequel je devais parler m'échappe, par la raison évidente que je n'avais pu déchiffrer sa signature, quoique je me rappelasse qu'on l'avait dit, au moment où le travail avait été renvoyé à mon examen. Un de mes confrères, je suis toujours en rêve, me le souffle à l'oreille. Nouvelle preuve de ce ravivement de la mémoire, à l'état de songe, du retour pendant le sommeil de souvenirs effacés, que j'ai déjà signalés dans les précédents chapitres. J'avais donc, tout en dormant, mis en œuvre des éléments qui étaient restés épars dans mon esprit, une première connaissance prise du travail qui m'avait été renvoyé. Mon intelligence avait fonctionné, sans le concours de ma volonté, et cependant avec celui de toutes mes autres facultés. Je soupçonne pourtant que ce travail automatique et comme instinctif est beaucoup moindre qu'il ne paraît de prime abord, et qu'il y a là encore plus un effet de mémoire que de jugement. Je me serai sans doute fait une première idée de la forme que je voulais donner à mon rapport, idée fugitive qui me revint ensuite en rêve, avec toute l'apparence d'une conception nouvelle et spontanée. On ne peut nier cependant que mon intelligence n'eût travaillé sans que j'en eusse ni la volonté ni la conscience. Elle a mis en jeu la prudence et la réflexion, l'adresse et la crainte, et cela machinalement, à mon insu.

Il s'opère donc dans la pensée un travail tout semblable à celui dont nos fonctions purement organiques sont le théâtre. On digère, on respire, sans qu'on le sache; on accomplit même certains mouvements extérieurs d'une manière purement instinctive. Il se produit par conséquent aussi pour l'esprit une sorte d'effet réflexe, analogue à celui qui a lieu pour les actes d'intelligence de l'animal. Ces actions que j'accomplis en songe, si elles ne sont pas réfléchies, sont pourtant raisonnables et logiques à certains égards; elles peuvent l'être du moins. Je combine et je pèse, je rapproche des idées et je tire des conséquences, sans m'en apercevoir, sans savoir ce que je fais, ou pour mieux dire, sans être maître de moi-même; je deviens un automate, mais un automate qui voit, qui entend; je suis frappé d'une sorte de catalepsie morale et intellectuelle, et j'assiste à des actes où j'interviens, sans savoir ni pourquoi, ni comment.

Toute cette intelligence que je déploie en rêve n'est pas cependant purement instinctive [1]. D'abord, elle

1. Voy. l'Appendice.

repose sur des connaissances acquises et sur des faits dont je me suis rendu préalablement compte par la réflexion. Ensuite dans le fait d'instinct, l'être animé est une simple machine : tandis que dans ces actes que j'accomplis en rêvant et que je raisonne, j'agis en sachant ce que je fais, quoique sans le vouloir et sans réflexion. Je suis entraîné dans la série de mes actes par un enchaînement fatal, et je ne tiens ni l'une ni l'autre des extrémités de cette chaîne de figures, où je pose comme un danseur distrait dans une contredanse qui l'ennuie.

Il y a donc trois degrés dans l'intelligence humaine, ou plutôt dans nos actes, conçus par rapport à l'intelligence : 1° l'acte instinctif qui s'accomplit sans le concours de l'intelligence individuelle; 2° l'acte intelligent, mais involontaire, tel qu'il se passe dans le rêve, tel qu'il semble aussi avoir lieu quelquefois, à l'état de veille, par l'effet de l'habitude; 3° enfin l'acte intelligent volontaire, résultat d'une réflexion plus ou moins prolongée [1]. L'acte effectué d'abord volontairement est susceptible de se produire ensuite involontairement; mais ce qui est plus étrange, c'est que l'intelligence peut accomplir de prime abord, sans l'intervention de la volonté, un acte qui dénote le concours de toutes les autres facultés.

1. On trouvera ces idées plus complétement développées dans l'Appendice.

L'état de sommeil, ou plutôt de rêve, n'est donc pas toujours opposé à l'action complexe de l'intelligence humaine; celle-ci sait trouver, en l'absence de notre volonté, des conditions suffisantes pour son développement. Il y a même, comme je l'ai déjà remarqué, certaines facultés que, loin d'affaiblir, le sommeil développe : telle est la mémoire. Que nos souvenirs se dessinent avec plus de vivacité pendant nos songes que dans l'état de veille, cela a été observé par presque tout le monde. Ce que je viens de rapporter d'un de mes rêves et ce que j'ai noté dans les précédents chapitres, montre qu'il nous revient en songe des faits que nous avions oubliés durant la veille. Mais ce qui est plus extraordinaire, et ce que j'ai plusieurs fois constaté par moi-même, c'est la connexion de souvenirs qui peut s'établir d'un rêve à l'autre. J'ai repris bien souvent, à l'état de rêve, le fil d'un rêve antérieur que j'avais oublié durant la veille, et que j'ai eu parfaitement la conscience d'avoir fait, une fois que ce nouveau rêve m'en a rappelé le souvenir. Il y a quelques années, je me vois en songe dans une boutique imaginaire de la rue Castiglione : je reconnais celle où j'avais fait antérieurement des emplettes; j'y parle au marchand qui retrouve en moi une de ses pratiques. A mon réveil, l'image de cette boutique demeurait si fortement gravée dans ma pensée, que je crus un instant m'être transporté en rêve dans une boutique très-réelle; je me retraçais alors parfaitement la visite antérieure que j'y avais faite, et cependant ce souvenir était entouré de circonstances dont l'absurdité dénotait un pur rêve; un peu de réflexion me suffit d'ailleurs pour me convaincre que la boutique était complétement chimérique, et je ne la retrouvai pas dans la rue où je l'avais imaginée.

Le rappel de souvenirs se rapportant à un songe antérieur et se produisant dans un songe subséquent, bien qu'ils parussent complétement effacés dans l'état de veille intermédiaire, semble même pouvoir remonter jusqu'à des rêves fort anciens.

Un songe que j'ai eu tout récemment, la nuit du 7 avril 1861, tend du moins à me le faire admettre.

Je rêvais que j'étais en chemin de fer dans le train-poste et que j'avais été obligé de descendre à une station située près de Lagny. J'entrai dans un café d'où l'on découvrait toute la campagne; l'on y apporta de la bière. Notons en passant que le jour précédent j'avais eu le désir d'en boire, mais mon désir n'avait point été satisfait, diverses affaires étant venues me distraire de cette pensée. Assis à une table, je reconnus un café où j'étais descendu jadis, lors d'un autre voyage, voyage purement fantastique que je racontais dans mon rêve, comme remontant à sept ou huit années, à ma femme qui m'accompagnait. J'étais dans ce rêve persuadé que je reconnaissais les lieux, la table et toutes les circonstances de l'excursion antérieure, faite soi-disant avec mon frère cadet. J'avais donc alors la pleine conviction et le souvenir d'un rêve antérieur qui me revenait à l'esprit avec une parfaite lucidité; j'éprouvais même un véritable plaisir à me retrouver dans des lieux jadis visités par moi, en compagnie d'un frère, mort, il y a plus de dix années, et que j'ai tant regretté.

Éveillé, tout plein encore de mon songe, je m'assurai que ce souvenir évoqué en rêve devait avoir été un rêve antérieur : tous les détails du voyage étaient fantastiques; il n'y a pas de café à la station de Lagny, dont la disposition ne répond d'ailleurs en rien à mes prétendus souvenirs. J'ignore à quelle époque j'ai eu ce premier rêve, dont les images se sont réveillées dans ma pensée par l'apparition d'images semblables, car je l'avais totalement oublié; mais diverses circonstances me font croire qu'ainsi que j'en étais convaincu en rêve, le fait remonte à plusieurs années.

Je pourrais citer bien d'autres exemples, car diverses personnes m'ont raconté des faits analogues.

La théorie du souvenir que j'ai donnée plus haut me paraît suffire, du reste, à expliquer le phénomène, sans qu'on ait besoin d'admettre, comme l'ont fait quelques auteurs, qu'il y a deux vies distinctes, la vie réelle et la vie du rêve, poursuivant chacune séparément leur cours et répondant chacune à deux chaînes distinctes d'actes.

CHAPITRE VI

DES ANALOGIES ENTRE LE RÊVE ET L'ALIÉNATION MENTALE

L'analogie de plusieurs des phénomènes dont le rêve est accompagné avec les formes que prennent certaines maladies mentales, qui frappait, il y a soixante ans, Cabanis[1], a été signalée par divers aliénistes, notamment par MM. Lélut et J. Moreau. Ce dernier, dans son intéressant ouvrage intitulé : *Du Haschisch et de l'Aliénation mentale*, a montré la remarquable conformité des deux ordres de troubles intellectuels, et expliqué, jusqu'à un certain point, la monomanie par un rêve fait dans l'état de veille. M. le docteur F. Dubois (d'Amiens) a également parlé des rapports que présentent le délire de l'aliéné et l'état de rêve[2].

D'un autre côté, Maine de Biran, en étudiant le sommeil, simplement au point de vue psychologique,

1. Voy. ce qu'il dit dans ses *Rapports du physique et du moral*, au chapitre : du Sommeil en particulier.

2. Voy. *Annales médico-psychologiques*, t. VI, p. 128, et *Bulletin de l'Académie de médecine*, séance du 1er avril 1845.

a été aussi amené à rapprocher le rêve de l'aliénation mentale. Observateur attentif et logicien sévère, ce penseur a tenté d'expliquer par sa théorie de la volonté les phénomènes qui se produisent alors. Sans entrer dans la discussion d'une doctrine qui n'est pas toujours d'accord avec les faits, je me bornerai à emprunter à son auteur les idées dont ma propre expérience m'a permis de vérifier l'exactitude.

Maine de Biran remarque judicieusement que tout ce qui tend à concentrer les forces vitales, sensitives et motrices dans quelque organe ou foyer principal interne, soit en interceptant les sympathies d'autres organes essentiels, soit en amenant des sympathies toutes nouvelles, contraires aux lois ordinaires et régulières des fonctions vitales, est propre à amener, suivant la gravité et la durée de la cause, tantôt le sommeil et les songes, tantôt le délire et la manie, tantôt des passions de certaines espèces. Par exemple, ajoute-t-il, l'effet des liqueurs enivrantes ou des narcotiques se porte d'abord sur l'estomac, s'étend de là au cerveau, excite la sensibilité générale qui se concentre peu à peu, soit dans un organe interne, soit dans le centre cérébral lui-même [1].

Ainsi ce n'était pas seulement la similitude d'état intellectuel dans les songes et les vésanies que Maine

1. *Nouvelles considérations sur les rapports du physique et du moral de l'homme*, ouvrage posthume, publié par M. Cousin, p. 123.

de Biran constatait, c'était encore l'analogie des causes qui les engendrent. Mais peu versé dans la pathologie, n'ayant fait sur les songes que des observations accidentelles, le célèbre philosophe n'a pas creusé son sujet autant qu'il appartenait à un esprit tel que le sien. Il a posé quelques principes tirés d'un petit nombre d'expériences faites sur lui-même, il a manqué de cet ensemble de données nécessaires à la construction d'une théorie solide. Tout n'a pas été dit par les hommes illustres et les esprits distingués que je viens de citer. Il y a encore bien des observations à recueillir pour éclairer ce point curieux de notre histoire psychologique.

Je chercherai donc à compléter par mes observations personnelles les remarques des auteurs qui se sont déjà occupés du même sujet. Je le ferai surtout en vue de développer et de fortifier les rapprochements consignés au chapitre précédent.

Il y a, dans les opérations psychologiques de l'esprit aliéné ou fortement troublé, deux phénomènes principaux qui résument presqu'à eux seuls toutes les causes du délire; une action spontanée et comme automatique de l'esprit, une association vicieuse et irrégulière des idées. Dans le premier cas, ainsi que l'a fort fort bien observé M. Baillarger, la pensée n'obéit pas à la volonté, elle n'est point amenée, conduite, modifiée par elle, suivant les lois du raisonnement et de la réflexion; elle se produit tout à coup, on ne sait comment, lorsque souvent elle est le moins appelée, et elle s'offre à l'esprit avec une telle force, en même temps qu'elle affecte un tel caractère d'objectivité, que l'esprit la prend pour une image, une sensation externe, ou tout au moins pour l'effet d'un être, d'une cause étrangère à lui. C'est là proprement ce que l'on appelle l'hallucination.

Dans le second cas, les idées, au lieu de s'enchaîner par leur ordre logique, de se combiner suivant les besoins du discours et de l'argumentation, s'associent par des ressemblances tout à fait indépendantes de leur sens, de leur caractère propres. Prenez la peine, ainsi qu'on l'a fait quelquefois, de coucher par écrit les paroles sans suite, les discours incohérents d'un maniaque, rapprochez les uns des autres les mots et les phrases qu'il articule dans son délire, et vous pourrez souvent saisir le lien secret qui rattache entre elles ces phrases en apparence si éloignées les unes des autres. Tantôt c'est l'assonance des mots qui conduit la pensée : le fou associera certains mots, et, par suite, les idées qui s'y rattachent, parce que ces mots commencent de même ou ont la même désinence. Les mots une fois rapprochés par une analogie indépendante de leur sens, le fou en composera des phrases qui seront nécessairement incohérentes. Tantôt ce sera la similitude, l'identité de mots ayant cependant des sens différents qui servira de principe d'association. Ainsi, pour citer un exemple, le fou commencera son discours par l'idée de *corps*, qui amènera par l'identité du son celle de *cor*, et le discours finira par l'idée attachée à ce second mot. L'exemple que je produis ici pour deux mots pourrait être donné pour trois, quatre, et même davantage, car, dans la manie, la pensée, et par suite la parole, se produisent avec une grande rapidité, une accélération presque fébrile; la loquacité du fou ne lui laisse achever aucune des phrases que lui ont suggérées les mots liés par l'analogie signalée tout à l'heure; il se hâte d'abandonner chaque parole qu'il a commencée, pour courir après celle qu'évoque dans son esprit un mot offrant avec le précédent une affinité de sens, d'idée ou de son.

Je n'ai pas besoin de fournir ici les preuves de ce phénomène, bien connu des aliénistes, et que M. Baillarger m'a signalé un des premiers. Ce que je veux, c'est montrer, par des preuves que j'exposerai alors tout au long, que des phénomènes du même genre se passent dans le rêve; ce qui explique, en partie, l'incohérence et la bizarrerie des idées et des images qui le composent.

Je rappelle que dans ce que j'ai dit plus haut des hallucinations hypnagogiques, j'ai noté que les images, dont l'esprit et même l'œil sont assaillis, se produisent d'ordinaire spontanément, sans être aucunement appelées par une réflexion préalable. Ce n'est point une idée qui se convertit peu à peu en sensation ; c'est une image qui est dans l'esprit sans doute, mais dont celui-ci n'a parfois pas même souvenance et qui apparaît tout à coup à nos yeux, la paupière close. Il est même très-certain que nombre de ces images sont dues à la combinaison d'autres images qui ont réellement frappé nos sens à l'état de veille ; et ce que je dis pour les images est également vrai pour les sons qui se font entendre, au moment de l'invasion du sommeil, dans l'hallucination hypnagogique[1].

1. Il y aurait à examiner la question difficile de l'origine et de la génération de ces idées-images, qui ne sont pas toujours de simples rappels de sensations perçues, mais des combinaisons nouvelles d'éléments de sensations antérieures; car l'œil interne voit alors des objets qu'il n'a jamais contemplés, l'oreille interne peut entendre des airs, des mélodies qui ne l'ont jamais frappée. L'œil, l'oreille, et en général les sens jouissent d'une faculté de combinaison qui tient à la force créatrice de l'imagination. Les éléments dont ils se servent sont fournis par des sensations déjà perçues, mais leur mode d'assemblage et de groupement est nouveau, et il en résulte des images, des sons différents de ceux qui ont été antérieurement perçus. L'explication de ce phénomène réclamerait de nombreuses et très-diverses recherches; je me borne à faire observer qu'il doit se passer alors dans le cerveau et le système nerveux un fait du même genre que celui qui nous est offert par cette expérience d'optique : Si l'on fait tourner rapidement autour de son centre un cercle partagé en secteurs proportionnels aux espaces occupés par les sept couleurs du spectre solaire, les secteurs étant coloriés chacun d'une de ces couleurs et suivant le même ordre, quand la vitesse de rotation est suffisante, les couleurs particulières du spectre s'évanouissent, et le cercle se revêt

Les observations des médecins prouvent qu'il en est de même dans les hallucinations de la folie. Telle figure, telle parole, vient soudainement frapper la vue ou l'ouïe de l'aliéné, sans que celui-ci les ait provoquées, appelées à lui, en y pensant auparavant. Mais une fois l'hallucination produite, une fois que l'esprit a perçu la sensation apparente et sans cause externe qui vient d'avoir lieu, il bâtit sur cette image, ce son, cette sensation de tact, de goût, etc., une idée qu'il poursuit, jusqu'à ce qu'une nouvelle hallucination éveille à son tour une idée nouvelle qui le fasse sortir de sa route. L'intelligence marche, dans ce cas, comme le ferait un

d'une teinte grise uniforme; l'œil verrait même du blanc, si les couleurs artificielles employées pouvaient être tout à fait homogènes, et, en recourant à un prisme réfringent qui tourne autour de l'axe perpendiculaire à ses bases et que traverse le rayon lumineux, le blanc pur apparaît. (Voy. Ch. Montigny, *Phénomènes de persistance des impressions de la lumière sur la rétine*, dans les *Mémoires de l'Académie de Belgique* (Prix), tome XXIV.) De cette expérience il résulte que la lumière blanche se produit, non pas seulement par la superposition des couleurs élémentaires du spectre, mais encore par le rapprochement rapide des impressions que chacune de ces couleurs produit sur la rétine. Ainsi une image nouvelle naît dans l'œil de l'association d'éléments séparément perçus. Quand notre œil interne voit une figure de fantaisie, il s'opère de même en lui, et par suite d'une surexcitation, indice d'un mouvement très-rapide de la force nerveuse, un rapprochement des éléments dont se compose la figure, lignes, couleurs, expression, disposition symétrique, etc., toutes choses qui lui ont été fournies par des perceptions venues du dehors.

aveugle qui suivra le même chemin, tant qu'une force étrangère ne le poussera pas dans une route nouvelle qu'il prendra et suivra comme la première, jusqu'au moment où une autre force l'aura fait dévier, et ainsi de suite.

Voici une observation qui m'autorise à croire que l'hallucination du sommeil est identique avec l'hallucination hypnagogique, et que c'est elle qui conduit souvent le rêve et produit ses incohérences. Il y a quelques années, avant de m'endormir, j'eus à plusieurs reprises, lorsque mes yeux étaient fermés, la vue d'une sorte de chauve-souris, aux ailes verdâtres et à la tête rouge et grimaçante. Il est inutile d'ajouter que je ne m'étais nullement occupé d'un animal fantastique de cette sorte, et qu'une semblable hallucination était toute spontanée. A cette vision en succédèrent d'autres, que j'ai oubliées, puis celle d'un paysage qui représentait, je crois, une vue des Pyrénées, dont le souvenir n'était pas très-lointain dans mon esprit. Je me suis rappelé fort bien cette dernière hallucination, parce qu'au moment on apporta de la lumière dans ma chambre, j'ouvris les yeux, redevins tout à fait conscient de moi-même, et m'aperçus de la disparition de mon chimérique paysage. Une heure après, je fus réveillé d'un sommeil réel, et je me rappelai alors très-nettement le songe que j'avais eu. Dans je ne sais quel château, une chauve-souris analogue à celle dont je viens de parler m'avait apparu ; puis une pierre était tombée de l'édifice en ruine, et, à travers l'ouverture d'une sorte de mâchicoulis, j'avais contemplé un paysage tout semblable à celui qui avait terminé le cours de mes hallucinations avant mon premier sommeil.

Voilà donc deux hallucinations hypnagogiques qui s'étaient reproduites en rêve, dans le même ordre relatif, et avaient appelé chacune un cortége d'idées associées dans mon esprit aux images dont elles se composaient. Une chauve-souris m'avait fait penser à un vieil édifice en ruine, où ces animaux se logent d'ordinaire, à un vieux château à mâchicoulis; puis j'avais choisi pour fond du tableau mon paysage fantastique ou pyrénéen.

Je citerai d'autres observations moins complètes, et par conséquent moins concluantes, mais auxquelles la première donne une valeur réelle. Plusieurs fois, dans mes hallucinations hypnagogiques, j'ai vu une certaine figure à grand nez, dont l'idée m'a été vraisemblablement suggérée par l'enseigne de quelque marchand de tabac : *Au bon priseur*. Ce fantastique *nason* s'était tellement familiarisé avec moi, que pendant une semaine il s'était chargé de m'endormir, comme faisait jadis ma nourrice. Et cependant, je dois le dire, les hallucinations hypnagogiques sont si fugitives, que je ne pensais guère à lui que quand je le voyais. Eh bien! en rêve, j'ai eu fort souvent affaire, et les mêmes nuits, audit personnage. Il a joué, dans mes songes, un rôle principal, et lorsque, à mon réveil, je cherchais à démêler la filiation des idées bizarres de mes songes, je retrouvais toujours le grand nez comme point de départ. Tantôt c'était un ancien ministre, que je ne nomme pas, et dont le nez est devenu proverbial, avec lequel j'avais une discussion. Tantôt je rêvais tabatière, pipe, et même, si je ne m'abuse pas, je crois avoir rêvé un de ces jours-là que j'allais mourir en éternuant.

Il y a quelques semaines, les hallucinations hypnagogiques ne cessaient de m'assaillir et se joignaient à des pesanteurs dans la région cardiaque. Je voyais parfois des assignats tels qu'on les frappait durant la première république, et dont les caractères lumineux produisaient sur moi une extrême fatigue. A la pression que j'éprouvais au cœur s'associaient aussi, quoique d'une manière moins constante, des tiraillements d'estomac. Au lit, je reste quelque vingt minutes dans ce demi-malaise, apercevant tantôt mes assignats fantastiques, tantôt un paquet de salsifis qui avait frappé mes yeux, plusieurs jours auparavant, sur une table de cuisine. Je m'endors, et ne tarde pas à être réveillé par un vent violent qui ébranlait les fenêtres et faisait battre les portes. J'avais rêvé que j'étais dans un restaurant où l'on m'avait servi à dîner. La vue de la table à laquelle j'étais assis en rêve demeurait fortement gravée dans mon esprit. Je me rappelais surtout une tranche de melon que j'avais trouvée très-froide, et qui avait pesé sur mon estomac. Lorsque j'avais voulu payer au comptoir, le garçon du restaurant s'était retourné vers un grand tableau suspendu à la muraille, d'un aspect très-brillant, analogue à celui de mes assignats fantastiques, et où se trouvaient inscrits les différents objets de consommation avec le prix. Il fit l'addition, et me répondit que j'avais 35 fr. à payer. Je me récriais sur l'énormité du prix; je demandais la raison pour laquelle j'étais taxé d'une manière si exorbitante : C'est, répondit le garçon, afin d'éviter que vous ne soyez volé! Notre restaurant surélève ses prix comme garantie pour les familles. Je ne comprenais pas, bien entendu, une pareille explication, et m'adressai à la maîtresse du restaurant, dont la figure me rappelait celle d'une personne que j'avais récemment rencontrée. Je ne pus obtenir aucune réduction, et je dus fouiller à ma bourse; il ne s'y trouva que quelques pièces d'un franc, toutes récemment frappées, et dont l'aspect brillant ne fatiguait pas moins mes yeux que le tableau placé près du comptoir. Notez que dans la journée même j'avais plusieurs fois compté la monnaie de ma bourse, qui renfermait précisément des pièces d'un franc toutes neuves et au millésime de 1861. J'eus beau chercher, je ne pus découvrir les 35 francs réclamés, c'est à peine si j'avais 9 francs; mais je trouvai, au fond de ma bourse, un paquet de salsifis portant comme des marques du contrôle de la monnaie. Voilà, dis-je au garçon, des assignats que M. V*** m'a donnés en payement pour la valeur de 15 francs, et que vous accepterez sans doute, car ils ont cours à la banque de Seine-et-Oise. Le garçon fait des difficultés, refuse cette singulière monnaie, que n'accueille pas davantage la maîtresse du restaurant. J'en suis réduit à donner mon adresse; j'explique pourquoi je me trouvais sans argent, et j'étais en proie à une vive contrariété quand le vent vint m'éveiller.

Il est facile de retrouver dans ce rêve bizarre toutes les influences qui se manifestaient déjà chez moi au moment de m'endormir. Ce melon, d'une digestion difficile, l'idée m'en était suggérée par des tiraillements d'estomac; l'état de contrariété dans lequel je me trouvais était la conséquence de la pesanteur accusée dans la région cardiaque ; les assignats brillants avaient reparu devant mes yeux, et fait naître la scène où le garçon de restaurant additionnait sur le tarif de consommation le prix de mon fantastique dîner; puis j'avais associé l'image des salsifis au souvenir de ces assignats. A l'aide de tous ces éléments discords, j'avais bâti mon rêve, auquel s'étaient mêlés des souvenirs d'impressions récemment perçues.

Je livre au public ces observations pour ce qu'elles valent, sachant bien qu'on ne peut pas, dans un sujet de cette sorte, apporter une précision mathématique; mais enfin, ces faits et quelques autres, dont un vague souvenir m'est resté, me semblent ajouter de nouvelles preuves à l'opinion développée plus haut, et qui fait des hallucinations hypnagogiques les éléments principaux des rêves. Tout se passe souvent de même dans l'aliénation mentale : un homme a une première vision, une première hallucination, soudaine, inattendue; il s'imagine, par exemple, voir un ange, que le père éternel lui envoie tout exprès pour lui dire un mot à l'oreille, ou entendre une voix qui l'accuse, le dénonce, le raille ou lui débite quelque obscène propos. Cette première hallucination le frappe fortement, il en tire une conséquence, il associe à cette image, à l'idée qui s'y lie, des idées connexes; et c'est en ce sens-là qu'on a pu dire de certains fous qu'ils raisonnent juste, en partant d'une donnée chimérique. Mais si à cette première hallucination en succède promptement une seconde, si les images imaginaires se suivent à court intervalle, que les sons chuchotés à l'oreille de l'aliéné soient rapprochés et incessants, oh! alors, les idées qui naissent de cette série d'hallucinations se succèdent avec une extrême rapidité, semblent par là s'engendrer l'une l'autre, et produisent nécessairement une complète incohérence de pensée et de langage.

Les visions, les fausses perceptions dont le maniaque est incessamment assailli, s'offrent à lui avec un tel degré de vivacité, qu'il en est à la lettre *pipé*. Ce spectacle qui se passe comme au dehors de lui l'absorbe entièrement, et ne lui laisse pas le loisir de revenir sur lui-même et de constater, par la réflexion, que tout ce qui se présente à ses yeux n'est qu'imaginaire. Or c'est précisément ce qui a lieu dans le rêve. La succession d'images qui se déroulent à nos regards internes, et qui entraînent avec elles autant d'idées secondaires, occupe tout entière notre âme, et ne nous permet pas de revenir sur nous-mêmes. Parfois cependant il se fait, à certains intervalles, mais d'une façon très-fugitive, des retours de ce genre, d'où naît une conscience vague, parce qu'elle n'est pas prolongée, du défaut de réalité de ce que nous voyons. Il n'est personne qui n'ait eu de ces rêves dans lesquels existe une sorte de sentiment mal défini qu'on n'est pas dans la vie réelle. Le même phénomène se produit aussi dans le délire du fébricitant. Je me rappelle avoir cru, dans le délire auquel j'étais en proie pendant une maladie, que je présidais la Chambre des pairs, et pourtant, quand je venais à me frotter contre mon oreiller inondé de sueur, j'avais de temps à autre le sentiment que ce n'était pas là précisément le siége du grand chancelier. Les détails que m'a fournis sur son délire un mien ami, atteint quelque temps d'aliénation mentale, et aujourd'hui parfaitement guéri, me donnent à penser qu'il y a dans la folie de ces éclairs de raison. Cet ami me rapportait notamment que, dans le moment même où il s'imaginait être de la famille des Bourbons, et qu'il distribuait à profusion les titres et les décorations, il éprouvait une conscience vague qu'il y avait là une illusion, et que tout cela n'était qu'une sorte de rêve auquel il ne pouvait pourtant s'arracher.

Je ne m'étends pas davantage sur ces hallucinations, envisagées comme cause de l'incohérence des idées, je passe à la fausse association de ces dernières.

Il m'arrive souvent, à mon réveil, de recueillir mes souvenirs, et de chercher par la réflexion à reconstruire les songes qui ont occupé ma nuit; non pas, bien entendu, pour en tirer des règles de conduite et des révélations sur l'avenir, ainsi que le faisaient les anciens Égyptiens, les papyrus grecs trouvés en Égypte nous le montrent, mais afin de soulever le voile qui couvre la mystérieuse production du rêve. Un matin que je me livrais à un travail de ce genre, je me rappelai que j'avais eu un rêve qui avait commencé par un pèlerinage à Jérusalem ou à la Mecque; je ne sais pas au juste si j'étais alors chrétien ou musulman. A la suite d'une foule d'aventures que j'ai oubliées, je me trouvai rue Jacob, chez M. Pelletier le chimiste, et, dans une conversation que j'eus avec lui, il me donna une pelle de zinc, qui fut mon grand cheval de bataille dans un rêve subséquent, plus fugace que les précédents, et que je n'ai pu me rappeler. Voilà trois idées, trois scènes principales qui sont visiblement liées entre elles par les mots : *pèlerinage*, *Pelletier, pelle*, c'est-à-dire par trois mots qui commencent de même et s'étaient évidemment associés par l'assonance; ils étaient devenus les liens d'un rêve en apparence fort incohérent. Je fis un jour part de cette observation à une personne de ma connaissance, qui me répondit qu'elle avait le souvenir très-présent d'un rêve de la sorte. Les mots *jardin*, *Chardin* et *Janin* s'étaient si bien associés dans son esprit, qu'elle vit tour à tour en rêve le Jardin des plantes, où elle rencontra le voyageur en Perse, Chardin, qui lui donna, à son grand étonnement, je ne sais si ce fut à raison de l'anachronisme, le roman de M. Jules Janin de *l'Ane mort et la Femme guillotinée*. Je cite un nouvel exemple, encore emprunté à mes propres observations, et qui dénote une association d'une nature également vicieuse. Je pensais au mot *kilomètre*, et j'y pensais si bien, que j'étais occupé en rêve à marcher sur une route où je lisais les bornes qui marquent la distance d'un point donné, évaluée avec cette mesure itinéraire. Tout à coup je me trouve sur une de ces grandes balances dont on fait usage chez les épiciers, sur l'un des plateaux de laquelle un homme accumulait des *kilos*, afin de connaître mon poids, puis, je ne sais trop comment, cet épicier me dit que nous ne sommes pas à Paris, mais dans l'île *Gilolo*, à laquelle je confesse avoir très-peu pensé dans ma vie ; alors mon esprit se porta sur l'autre syllabe de ce nom, et, changeant en quelque sorte de pied, je quittai le premier et me mis à glisser sur le second ; j'eus successivement plusieurs rêves dans lesquels je voyais la fleur nommée *lobélia*, le général *Lopez*, dont je venais de lire la déplorable fin à Cuba ; enfin, je me réveillai faisant une partie de *loto*. Je passe, il est vrai, quelques circonstances intermédiaires dont le souvenir ne m'est pas assez présent, et qui ont vraisemblablement aussi des assonances semblables pour étiquettes. Quoi qu'il en soit, le mode d'association n'en est pas moins ici manifeste. Ces mots, dont l'emploi n'est certes pas journalier, avaient enchaîné des idées fort disparates.

Les rêves, de même que les idées du fou, sont donc après tout moins incohérentes qu'ils ne paraissent de prime abord ; seulement la liaison des idées s'opère par des associations qui n'ont rien de rationnel, par des analogies qui nous échappent généralement au réveil, que nous saisissons d'ailleurs d'autant moins, que les idées sont devenues des images, et que nous ne sommes pas habitués à voir les images se souder les unes aux autres comme les diverses parties de la toile d'un panorama mouvant.

« Ce qui donne aux conceptions du rêve, écrit M. Adolphe Garnier [1], une apparence de désordre, c'est qu'en l'absence de la perception véritable, elles paraissent des perceptions. Si pendant l'état de veille je songe à une personne qui est en Italie, si l'Italie me fait penser à l'arc de Titus, Titus aux Juifs, ceux-ci à Pilate, etc., je ne trouve là rien de surprenant. Si j'ai

1. *Traité des facultés de l'âme*, t. II, p. 274.

eu les mêmes idées dans un songe, j'aurai rêvé que de France je me suis trouvé subitement transporté en Italie, que l'Italie s'est changée en Judée, Titus en Pilate, etc. »

Il y a un autre phénomène observé en certains cas d'aliénation mentale, et dont mes rêves m'ont fourni plusieurs exemples curieux. Il se fait souvent dans l'esprit du fou comme un dédoublement de sa personnalité. Les pensées qui lui viennent, les paroles qu'il prononce, sont tour à tour attribuées par lui à des interlocuteurs différents, parfois même à toute une assemblée qui siége dans sa pensée. Un aliéné que j'ai connu me disait qu'il était sans cesse incommodé par les disputes de plusieurs démons qui l'entouraient. Il m'a cité les invectives que ces esprits malins s'adressaient entre eux, au grand préjudice des oreilles du malade. Or ces paroles supposées des diables n'étaient autres que celles que l'aliéné prononçait lui-même mentalement ou vocalement, et qu'il rapportait tantôt à un démon, tantôt à un autre. Une folle, que j'ai eu occasion de voir à plusieurs reprises aux environs de Paris, et à laquelle la dévotion et les procès avaient tourné la tête, madame de P..., était sans cesse en discussion avec un juge qui lui avait fait perdre, disait-elle, son procès; elle avait étudié, chose remarquable, tout exprès pour lui répondre, le code et la procédure, mais, de son aveu, le juge était encore plus fort qu'elle, et il lui poussait des arguments, lui jetait à la tête des termes de palais, qu'elle ne pouvait ni rétorquer ni même comprendre.

Il n'y a pas d'ouvrage sur l'aliénation mentale où ne se trouve cité quelque cas analogue. Ce fractionnement de la personnalité qui s'opère dans l'imagination du fou tient généralement aux ordres différents d'idées qui l'agitent. Il est assailli par des pensées contraires, entraîné ou retenu tour à tour par des motifs différents, et il suppose que ces idées et ces motifs contradictoires ne procèdent pas de la même personne. Lui vient-il une idée, puis une objection se présente-t-elle, il rapporte l'objection à un personnage différent de celui auquel l'idée appartenait. Tantôt il croit simplement obéir à des inspirations émanées d'êtres antagonistes, par exemple, de Dieu et des démons, des prêtres et des impies, tantôt il admet que ce sont ces êtres ennemis qui parlent par sa bouche et agissent à sa place. Des conceptions délirantes absolument semblables se produisent dans le rêve.

Nous y attribuons à des personnages différents des pensées, des paroles qui ne sont autres que les nôtres. Dans un des rêves les plus clairs, les plus nets et les plus raisonnables que j'aie jamais eus, je soutenais, avec un interlocuteur, une discussion sur l'immortalité de l'âme[1], et tous deux nous faisions

1. Voy. la note D, à la fin de cet ouvrage.

valoir des arguments opposés, qui n'étaient autres que les objections que je me faisais à moi-même. Cette scission qui s'opère dans l'esprit, et où le docteur Wigan voit une des preuves de sa thèse paradoxale *the duality of the mind*, n'est la plupart du temps qu'un phénomène de mémoire; nous nous rappelons le pour et le contre d'une question, et, en rêve, nous reportons à deux êtres différents les deux ordres opposés d'idées. Il y a quelques années, le mot de *Mussidan* me revint à la mémoire; je savais bien que c'était le nom d'une ville de France, mais où était-elle située, je l'ignorais, ou, pour mieux dire, je l'avais oublié; quelques jours après, je vis en songe un certain personnage qui me dit qu'il venait de Mussidan; je lui demandai où se trouvait cette ville. C'est, me répondit-il, un chef-lieu de canton du département de la Dordogne. Je me réveille peu d'instants après avoir eu ce rêve: c'était un matin; le songe me restait parfaitement présent, mais j'étais dans l'incertitude de savoir si mon personnage m'avait dit vrai. Le nom de Mussidan s'offrait alors encore à mon esprit dans les conditions des jours précédents, c'est-à-dire sans que je susse où était placée la ville ainsi dénommée. Je me hâte de consulter un dictionnaire géographique, et, à mon grand étonnement, je constate que l'interlocuteur de mon rêve savait mieux la géographie que moi, c'est-à-dire, bien entendu, que je m'étais rappelé en rêve un fait oublié à l'état de veille, et que j'avais mis dans la bouche d'autrui ce qui n'était qu'une mienne réminiscence.

Il y a bien des années, à une époque où j'étudiais l'anglais, et où je m'attachais surtout à connaître le sens des verbes suivis de prépositions, j'eus le rêve que voici : Je parlais anglais dans mon rêve, et je dis à une personne que je lui avais rendu visite la veille : *I called for you yesterday*. Vous vous exprimez mal, me répondit celle-ci, il faut dire : *I called on you yesterday*. Le lendemain, à mon réveil, le souvenir de cette circonstance de mon rêve m'était très-présent. Je prends une grammaire placée sur une table voisine de mon lit, je fais la vérification : la personne avait raison.

Ici également la mémoire d'une chose oubliée à l'état de veille m'était revenue en songe, comme dans le cas que j'ai cité plus haut [1], et j'avais attribué à une autre personne ce qui n'était qu'une opération de mon esprit.

Je rapportais un jour cette dernière remarque à un ami, M. F..., qui a fait quelques observations sur ses rêves. Il me fournit un exemple encore plus frappant. Dans son enfance, il avait visité les environs de Montbrison, où il avait été élevé. Vingt-cinq ans après, il fait un voyage au Forez, dans le but de reparcourir le théâtre de ses premiers jeux et de revoir de vieux amis

1. Voy. p. 67.

de son père qu'il n'avait point rencontrés depuis. La veille de son départ, il se croit en rêve arrivé au but de son voyage, il est près de Montbrison dans un certain lieu qu'il n'a jamais vu, et où il aperçoit un monsieur dont les traits lui sont inconnus, et qui lui apprend qu'il est M. T... ; c'était un ami de son père, qu'il avait vu en effet dans son enfance, mais dont il ne se rappelait que le nom. M. F... arrive à Montbrison. Quel n'est pas son étonnement de retrouver la localité vue par lui en songe, et de rencontrer le même M. T..., qu'il reconnut avant même qu'il se nommât, pour la personne qui lui était apparue en rêve! Ses traits seulement étaient un peu vieillis.

En général, lorsqu'à mon réveil je réfléchis sur les rêves de la nuit qui vient de s'écouler, je retrouve dans plusieurs des dialogues imaginaires qui s'y sont mêlés des reproductions de conversations, de discussions auquelles j'ai antérieurement pris part à l'état de veille. Il y a deux années, j'eus avec un de mes amis un entretien sur les affaires d'Italie, et, divisés d'opinion, nous soutînmes de part et d'autre notre manière de voir par des données empruntées à l'histoire. A quelques jours d'intervalle, je revis en songe mon ami; nous reprîmes la même conversation, et chacun développa une thèse identique à l'aide des mêmes arguments. Évidemment il n'y avait là qu'un rappel de souvenir, et comme la première discussion m'était encore présente à l'esprit aussi bien que mon rêve, je pus vérifier la complète conformité des deux dialogues : l'un réel et l'autre imaginaire. Mais souvent nous avons oublié dans l'état de veille les objections que nous adressions à un interlocuteur ou que nous nous posions à nous-même; et alors quand en songe ce souvenir se ravive, il nous produit l'effet d'idées nouvelles et inconnues. Un aliéné, qui m'avait été signalé pour son délire bizarre, se plaignait d'être tourmenté par un janséniste, dont les objections l'obsédaient; fort orthodoxe dans sa foi, les propositions malsonnantes de l'adversaire des jésuites étaient pour lui un supplice. Il est clair que ces objections avaient dû jadis se présenter à son esprit et inquiéter sa conscience. Plus ce fou avait voulu les repousser, plus elles s'étaient offertes avec force à lui, et l'intelligence en avait été ébranlée. De même, dans le rêve, bien des idées, nouvelles en apparence, se présentent à nous, qui ne sont que le rappel de réflexions antérieures, de choses que nous avions déjà apprises, mais dont la trace s'était assez affaiblie pour qu'elles parussent oubliées. Quand ces idées ou ces faits, évoqués par notre imagination comme des nouveautés, sont attribués dans le rêve à la communication d'autrui, elles nous semblent alors de véritables révélations. Voici deux exemples empruntés à mes propres rêves, où l'exactitude de cette remarque est mise en complète évidence.

Il m'arriva plusieurs jours de suite de voir dans mes

rêves un certain monsieur à cravate blanche, à chapeau à larges bords, d'une physionomie particulière, et ayant dans sa tournure quelque chose d'un Anglo-Américain. Ce personnage m'était absolument inconnu; je crus longtemps qu'il n'était qu'une pure création de mon imagination. Cependant, au bout de quelques mois, quel n'est pas mon étonnement de me trouver nez à nez dans la rue avec mon monsieur! Même forme de chapeau, même cravate blanche, même redingote, même tournure roide et empesée. Je traversais en ce moment les boulevards, et naturellement curieux de découvrir qui pouvait être cet acteur de mes rêves rendu tout à coup à la réalité, je le suivis jusqu'à la rue de Clichy; mais le voyant continuer sa route jusqu'aux Batignolles, et craignant de trop m'écarter de ma direction, je cessai de le suivre et revins au boulevard. Un mois après, je passais encore rue de Clichy; je l'aperçois de nouveau. Or, il est à noter que quelques années auparavant, des occupations régulières me conduisaient, trois fois la semaine, dans cette rue; je ne doutai plus dès ce moment que je ne l'eusse alors rencontré; son souvenir m'était resté gravé dans l'esprit à mon insu, et ravivé par une cause qui m'échappait de prime abord, ce souvenir avait fait intervenir dans mes rêves le personnage en question.

Pour achever de m'expliquer son apparition dans les créations de mes nuits, je cherchais à démêler le motif auquel était dû ce rappel de vieux souvenirs, et le découvris sans beaucoup de difficultés. J'avais, plusieurs jours avant de rêver de mon monsieur, rencontré une dame qui avait causé longuement avec moi du temps où mes occupations de professeur m'amenaient trois fois par semaine rue de Clichy. C'était évidemment cette conversation qui avait provoqué l'intervention dans mes songes de l'inconnu en cravate blanche, et la preuve, c'est qu'aux rêves où il figurait s'étaient mêlées des circonstances se rapportant aux occupations que j'avais rue de Clichy. Cette rue avait à son tour évoqué bien des impressions passées, et au nombre desquelles figurait la vue de mon monsieur.

Ceci, soit dit en passant, prouve que la mémoire ne repose pas, autant que l'ont admis certains philosophes, sur la puissance de l'attention; elle tient beaucoup plutôt à l'énergie de l'impression et à la force de la faculté spéciale du souvenir. Il y a des faits, des mots surtout, qui se gravent dans l'esprit comme à notre insu, avec la rapidité du rayon solaire impressionnant la plaque photographique. Nous n'en avons d'abord pas conscience, et ce n'est que plus tard, fortuitement, qu'il nous est possible de le constater. Notons comme preuve à l'appui de cette observation que l'attention est beaucoup moins puissante chez l'enfant que chez l'homme fait; et cependant la mémoire a plus d'énergie chez le premier que chez le second. Cela tient vraisemblablement à ce que l'impressionnabilité de la partie du cerveau qui préside à cette faculté est plus grande durant nos premières années qu'à l'âge viril.

Qu'on me permette de citer incidemment un fait qui rend manifeste cette action machinale et en quelque sorte passive de la mémoire. Il me revenait souvent à l'esprit, et je ne savais pour quel motif, trois noms propres accompagnés chacun d'un nom de ville de France. Un jour, je tombe pàr hasard sur un vieux journal que je relis n'ayant rien de mieux à faire. A la feuille des annonces je vois l'indication d'un dépôt d'eaux minérales avec les noms des pharmaciens qui les vendaient dans les principales villes de France. Mes trois noms inconnus étaient inscrits là, en face des villes dont le souvenir s'était associé à eux. Le doute n'était plus possible, ma mémoire, excellente pour les mots, gardait le souvenir de ces noms associés, sur lesquels mes yeux avaient dû tomber alors que je cherchais, et cela avait eu lieu quelques mois auparavant, un dépôt d'eaux minérales; mais la circonstance m'était sortie de l'esprit, sans que pour cela le souvenir fût totalement effacé. Or, assurément je n'avais pu apporter une grande attention dans une lecture aussi rapide.

Ce sont ces souvenirs en quelque sorte latents qui font bien souvent les frais de nos rêves, comme je l'ai observé plus haut, et qui ont entretenu la croyance à des inspirations, à des communications surnaturelles.

M. P***, sous-bibliothécaire au Corps législatif, m'a assuré avoir vu en songe la femme qu'il épousa par la suite, et cependant elle lui était alors inconnue, ou du moins il croit qu'il ne l'avait jamais vue réellement. Il y a là selon toute vraisemblance un fait de souvenir non conscient.

Ce qui a lieu pour l'homme qui rêve peut se produire également chez l'homme devenu aveugle. Ne recevant plus aucune impression visuelle, le souvenir des images qui l'avaient jadis frappé se conserve avec une extrême vivacité; une foule de figures, de tableaux oubliés reviennent peu à peu à la mémoire, parfois avec une soudaineté qui leur donne l'apparence d'une révélation. Peut-être est-ce là la raison qui faisait attribuer dans l'antiquité le don prophétique aux aveugles, comme à Amphiaraüs et à Tirésias. Celui qui est frappé de cécité demeure encore longtemps à rêver qu'il voit, et dans ses songes une foule d'images empruntées à ses impressions passées leurrent son imagination. Un teinturier dont on m'a parlé et qui avait perdu, à vingt ans, la lumière par accident, décrivit un jour avec assez de précision les traits d'un de ses cousins qu'il avait vu en rêve, et que cependant il n'avait jamais rencontré, alors qu'il n'était point privé de la vue. Cherchant à découvrir à quelle cause il fallait attribuer cette apparente intuition, il finit par se rappeler qu'il avait jadis regardé le portrait de son cousin chez un autre parent. C'est ce portrait qui lui était revenu en mémoire. Mais ici le ravivement du souvenir se produit encore en songe. Voici un autre cas qui se rapporte à l'état de veille : M. le capitaine P..., qui a perdu les yeux en Afrique à la suite de blessures, m'apprenait que, depuis ce malheur, le souvenir de certaines localités, auparavant tout à fait oubliées par lui, lui était revenu avec une extrême netteté.

Des faits de ce genre ont certainement contribué à faire admettre la prévision, l'esprit prophétique. On a dû croire qu'en rêve la connaissance des choses inconnues était parfois révélée à l'homme.

Mais je reviens aux analogies du rêve et de l'aliénation mentale. Le point sur lequel j'ai voulu appeler l'attention, c'est la scission qui se fait mentalement dans la personnalité, et d'où résulte en rêve l'attribution à des individus distincts de pensées qui sont pourtant l'œuvre d'une seule et même intelligence. Je crois que les rapprochements présentés ici mettent suffisamment en lumière l'analogie de ce qui se passe dans le songe et dans la folie.

Les rêves sont de véritables hallucinations, et ce qui ajoute encore à la ressemblance, c'est l'association des fausses sensations, ou, pour mieux parler, des fausses images du rêve à des sensations réelles et dépendant de la vie externe.

Il arrive fréquemment en songe que l'on fait intervenir dans ses conceptions fantastiques une sensation que vous transmettent vos sens imparfaitement endormis. Je me rappelle que, dans mon enfance, m'étant assoupi par un effet de la forte chaleur, je rêvai qu'on m'avait placé la tête sur une enclume et qu'on me la martelait à coups redoublés. J'entendais, en rêve, très-distinctement le bruit des lourds marteaux; mais, par un effet singulier, au lieu d'être brisée, ma tête se fondait en eau; on eût dit qu'elle était faite de cire molle. Je m'éveille, je me sens la figure inondée de sueur, transpiration qui n'était due qu'à la haute température. Mais ce qui était plus remarquable, j'entends, dans une cour voisine, habitée par un maréchal, le bruit très-réel de marteaux. Nul doute que ce ne fût ce son que mes oreilles avaient transmis à mon esprit engourdi. Il y avait là une sensation réelle, associée à un fait imaginaire, le martellement de ma pauvre tête, que je sentais aussi très-réellement se fondre en eau.

Cette circonstance qui date de trente ans me frappa beaucoup, et je ne l'ai jamais oubliée.

Depuis, j'ai entrepris une série d'observations destinées à étudier dans quelles limites interviennent en rêve les impressions réelles des sens. Je priais une personne placée à mes côtés, lorsque le soir je commençais à m'endormir dans mon fauteuil, de provoquer en moi certaines sensations dont elle ne m'avait pas prévenu, puis de me réveiller lorsque j'avais déjà eu le temps d'avoir un songe. Je consigne ici le résultat de plusieurs de ces expériences, toutes n'ayant point été significatives ; elles devront être jointes à celles qu'a jadis publiées P. Prévost, de Genève [1].

Première observation. On m'a chatouillé avec une plume successivement les lèvres et l'extrémité du nez. J'ai rêvé que l'on me soumettait à un horrible supplice, qu'un masque de poix m'était appliqué sur la figure, puis qu'on l'avait ensuite arraché brusquement, ce qui m'avait déchiré la peau des lèvres, du nez et du visage.

Deuxième observation. On fait vibrer à quelque distance de mon oreille une pincette sur laquelle on frottait des ciseaux d'acier. Je rêve que j'entends le bruit des cloches ; ce bruit de cloches devient bientôt le tocsin ; je me crois aux journées de juin 1848.

Troisième observation. On me fait respirer de l'eau de Cologne. Je rêve que je suis dans la boutique d'un parfumeur, et l'idée de parfums éveille ensuite sans doute celle de l'Orient : je suis au Caire dans la boutique de Jean Farina. Suivent des aventures extravagantes dont la liaison m'échappe.

Quatrième observation. On me fait sentir une allumette qui brûle. Je rêve que je suis en mer (notez que le vent soufflait alors dans les fenêtres) et que la Sainte-Barbe saute.

Cinquième observation. On me pince légèrement à

1. *Observations sur le sommeil*, dans la *Bibliothèque universelle de Genève*, t. LV, p. 237. Littérature (1834).

la nuque. Je rêve qu'on me pose un vésicatoire, ce qui réveille le souvenir d'un médecin qui me traita dans mon enfance.

Sixième observation. On approche de ma figure un fer chaud, en le tenant assez éloigné pour que la sensation de chaleur soit légère. Je rêve des *chauffeurs,* qui s'introduisaient dans les maisons et forçaient ceux qui s'y trouvaient, en leur approchant les pieds près d'un brasier, à déclarer où était leur argent. L'idée de ces chauffeurs amène bientôt celle de la duchesse d'Abrantès que je suppose en songe m'avoir pris pour secrétaire. J'avais jadis lu en effet dans les *Mémoires* de cette femme d'esprit quelques détails sur les chauffeurs.

Septième observation. On prononce à mon oreille le mot *parafagaramus*. Je n'entends rien et je suis réveillé n'ayant fait qu'un rêve assez vague. On répète l'expérience quand je suis endormi dans mon lit, et l'on prononce le mot : *maman*, plusieurs fois de suite. Je rêve de différents sujets, mais dans ce rêve j'entendais le bourdonnement d'abeilles. La même expérience, répétée quelques jours après, lorsque j'étais à peine endormi, fut plus concluante. On prononça à mon oreille les mots *Azor*, *Castor*, *Léonore ;* réveillé, je me rappelais avoir entendu les deux derniers mots que j'attribuais à un des interlocuteurs de mon rêve.

Une autre expérience du même genre montra également que le son du mot, et non l'idée qui y est attachée, avait été perçu. On prononça à mon oreille les mots *chandelle*, *haridelle*, plusieurs fois de suite. Je me réveillais subitement de moi-même en disant : *c'est elle*. Il me fut impossible de me rappeler quelle idée j'attachais à cette réponse.

Huitième observation. On me verse une goutte d'eau sur le front. Je rêve que je suis en Italie, que j'ai très-chaud, et que je bois du vin d'Orviette.

Neuvième observation. On fait passer plusieurs fois de suite devant mes yeux une lumière entourée d'un papier rouge. Je rêve d'orage, d'éclairs, et tout le souvenir d'une violente tempête que j'avais éprouvée sur la Manche, en allant de Morlaix au Havre, défraye mon songe.

J'ai fait un plus grand nombre d'expériences, mais les autres n'ont pas réussi, vraisemblablement parce que mes sens étaient trop engourdis pour transmettre une impression au cerveau. De celles que je viens de consigner et qu'on peut rapprocher de divers faits rapportés dans le livre du docteur Macario [1], il résulte

1. Ces faits appartiennent à la catégorie des rêves que M. Macario appelle *rêves sensoriaux extra-crâniens*. La piqûre d'une puce fit rêver à Descartes qu'il était percé d'un coup d'épée. Une personne dont Dugald Stewart rapporte l'exemple, ayant fait appliquer, dans un état d'indisposition, une boule d'eau très-chaude à ses pieds, rêva qu'elle faisait un voyage au mont Etna. Une autre, ayant un vésicatoire sur la tête, s'endormit et fit un rêve très-long, très-suivi, et dans lequel elle se voyait prisonnière et sur le point d'être mise à mort

que les sensations extérieures entrent pour une bonne part dans les rêves, qu'elles en sont souvent le point de départ, et que l'esprit s'exagère toujours l'intensité de ces sensations. Dugald Stewart admet que les images du sommeil sont plus puissantes que celles de la veille, parce que notre attention n'est pas distraite, et il fait remarquer que c'est pour ce motif, qu'en fermant les yeux, on rend plus nettes et plus vives les images des objets absents. Cette observation suffit sans doute à expliquer la vérité, la puissance des visions du rêve, mais elle ne saurait rendre compte de l'exagération des sensations. Il faut admettre de plus qu'il se produit parfois une surexcitation des sens internes, comme cela a lieu visiblement dans l'hallucination et en particulier l'hallucination hypnagogique liée de si près au rêve. La preuve, c'est que le rêveur ou le malade éprouve fréquemment alors une véritable douleur, bien que la sensation apparente qui la détermine ne soit pas de nature à léser, à faire souffrir l'économie. Il y a certainement dans ce cas hypersthésie pour la douleur; mais le plus ordinairement l'absence de moyens comparatifs, d'une échelle sensitive, par suite de l'abolition de sensations de nature à être rapprochées de celles qu'on éprouve, est la cause qui nous empêche d'apprécier la sensation à sa véritable valeur. Il nous

et scalpée par les sauvages de l'Amérique. Une mauvaise position sur le cou fit rêver à un prêtre qu'on l'étranglait.

arrive alors ce qui se passe pour la vue en mer, nous ne jugeons pas des distances, parce qu'aucun point de repère ne nous est donné à l'horizon.

Maintenant retournons à l'aliénation mentale; nous allons voir qu'on y observe également cette intervention des perceptions réelles dans les hallucinations.

En 1847, revenant de Constantinople, sur un bateau à vapeur du Lloyd autrichien, qui me conduisait à Trieste, je rencontrai parmi mes compagnons de traversée un monomane, et je le pris pendant la route comme sujet de mes observations. Il se plaignait d'être en butte à des persécutions; c'est là l'éternelle histoire de ces malheureux. Il me parlait d'un certain juif qui l'avait ruiné et en voulait à sa vie. Pour preuve de l'acharnement de cet implacable israélite, mon fou me disait qu'il l'entendait vociférer à ses côtés : « Tenez, me dit-il, l'entendez-vous? il me parle. » Je n'entendais rien : « il me dit des injures » et ici il me cite des jurements italiens à lui adressés qu'il n'est point nécessaire de rappeler; mais cette fois j'entendis tout de bon; ces jurements étaient tout simplement ceux que prononçait à l'instant un des matelots; ils avaient cessé, que le malheureux les entendait encore, ainsi que d'autres plus effroyables. Mon monomane mêlait donc des sensations d'audition réelle à des sensations imaginaires, absolument comme dans le rêve. Il se passait en lui un phénomène tout semblable.

Fodéré, qui, dans son *Traité du délire*, signale cette

association en rêve de sensations fantastiques et de sensations réelles incomplètes, a fait remarquer que le propre du songe, c'est d'exagérer la sensation même; une épingle qui vous pique devient un coup d'épée, une couverture qui vous presse, un poids de cinq cents livres, l'engourdissement d'un membre, la perte de ce membre ou sa complète paralysie, etc. C'est ce qui résulte, on le voit, des observations que je viens de consigner. Eh bien! il est certain qu'il en est de même dans la folie. Beaucoup de monomanes transforment en supplice, en douleur intolérable, en sensation prodigieuse, auxquels ils font jouer un rôle dans leurs hallucinations et leurs chimères, des sensations réelles dont leurs viscères ou leurs membres sont le siége. Une dame anglaise que j'ai connue, et qui a eu plusieurs attaques d'aliénation mentale, souffrait d'une gastrite, dont elle était incommodée en tout temps, aux époques de son meilleur état mental. Dans ses accès de délire, elle prétendait sentir un serpent qui lui dévorait l'estomac, et elle transformait en paroles obscènes que ce serpent lui adressait les borborygmes auxquels elle était sujette. Un autre aliéné, dont on m'a parlé en Angleterre, associait à ses hallucinations la vue d'objets réels et présents, en sorte qu'il allait, par exemple, voir la tête d'un ami, placé réellement en face de lui, attachée à je ne sais quel corps fantastique.

Je laisse aux médecins aliénistes le soin de compléter les rapprochements. Ceux-ci suffisent à ma thèse et font comprendre que, dans l'aliénation mentale et le rêve, il s'opère une confusion, une association entre le réel et l'imaginaire, entre ce que l'esprit perçoit réellement du dehors et ce qu'il tire de ses propres créations.

J'ai parlé plus haut de l'incroyable rapidité avec laquelle la pensée s'effectue chez certains aliénés, notamment dans les accès de manie aiguë. Une personne qui a perdu autrefois l'intelligence et est rentrée depuis en complète possession de son bon sens, me disait se rappeler que, durant sa folie, elle voyait une foule de choses en même temps, qu'elle n'avait jamais tant pensé, si vite et sur des sujets si différents. Il me paraît incontestable que, dans le rêve, le jeu de la pensée se fait presque toujours avec une aussi grande rapidité [1]. Cette extrême volubilité de certains fous, qui trahit la volubilité de la pensée, aurait lieu dans le rêve, si nous pouvions dire tout haut au fur et à mesure ce que nous rêvons. Je me souviens qu'un jour, couchant dans la même chambre qu'un de mes frères, je l'entendis qui prononçait en dormant des mots inarticulés, ou pour mieux dire, des mots commencés et non finis, le tout avec une extraordinaire vivacité. Dans ce cas, il procédait, à ce qu'il me semble, comme certains aliénés

1. J'excepte toutefois la lypémanie, la folie stupide où la pensée est au contraire ordinairement très-lente.

qui pensent et parlent si vite qu'ils ne se donnent pas le temps d'achever leurs phrases. Malheureusement ces rêves parlés, si je puis ainsi m'exprimer, sont extrêmement fugaces; on n'est pas en état de se les rappeler au réveil, et on ne peut dès lors les comparer avec les mots qu'on a pu prononcer, qu'un tiers a pu entendre, pour vérifier s'ils correspondent, dans leur succession, aux images du rêve; c'est ce qui arriva pour mon frère, car, à son réveil, il avait tout oublié.

J'avais, il y a vingt ans, l'habitude de lire tout haut à ma mère, et il arrivait souvent que le sommeil me gagnait à chaque pause, à chaque alinéa; cependant je me réveillais si vite, que ma mère ne s'apercevait de rien, si ce n'est qu'elle observait que je lisais parfois plus lentement. Eh bien! durant ces secondes d'un sommeil commencé et chassé aussitôt par la nécessité de continuer la lecture, je faisais des rêves fort étendus, rêves qui embrouillaient ma pensée et nuisaient d'ordinaire à l'intelligence du livre.

Mais un fait plus concluant pour la rapidité du songe, un fait qui établit à mes yeux qu'il suffit d'un instant pour faire un rêve étendu, est le suivant : J'étais un peu indisposé, et me trouvais couché dans ma chambre, ayant ma mère à mon chevet. Je rêve de la Terreur; j'assiste à des scènes de massacre, je comparais devant le tribunal révolutionnaire, je vois Robespierre, Marat, Fouquier-Tinville, toutes les plus vilaines figures de cette époque terrible; je discute avec eux ; enfin, après bien des événements que je ne me rappelle qu'imparfaitement, je suis jugé, condamné à mort, conduit en charrette, au milieu d'un concours immense, sur la place de la Révolution ; je monte sur l'échafaud ; l'exécuteur me lie sur la planche fatale, il la fait basculer, le couperet tombe ; je sens ma tête se séparer de mon tronc ; je m'éveille en proie à la plus vive angoisse, et je me sens sur le cou la flèche de mon lit qui s'était subitement détachée, et était tombée sur mes vertèbres cervicales, à la façon du couteau d'une guillotine. Cela avait eu lieu à l'instant, ainsi que ma mère me le confirma, et cependant c'était cette sensation externe que j'avais prise, comme dans le cas cité plus haut, pour point de départ d'un rêve où tant de faits s'étaient succédé. Au moment où j'avais été frappé, le souvenir de la redoutable machine, dont la flèche de mon lit représentait si bien l'effet, avait éveillé toutes les images d'une époque dont la guillotine a été le symbole.

Je pourrais aussi citer d'autres exemples ; mais je me borne à ceux qui me paraissent les plus décisifs. L'accélération de la pensée appartient donc au rêve comme à l'aliénation mentale, comme à tous les moments d'émotion profonde, de trouble extrême. Bien des gens, dans des dangers imminents, ont ainsi vu les pensées s'offrir en foule à leur imagination effrayée. Car le cerveau est comme le cœur ; l'émotion en accélère les battements.

C'est, en effet, aussi par la rapidité de l'association des idées que la passion se rapproche de la folie [1], et bien qu'on y observe plus de régularité, on y retrouve plusieurs des circonstances propres au trouble intellectuel qui constitue le rêve.

Dugald Stewart a fort bien montré combien cette rapidité de la pensée contribue, pendant le sommeil, à effacer en nous la notion du temps [2]. Toutefois, ainsi que j'aurai occasion de le rappeler plus loin, cette notion se conserve parfois dans le sommeil, et elle tient vraisemblablement à une faculté spéciale de l'esprit qui peut être plus ou moins développée, suivant les personnes.

Je terminerai ces rapprochements en relatant une dernière analogie. Le rêve n'est le plus souvent, comme je l'ai dit plus haut, qu'un rappel d'images déjà perçues, d'idées déjà formulées par l'esprit, mais que l'imagination combine dans un nouvel ordre. Le souvenir y joue encore plus de rôles que l'invention. De même, dans la folie, tel fait, telle image, qui vient tout à coup s'offrir aux yeux de l'esprit malade, telle parole qui frappe les oreilles, n'est autre chose qu'une image

1. Voyez à ce sujet les judicieuses remarques de M. Lélut dans son excellent mémoire intitulé : *Recherches des analogies de la folie et de la raison*, dans l'ouvrage du même auteur : *Du Démon de Socrate*, nouv. édit., p. 344.

2. *Éléments de la philosophie de l'esprit humain*, trad. Peisse, t. I, p. 257.

qui a jadis produit sur nous une impression profonde, qu'une parole retenue et qui revient en mémoire, comme cela nous arrive pour une foule de mots.

Tout dernièrement une hallucination hypnagogique que j'ai éprouvée et que j'ai rapprochée de certains faits d'aliénation mentale a achevé de me confirmer dans cette opinion. Au moment de m'endormir, j'apercevais suivant mon habitude, les yeux fermés, et dans l'obscurité de ma chambre, une foule de têtes grimaçantes et de figures fantastiques, figures dont quelques-unes ont produit assez d'impression sur moi pour que je me les représente encore fidèlement. Or je vis d'abord les traits d'une personne qui m'avait rendu visite deux jours auparavant, et dont la physionomie originale et quelque peu ridicule m'avait frappé. Puis je vis, et c'est ici qu'est le fait curieux, ma propre figure très-distincte qui disparut ensuite pour faire place à une nouvelle, à la manière de ce que l'on nomme *fantascope*, ou en anglais *dissolving views*. Le lendemain, réfléchissant sur cette bizarre hallucination, je me rappelai que la veille je m'étais longtemps regardé dans un miroir, afin de découvrir dans mes yeux quelques-uns des symptômes apparents du mal dont ils sont affectés.

Voici maintenant un second fait qui, pour la sensation de l'ouïe, correspond exactement au précédent, et m'est aussi personnel. Un soir, lorsque j'étais dans un état intermédiaire entre la veille et le sommeil, je m'entends parler très-distinctement, comme si je prononçais un discours dans quelque salle sonore. Certains mots surtout, certaines phrases frappent mon oreille. Tout à coup on entre dans ma chambre avec de la lumière, et l'on me ramène soudain sur la scène de la vie réelle. Je réfléchis à ce qui vient de m'arriver, et je reconnais, dans les phrases articulées par moi mentalement, des bouts de phrases qui appartenaient à un morceau de ma composition dont j'avais depuis peu de temps donné à mes amis lecture, à plusieurs reprises différentes.

Ainsi se confirmait ce que j'ai montré dans les chapitres qui précèdent : par un jeu mystérieux de notre intelligence, il se fait des retours soudains d'une impression antérieure, d'une perception déjà ancienne, lorsque l'esprit a été fortement affecté par celle-ci. En vertu d'une prédisposition particulière, le cerveau peut reproduire de lui-même, sans le concours de la volonté, des actes de la vie mentale et des impressions sensibles. Ce n'est pas là une faculté propre à certains individus ; c'est plutôt le résultat d'un état physique, d'une condition momentanée et occasionnelle du système nerveux. Il semble que certaines parties de notre cerveau soient sujettes, comme je l'ai déjà dit plus haut, à des mouvements spasmodiques tout semblables à ceux qui agitent les membres et les muscles de l'épileptique, ou la face d'un homme atteint d'un tic : ils reviennent par intervalles, indépendamment de la volonté, et sont soumis à des variations dont nous ne pouvons pas apprécier les lois.

Dans l'hallucination, comme dans le rêve, les idées s'offrent spontanément à l'esprit sans être appelées, par un mouvement intestin spécial, un jeu automatique de l'intellect, qui n'apprécie plus les circonstances externes propres à nous en montrer le vide et l'absurdité.

Ainsi, plus on pénètre dans les opérations de l'esprit, endormi ou aliéné, plus on se convainc que ces opérations s'effectuent d'une façon analogue, mieux on constate que le mécanisme de la pensée se fait de la même manière incomplète ; c'est donc par l'étude comparée de ces deux ordres de phénomènes qu'on pourra les éclairer, en mieux saisir les particularités, et découvrir peut-être quelques-unes des lois qui régissent à la fois le plus bizarre et le plus triste des phénomènes de l'esprit de l'homme.

CHAPITRE VII

DE L'ALIÉNATION MENTALE ET DU DÉLIRE

THÉORIE DES HALLUCINATIONS

En faisant ressortir les analogies du rêve et de l'aliénation mentale, je n'ai pas prétendu identifier ces deux états, et donner le sommeil comme n'étant qu'une folie qui alterne avec la raison, qu'une aliénation mentale périodique. D'ailleurs la folie, à ne l'entendre que sous le rapport psychologique, est un terme un peu vague, et ne constitue pas une espèce bien tranchée, bien caractérisée. Rapprocher le rêve de la folie n'éclaire pas la nature du rêve, si l'on ne s'entend préalablement sur ce que c'est que la folie. Les maladies de l'esprit sont de formes aussi variées, aussi changeantes que les conceptions intellectuelles mêmes. Voilà pourquoi quand on essaye de classer les diverses aliénations mentales, en prenant pour guide les différentes espèces du délire, on rencontre d'insurmontables embarras. La tâche n'est pas moins difficile que si l'on cherchait à classer les différentes intelligences suivant la nature, la direction des idées qui leur sont propres.

Il faut bien distinguer dans l'aliénation mentale ce qu'on peut appeler le délire et la maladie proprement dite. Le délire est un trouble de l'intelligence qui fait que nos idées s'égarent, deviennent vagues ou déraisonnables, et peuvent avoir pour conséquence des actes insensés, s'allier à des hallucinations. Il n'est point cependant un symptôme particulier à la manie, c'est-à-dire à la folie par excellence; il accompagne souvent diverses autres maladies, la méningite, la fièvre typhoïde, la variole, la gastrite aiguë, l'épilepsie, la pneumonie, l'hypocondrie, l'hystérie, le ramollissement cérébral, la paralysie, etc. [1]. Dans les diverses formes qu'il revêt on retrouve toujours une association vicieuse des idées, et le plus habituellement des hallucinations et des entraînements irrésistibles. Le rêve, constituant un délire passager, se rapproche de la manie, uniquement parce que celle-ci a pour symptôme le plus apparent un délire partiel ou général. Mais, envisagée médicalement, l'aliénation mentale est une maladie caractérisée, tenant à un état pathologique spécial de l'encéphale malheureusement encore inconnu; tandis que le sommeil n'est qu'un simple relâchement avec congestion passive du système cérébro-spinal. La folie est-elle due à un ramollissement, une décomposition de la substance grise du

1. Voy. à ce sujet le travail de M. le docteur Thore, *Sur les hallucinations dans la variole, Annales médico-psychologiques*, 3e série, t. II, p. 162.

cerveau, à une inflammation des méninges avec infiltration, une congestion excessive des vaisseaux de l'encéphale, une érosion des couches corticales, un épanchement de sérosité dans les ventricules, une surexcitation trop prolongée de l'action nerveuse? Est-ce le résultat de ces divers accidents qui engendrent chacun une maladie mentale propre? Nous l'ignorons; et tant que l'anatomie et la physiologie n'auront point éclairé ce problème, les classifications des maladies mentales demeureront artificielles et incomplètes; on en sera réduit à prendre pour caractères différentiels les diverses formes du délire, ce qui, ainsi que je viens de le faire observer, ne saurait fournir que des données insuffisantes, le délire n'étant point la folie. Un fébricitant peut être le jouet de la même conception chimérique que le maniaque, et cependant leur état morbide respectif est assurément très-différent. J'ai dit plus haut qu'après avoir eu la rougeole à l'âge de dix-sept ans, je fus atteint d'une fièvre ardente avec délire; dans ce délire, je m'imaginais être chancelier de France. Un fou aurait pu avoir la même idée, sans que pour cela sa maladie offrît rien de commun avec la mienne. On peut sans doute montrer que le délire simple n'est qu'une forme du trouble intellectuel qui se manifeste dans l'aliénation mentale, ainsi que l'a fait M. J. Moreau; mais cela ne prouve pas l'identité des causes pathologiques, autrement dit des maladies qui amènent les deux états. Ce savant médecin a très-bien établi que le délire se rattache au même ordre de désordre de l'esprit que celui qui se produit chez le maniaque [1]; mais il ne soutient pas, je le pense, que la fièvre qui engendre l'un, soit identique ou très-analogue à la décomposition cérébrale, à l'excitation névropathique qui amène l'autre. Assurément, puisqu'on observe un trouble mental du même ordre, le cerveau, c'est-à-dire l'organe de la pensée, les sens, c'est-à-dire les agents qui transmettent au cerveau les sensations perçues par l'esprit, sont affectés d'une manière analogue. Mais les deux causes qui déterminent ce bouleversement des facultés ne peuvent être identifiées. Dans un cas, le mal est simplement sympathique, dans l'autre il est idiopathique. Ajoutons que pour que cette distinction soit vraie, il est nécessaire de distinguer la folie de divers troubles intellectuels qui ont été confondus avec elle, qui proviennent de la réaction sur le cerveau de maladies dont sont affectés d'autres organes, distinction que les aliénistes n'ont pas toujours suffisamment faite. Il va ensuite de soi que si le trouble sympathique du cerveau se prolonge, celui-ci peut s'altérer à son tour, devenir le siége d'une véritable maladie, distincte de la première, et engendrer alors une véritable folie. Ces productions de maladies par voie de réaction et de sym-

1. Voy. *Annales médico-psychologiques*, 3e série, t. I, p. 20 et suiv. (Janvier 1855.)

pathie n'empêchent pas qu'on ne doive les distinguer et les classer.

Ce côté pathogénique ici réservé, et l'étude de l'aliénation mentale réduite à celle des seuls phénomènes psychiques et psycho-sensoriels, il faut reconnaître, avec M. J. Moreau, qu'il n'existe pas de séparation bien tranchée entre le délire et la folie.

La nature du délire tient à la fois à celle de l'affection qui l'engendre et à la tournure d'esprit de celui qui y est en proie. Voilà pourquoi il est aussi multiple dans ses apparences que l'esprit humain même. Visitez une maison d'aliénés; vous verrez combien les délires sont variés. Mais dans cette variété règne une assez grande uniformité qui tient à l'influence d'un mal toujours identique pour le fond. Le cerveau et les nerfs sont affectés d'une certaine façon, qui détermine des délires analogues, bien que chacun ait sa physionomie propre. Il y a des délires de grandeur, d'amour, de crainte, d'abattement, etc. Les médecins en concluent qu'il faut distinguer dans la folie autant de subdivisions qu'il existe de catégories générales de délires. Mais notons que ces mêmes délires de grandeur, d'amour, de crainte, d'abattement, etc., reparaissent dans les songes. Toutes les chimères qui peuvent leurrer l'imagination du fou se présentent à nous en rêve; preuve que les formes du délire ne sauraient servir de base à une classification des maladies mentales. Les passions interviennent naturellement dans le délire, comme dans les conceptions de l'homme éveillé et raisonnable; elles se mêlent à nos idées; elles influent sur nos déterminations et nos actes. Et dans le rêve il est facile de reconnaître l'influence de ces mêmes passions. Un de mes amis, très-enclin à la colère, m'avouait qu'il se mettait souvent en colère dans ses rêves; un autre, porté vers les femmes, me disait qu'il faisait fréquemment des rêves amoureux; enfin un troisième, qui convenait de sa disposition à broder les anecdotes et à mentir, ajoutait : « C'est plus fort que moi, c'est dans ma nature, et la preuve, c'est qu'en songe il m'arrive bien souvent de mentir sciemment. »

Les passions forment donc un des éléments du délire, et comme elles sont beaucoup moins variées que nos idées, elles lui impriment cette uniformité générale, prise par divers médecins pour la preuve de la coïncidence de certains genres de délire avec telle ou telle nature d'aliénation mentale.

Ces délires, malgré leur analogie, peuvent procéder de causes très-diverses. Ainsi que l'ont remarqué, depuis Bacon, bien des philosophes, ce n'est pas la différence des phénomènes, mais leur indépendance réciproque qui doit les faire attribuer à des causes différentes[1]; réciproquement, des phénomènes psychiques analogues ne peuvent être rapportés à une même cause

1. Voy. Ad. Garnier, *Traité des facultés de l'âme*, t. I, p. 33.

qu'autant que les maladies qui les engendrent sont dépendantes les uns des autres. Ce n'est donc pas par la nature du délire, mais par celle des affections qui l'engendrent, qu'il faut classer les folies.

Nul doute que, selon la partie du cerveau ou du système nerveux qui est attaquée, selon le genre de lésion des organes de la vie intelligente, telle ou telle passion ne puisse être plus ou moins surexcitée ou affaiblie; et c'est en ce sens que la forme du délire peut mettre sur la voie de l'espèce d'affection cérébrale dont est atteint l'aliéné. La folie paralytique est liée généralement, par exemple, à des chimères de fortune, de puissance, à des idées de grandeur, l'hystérie à des préoccupations mystiques ou amoureuses. Mais ces formes du délire sont un simple indice et non un symptôme essentiel. Le véritable symptôme, c'est l'anatomie pathologique, la physiologie qui pourront seules nous le révéler.

Dans le sommeil, il y a affaiblissement de la force nerveuse, par suite de l'exercice prolongé de l'activité; le délire du rêve naît simplement de l'engourdissement des organes et du jeu incomplet du cerveau. Dans l'aliénation mentale, au contraire, le délire est la conséquence d'un trouble passager ou permanent dans l'économie, trouble dû à l'altération des organes. Cette altération peut se produire à raison du développement d'un germe morbifique héréditaire, ou d'une excitation excessive du système nerveux réagissant sur l'encéphale, au point d'y amener un commencement de désorganisation. Une fois le trouble installé par la maladie dans le cerveau, les actes comme les idées deviennent déraisonnables; nous ne percevons plus normalement; notre attention est affaiblie, notre jugement vicié; des hallucinations entretiennent notre délire qui prend alors le caractère chronique.

Dans la manie, ce sont en quelque sorte toutes les facultés intellectuelles qui se trouvent bouleversées; nos paroles, nos actes dénotent un délire incessant; aussi le délire maniaque est-il celui qui se rapproche davantage du rêve. Même incohérence, mêmes hallucinations, mêmes invraisemblances, mêmes absurdités dans les conceptions. La folie avec délire circonscrit, et portant seulement sur un ordre particulier de faits, autrement dit la monomanie ou folie lucide, se distingue au contraire bien nettement de l'état de rêveur. Aucune faculté ne paraît altérée, le cerveau fonctionne presque normalement, la volonté est puissante; l'attention n'a rien perdu de son énergie; la mémoire n'est ni affaiblie, ni surexcitée; seulement des idées fausses et chimériques, des entraînements irrésistibles dominent de temps à autre le malade. Ici, ce sont visiblement des altérations très-partielles ou des surexcitations très-locales qui dénaturent certaines opérations de l'esprit. Le monomane pourra rêver, et il ne confondra pas, comme le fait souvent le maniaque, le rêve avec la réalité, car son délire n'a rien de l'incohérence et de l'absurdité du songe ; il est simplement dominé par une conception chimérique, du nombre de celles qui se présentent parfois à l'esprit le plus sain, mais qui sont alors promptement dissipées par la réflexion.

En effet, il surgit souvent dans notre esprit des idées véritablement folles, que rien n'appelle dans le travail intellectuel, et qui sont sans doute provoquées par des réactions nerveuses internes. Ces idées folles apparaissent dans notre tête, de la même façon que certains mots, certains noms viennent tout à coup à l'esprit, sans que nous sachions comment. J'ai parlé plus haut de ces mots, lesquels, ainsi que les images visibles, constituent le fond des rêves. Lorsque nous sommes éveillés, que la volonté et l'attention dirigent notre pensée, ces apparitions de mots et d'images ne se produisent guère, ou, si elles ont lieu, le travail d'association des idées auquel nous nous livrons les chasse immédiatement. Mais quand nous abandonnons comme les rênes de notre esprit, que nous laissons chevaucher l'imagination à l'aventure, ce qui a surtout lieu dans la rêvasserie, les images et les mots s'offrent alors en grand nombre à notre imagination, qui devient un véritable automate. Dans le rêve, nous assistons en spectateur, non en acteur, à cette succession d'images et d'idées évoquées par les mouvements intestins et spontanés du cerveau, provoquées par les sens, où retentissent les impressions qu'ils ont jadis éprouvées.

Quand l'homme est sain et éveillé, il conserve le pouvoir de dissiper ces images, ces idées qui se font jour d'elles-mêmes en lui. Mais quand la surexcitation produite par quelques-unes d'entre elles est extrême, et cela sans doute à raison de la faiblesse ou de l'excitation du système nerveux, ces idées ou ces images reviennent avec importunité; on a beau les conjurer, elles ne sont que plus instantes, et l'esprit finit par en subir la tyrannie. C'est alors que la monomanie se déclare; l'homme n'a plus sa liberté : une sorte d'hallucination s'empare de lui.

Les idées, comme l'observe M. Baillarger[1], s'imposent alors; on est forcé de les subir. Entraîné à chaque instant par ces idées spontanées et involontaires, le malade cesse de pouvoir fixer son attention et tout travail par lui suivi devient impossible. Après avoir vainement lutté contre cette puissance qui le domine, il est conduit le plus souvent à des explications erronées; il attribue, par exemple, les idées qui l'obsèdent à un être étranger.

Dans cet automatisme, les passions, les préoccupations, les idées qui se font jour, tranchent d'ordinaire avec la nature qu'on connaissait au malade avant l'invasion du mal; parfois elles n'en sont que l'exagération. Leur caractère d'irrésistibilité les dis-

1. Voy. Baillarger, *Théorie de l'automatisme étudiée dans le manuscrit d'un monomaniaque*, dans les *Annales médico-psychologiques*, 3e série, t. II, p. 54.

tingue, d'ailleurs, de ces impulsions que nous dirigeons un peu à notre guise, comme cela se passe pour l'inspiration proprement dite, où sur un fond automatique l'homme greffe en quelque sorte sa volonté. De là des inspirations, des entraînements d'un ordre tout actif, que Leuret a judicieusement distingués de ceux qu'il appelle *passifs* et dans lesquels l'homme n'a plus conscience de l'activité de son être intellectuel et normal [1].

La période intermédiaire entre la raison ébranlée et la folie déclarée est celle où se manifestent ces luttes du jugement formé par les sensations vraies antérieurement perçues et des sensations fausses qui assiégent l'esprit. Le docteur Renaudin, dans un ouvrage fort remarquable, intitulé : *Études médico-psychologiques sur l'aliénation mentale* [2], a parfaitement décrit ce qui se passe alors. Je le laisse parler :

« L'intervalle qui sépare l'impression hallucinatoire de l'entraînement psychique qui en est le résultat constitue, au point de vue du délire, une sorte de période d'incubation pendant laquelle le sujet est en proie à une vive inquiétude. Lorsque plus tard on arrive à bien connaître le malade, soit par observation directe, soit par la manifestation de ses pensées délirantes, on découvre qu'une lutte longue et pénible s'est établie

1. Voy. *Fragments psychologiques sur la folie*, p. 269.
2. Page 406. (Paris, 1854.)

dans le principe entre sa raison et les sensations dont il a fini par être le jouet, et c'est quelquefois aux diverses circonstances de cette lutte qu'on peut attribuer la forme typique de l'aliénation mentale. L'aliéné, sous la première influence de sa préoccupation, dissimule d'abord son état, parce que, d'une part, il n'a qu'une demi-conviction, et que, d'un autre côté, il ne veut pas exciter le rire de ceux qui ne le comprennent pas. Il doute encore que déjà il est irrésistiblement entraîné par une impulsion instinctive plus forte que sa raison. C'est un nouveau besoin qui s'éveille et qui ne tardera pas à le dominer. Mais une fois cette limite franchie, l'action des causes complique de plus en plus la situation, dont on reconnaît trop tard la gravité. On croit à une invasion subite, quand, au contraire, l'hallucination, organisée depuis longtemps, est devenue, pour ainsi dire, une fonction nouvelle avec ses corrélations et ses sympathies physiologiques. »

C'est donc bien souvent une hallucination répétée, reproduite sous diverses formes, qui est le point de départ de la folie ; c'est elle qui introduit un premier élément de désordre, lequel en amène d'autres, et si dans certains cas l'hallucination est le résultat d'un trouble fortuit de l'économie, de l'invasion subite d'un mal, en d'autres elle est elle-même le dernier terme d'une excitation prolongée due à une passion toujours active, toujours de plus en plus impérieuse, passion qui procède elle-même d'un état idiopathique de l'organisme, que l'éducation, le genre de vie ont pu accroître.

Qu'une personne soit, par exemple, naturellement craintive et préoccupée de l'idée de n'avoir rien à démêler avec la police, si elle vient à rencontrer un individu offrant quelque apparence d'être un agent de police et qui la regarde fixement, elle en éprouvera une vive frayeur. Certaines fibres nerveuses seront alors violemment affectées chez elle, et cette impression profonde aura pour effet d'amener plus tard des retentissements répétés de l'action nerveuse que la personne avait éprouvée; celle-ci reverra en esprit le prétendu agent de police dont la figure, l'aspect s'offriront soudainement à son imagination, quand même elle sera occupée d'autres réflexions; et les apparitions ne tarderont pas à être si vives et si multipliées, qu'il lui deviendra de plus en difficile de les dissiper. A la fin, elle se sentira complétement impuissante; la figure de l'agent de police siégera à peu près d'une manière permanente dans son cerveau; c'est-à-dire que le mouvement cérébral qui détermine le rappel de cette figure se produira d'une manière spasmodique, de la même façon que nous voyons tel muscle battre ou s'agiter chez nous, par suite d'une affection rhumatismale, sans pouvoir le retenir. A dater de ce moment, la personne sera définitivement aliénée; elle se croira incessamment poursuivie par un agent de police, et, ainsi que cela a lieu dans le rêve, son esprit bâtira de nouvelles conceptions chimériques sur cette première idée, qui s'objective de plus en plus pour elle et arrivera à constituer une véritable hallucination.

Tel est le caractère du délire chez le monomane, et l'on voit ainsi en quoi il diffère du rêve, avec lequel il a pourtant encore plus d'un point de contact. Mais on ne doit point oublier que le délire dans l'aliénation mentale est généralement précédé de modifications profondes dans le caractère, accompagné de dépravation dans les goûts dont le songe ne saurait fournir d'exemples. C'est que chez le fou le trouble intellectuel est étendu et permanent, qu'il tient à une altération constitutive du système nerveux ou de l'encéphale, et ne résulte pas simplement d'un arrêt partiel, d'un engourdissement.

J'ai dit plus haut que les songes reproduisent les passions et les idées de la veille; les facultés seules s'exercent incomplétement. Chez l'aliéné, au contraire, tout est perverti; l'homme n'est plus, durant les accès ou depuis l'invasion du mal, ce qu'il était antérieurement; l'altération de l'organisme a amené une transformation du caractère et des idées; et c'est en cela surtout que le délire du fou se distingue du simple rêve.

Mais quand à l'engourdissement amené par la fatigue se joint un certain degré de surexcitation qui persiste malgré la tendance au repos, quand le rêve est agité et accompagné d'une exaltation partielle de la sensibilité, l'état du dormeur se rapproche davantage de celui de l'aliéné. Les sens ne donnent plus la véritable mesure des impressions.

Non-seulement le jugement qui permet d'apprécier l'intensité de la sensation fait défaut, mais l'hypéresthésie est manifeste. Nous éprouvons alors de violentes terreurs, comme cela a lieu dans le cauchemar; nous sommes pris d'aversions profondes ou de colères vives. Le trouble de l'économie réagit sur les images et les idées du rêve, et celui-ci se rapproche davantage du délire du fou.

Ces observations sont applicables à l'ivresse, qui engendre un délire passager, comme celui du sommeil, mais plus agité, plus violent. L'action des alcooliques entrave le jeu des facultés intellectuelles, émousse ou surexcite les sens, provoque des hallucinations, frappe les membres d'une paralysie incomplète. Il peut arriver alors que notre caractère soit momentanément métamorphosé. Nous prenons une gaieté bruyante, nous entrons dans des accès de rage, nous éprouvons des sentiments amoureux. Ces altérations du caractère se lient, comme chez le fou, aux troubles intellectuels et prouvent que les facultés affectives ne sont pas moins atteintes que les facultés raisonnantes. L'imagination proprement dite, c'est-à-dire l'aptitude à faire naître spontanément en soi des images et des idées, sans le travail prolongé de la réflexion, acquiert plus de puissance et plus d'énergie, si la dose de liquide ingéré n'a pas amené la torpeur : nouveau trait qui rapproche l'ivresse à la fois du rêve et de l'aliénation mentale. Car chez le fou, de même que chez le dormeur qui rêve, les images et les idées spontanées surgissent en bien plus grand nombre que dans l'état de raison et de veille. De là, la loquacité de l'homme ivre et du maniaque ; de là, la rapidité et l'abondance des visions dont se compose le songe. Mais pour que cette surexcitation de l'imagination se produise, il faut que la dépression cérébrale amenée par l'engourdissement du sommeil, par la congestion que détermine l'abus des alcooliques, par l'affection nerveuse et cérébrale, ne soit pas assez forte pour arrêter le jeu de cette faculté même ; car alors, je le répète, l'esprit tombe dans un état de torpeur et d'inaction ; il devient comme hébété ; c'est ce qui s'observe dans l'ivresse la plus complète, dans la démence, et sans doute aussi dans ces sommeils profonds où l'esprit ne rêve plus, n'a du moins que des conceptions vagues, fugaces et totalement incohérentes.

Pour compléter l'idée qu'il faut, à mon avis, se faire de l'aliénation mentale dans ses rapports avec le rêve, il importe de bien saisir le mode de production de l'hallucination, un des phénomènes générateurs du délire, comme on vient de le voir ; et dans ce but, je crois bon de reproduire ce que je disais à la Société médico-psychologique, dans la séance du 31 mars 1856. On retrouvera sans doute dans cet exposé la répétition de quelques-unes des vues développées plus haut; mais cette répétition est indispensable à l'intelligence de l'hallucination en elle-même.

Au point de départ des erreurs des sens dont l'esprit est le jouet, nous trouvons d'abord l'illusion. L'illusion est un phénomène tout sensoriel. Les sens, soit parce qu'ils sont émoussés, affaiblis, soit parce que leur appareil est le siége d'une maladie, transmettent au cerveau des sensations incomplètes ou imaginaires que notre esprit interprète, et dont il tire de fausses conséquences. Ainsi, un myope voit d'une manière confuse un objet à distance, et il lui prête, sous l'empire d'une préoccupation, une forme autre que sa forme réelle. Un homme atteint de rétinite voit subitement une flamme, et en conclut l'existence d'une lumière ou l'apparition d'un éclair. Quand l'esprit est prévenu, il n'est pas dupe de ces illusions et il les rectifie par la réflexion. Mais dans le premier moment, et par l'effet de la préoccupation que produit la passion, la peur notamment, nous nous hâtons de tirer des conséquences de nos sensations confuses ou maladives. Un mur blanc, la nuit, nous paraît de loin un fantôme; un tintement d'oreilles se transforme pour nous en un bruit de tocsin ou de canon.

Ainsi, on le voit, l'illusion des sens n'est pas le résultat de la réflexion, de la concentration de la pensée réfléchie sur une sensation, c'est l'effet du jugement instantané que l'esprit porte sur une sensation incomplète ou maladive. La condition nécessaire pour que l'illusion produite par les sens devienne une erreur de l'esprit, c'est que l'esprit soit sous l'empire d'un sentiment qui lui enlève son libre et complet exercice.

Lorsque l'appareil sensoriel est profondément altéré, lorsque le trouble s'étend pour ainsi dire jusque dans les racines qu'il a dans l'encéphale, l'illusion est plus durable et plus entraînante. L'individu ne se borne pas à prendre des objets mal vus, des sons mal entendus, des corps mal explorés par le contact, pour des êtres et des phénomènes imaginaires, il voit, il sent, il entend, il touche ce qui n'existe pas, et il a alors besoin d'une réflexion beaucoup plus prolongée, d'une comparaison plus attentive, pour reconnaître qu'il est dupe d'une aberration sensorielle. Ces sortes d'illusions, que j'appellerai volontiers *encéphaliques,* par opposition aux premières, qui ne sont que sensorielles, se produisent dans certaines maladies du système nerveux et du cerveau ; elles peuvent devenir par l'impression fâcheuse qu'elles produisent sur l'esprit, si celui-ci est déjà agité, excité, le point de départ d'une manie ou d'une monomanie. Alors encore, ce n'est pas la concentration de la pensée sur un objet, sur un fait qui produit l'illusion ; il y a là un phénomène sensoriel et morbide qui peut même, comme l'a montré le docteur Michéa par des exemples curieux, ne se produire que dans un seul œil, une seule oreille, et aussi certainement dans une seule partie tactile du corps. Les illusions de l'ouïe du sourd et de la vue chez l'aveugle appartiennent à cette catégorie d'illusions encéphaliques, lesquelles ont vraisemblablement pour siége les racines mêmes des nerfs sensitifs. Les aliénés sont plus sujets que d'autres aux deux genres d'illusions. Cela tient à ce qu'ils sont dominés par des préoccupations constantes et que leurs jugements sont toujours incomplets.

Mais à côté de ces illusions ayant leur origine dans les sens, il y a celles qui viennent de l'intelligence. Notre esprit peut être en proie à une agitation maladive; il peut être dominé par des sentiments qui l'obsèdent et se présentent à lui, même lorsqu'il les fuit ou qu'il y pense le moins. Si ces sentiments remuent assez le cerveau pour que les racines des nerfs sensitifs en reçoivent le contre-coup, nous sommes alors affectés de fausses sensations; mais celles-ci ne tiennent plus à la maladie ou à l'influence des appareils sensoriaux; elles sont, dans l'encéphale, comme la répercussion du trouble ou de l'excitation intellectuelle; il y a alors hallucination; nous croyons voir, entendre, sentir ce qui est dans notre imagination. Il se passe un phénomène réflexe, comme dans le rêve, et nous assistons au spectacle de nos propres pensées transformées, comme dit M. Lélut, en sensations; autrement dit, notre pensée se réfléchit dans nos sens encéphaliques comme dans un miroir. Mais ici encore ce n'est pas la concentration de la pensée sur un objet qui donne naissance aux hallucinations; elles se présentent tout à coup, spontanément, quand la volonté s'est retirée, de même que dans le rêve quand l'esprit se laisse aller à la contemplation de ses idées et de ses chimères; c'est bien un phénomène de mémoire, car ces idées devenues sensibles ne sont que la reproduction d'objets antérieurement perçus, qu'un assemblage et qu'une combinaison de ce qui est dans le souvenir, dans le foyer imaginatif, mais ce n'est point un phénomène de réminiscence. L'esprit ne cherche pas, ne travaille pas, ne réfléchit pas; il ne fait pas comme le peintre qui s'efforce d'évoquer devant les yeux de sa pensée la figure qu'il veut représenter, comme le compositeur qui fredonne mentalement les sons qui entrent dans une ariette ou un motet; il est dominé par un objet que la mémoire évoque automatiquement devant lui; et l'impression produite sur l'esprit par cette apparition soudaine, que l'on nomme une hallucination, est celle qui résulte de la réaction qui s'était opérée antérieurement de l'esprit sur la partie encéphalique des nerfs sensitifs, sans que nous en ayons conscience. Toute hallucination est précédée d'une période d'incubation dans laquelle l'esprit fortement agité réagit puissamment sur les nerfs sensitifs, et puis plus tard ces nerfs sont affectés tout à coup sans cause externe; ils sont pris comme d'un mouvement spasmodique, et l'hallucination se produit.

M. Baillarger a donc eu raison de ne pas regarder l'hallucination comme le dernier terme et le *summum* de la méditation, de la réflexion sur une chose ou sur un objet. Mais, d'un autre côté, il est incontestable que la longue méditation sur un objet, quand l'esprit est déjà malade ou excité, prédispose aux hallucinations. Ce à quoi on avait pensé souvent et longtemps se présente de soi-même à l'esprit devenu passif. Le rêve n'est certainement pas le *summum* de la réflexion; mais ce qui nous a préoccupé fortement pendant le jour se présente à nous de soi-même en songe. Il y a, comme dit fort bien M. Baillarger, deux périodes, une de tension et une de détente. C'est à la seconde qu'appartient l'hallucination.

Or, nous voyons ici se présenter la même condition que pour la production de l'illusion. Il faut que l'esprit soit préoccupé; mais qui dit préoccupation ne dit pas méditation; la préoccupation est quelque chose d'involontaire qui participe du sentiment. Je développe ma pensée par un exemple.

Un homme est poursuivi par la crainte d'être damné. Cette idée le préoccupe, c'est-à-dire qu'elle vient d'elle-même à la traverse de ses occupations intellectuelles. Le retour fréquent de cette crainte, qui prend sa source dans un sentiment développé naturellement par l'éducation, réagit constamment sur l'esprit, et par contrecoup sur les nerfs sensitifs. Notre homme craint de voir, d'entendre, de sentir le diable. Ses appréhensions agissent à son insu sur la partie encéphalique des nerfs sensitifs, et tout à coup, un beau jour, notre homme voit le diable en personne et entend son ricanement : il ne méditait pourtant pas sur le diable ; bien au contraire, cette idée lui faisait peur, il la fuyait; mais il n'en était pas moins sous l'empire de la préoccupation qui s'attachait à cette idée.

Voilà le caractère de la véritable hallucination, de l'hallucination pathologique. Par son mode de production, elle se distingue essentiellement de l'illusion, car elle est le phénomène inverse. Elle part d'une conception associée à une émotion puissante, tandis que l'illusion procède d'une impression incomplète ou imaginaire des organes. Mais l'hallucination étant un phénomène de mémoire, elle se rattache, par certains côtés, à l'exercice normal de cette faculté.

En effet, la mémoire des objets peut se présenter sous deux formes : tantôt nous nous rappelons tout à coup un mot, une personne, un fait qui s'offre à la pensée avec la soudaineté de l'hallucination ; tantôt par un travail de l'esprit nous retrouvons un mot, un air de musique, nous nous représentons un objet, une figure. Dans le dernier cas, il y a réflexion, et cette réflexion sépare davantage la mémoire de l'hallucination. Ce travail de réflexion constitue la réminiscence. Mais une fois que spontanément ou après une recherche je suis arrivé à me rappeler une chose, il est certain que j'entends, je vois, ou je sens mentalement. Les nerfs sensitifs de l'encéphale sont légèrement affectés, et si ma mémoire est très-vive, très-puissante, j'ai comme une vue, une audition intérieure. Il n'y a donc, quant à la forme du phénomène, qu'une séparation de degrés entre la représentation vive que se fait l'esprit d'une sensation et la sensation externe et réelle que produit l'hallucination. Et en pourrait-il être autrement, puisque le souvenir de la sensation n'est qu'une image affaiblie de la sensation même, de la sensation véritable due à un objet extérieur. Il y a toutefois des degrés divers d'hallucinations, suivant leur ténacité, le degré de croyance qu'elles apportent à l'esprit, suivant qu'elles correspondent à des objets plus ou moins réels. Les hallucinations peuvent donc, si l'on classe par ordre de clarté et de puissance les formes que voit notre esprit, se placer entre les images réelles dues à des perceptions sensorielles et les images que fournit le souvenir. Toutes néanmoins tiennent à une affection, à une excitation des nerfs sensitifs encéphaliques, comme les représentations que fournit la mémoire. Et pour l'ordre d'excitation de ces nerfs on aura la classification suivante : Représentations de la mémoire, hallucinations psychiques, hallucinations psycho-sensorielles. Mais si, au lieu de tenir compte du degré d'excitation des nerfs sensitifs, on ne s'occupe que des conditions dans lesquelles ces différents phénomènes se produisent, on les classera très-différemment. On aura d'abord l'effet de mémoire volontaire où l'esprit veut, cherche et réfléchit, puis l'effet de mémoire involontaire où les faits se présentent tout à coup à l'esprit sans l'intervention de la réflexion et de la volonté, puis, enfin, les hallucinations où ces faits de mémoire s'offrent avec une telle force que les nerfs sensitifs sont affectés par le souvenir, comme ils le seraient par des objets extérieurs. Cette dernière circonstance caractéristique de l'hallucination se reproduira, soit que l'esprit pense à une chose différente de celle qui fait l'objet de l'hallucination, soit, comme dans l'extase, immédiatement après cette pensée, lorsque l'esprit fatigué s'abandonne à lui-même. C'est ce qui a lieu aussi dans le rêve. Si nous nous endormons, après avoir réfléchi fortement à une chose, nous la revoyons automatiquement tout comme nous pouvons revoir des choses qui ne nous avaient pas préoccupés immédiatement avant notre sommeil, mais seulement plusieurs jours auparavant. Ainsi, en résumé, l'hallucination est un phénomène de mémoire spontané, réagissant fortement sur les sens, au point de les affecter, comme ils le seraient par des perceptions extérieures; c'est un phénomène qui a ses degrés, dont les deux grandes divisions peuvent être appelées psychiques et psycho-sensoriellés; c'est un phénomène qui implique une préoccupation antérieure et un jeu automatique de l'esprit.

CHAPITRE VIII

DE CERTAINES IMPERFECTIONS DES FACULTÉS INTELLECTUELLES ET DES SENS RAPPROCHÉES DU SOMMEIL ET DU RÊVE

Un savant médecin, auquel on doit d'excellents travaux sur la folie, Marc, a dit que l'imbécillité est la mort de l'intelligence et que la surdi-mutité en est le sommeil [1]. Cette comparaison n'est pas tout à fait exacte, car elle tendrait à faire supposer, avec Jouffroy, que le sommeil ne consiste que dans l'occlusion des sens. Le sourd-muet, pas plus que l'aveugle de naissance, n'est privé de la faculté de percevoir et de vouloir; seulement il pense par des procédés différents du nôtre; il voit immédiatement les objets sans y attacher, ainsi que nous le faisons, l'idée d'un signe, lequel se substitue si complétement à l'objet lui-même, que nous finissons par ne plus nous représenter que faiblement la nature, la forme de l'objet. Son signe nous en tient lieu dans le travail habituel de l'association des idées. Inversement, l'aveugle de naissance,

1. Voy. *De la Folie considérée dans ses rapports avec les questions médico-judiciaires*, t. I, p. 443.

qui n'a jamais vu les objets, n'en connaît que les signes auditifs et se les représente seulement à l'aide de ces signes. Mais tout imparfaits que soient pour les opérations de la pensée ces deux procédés, on doit reconnaître cependant qu'ils suffisent à presque toutes les opérations intellectuelles et à la manifestation de la volonté.

Nous avons vu que dans le sommeil ce ne sont pas seulement les sens qui sont endormis, obtus, que l'intelligence participe aussi de cette torpeur. Il n'y a rien de cela chez le sourd-muet et l'aveugle ; leurs actes ne sont pas plus automatiques que les nôtres ; ils peuvent être tout aussi conscients et tout aussi réfléchis. La seule différence, c'est que l'intelligence est chez eux moins bien servie par les sens, et qu'une foule de perceptions leur échappent [1].

Mais si la comparaison de Marc n'est point exacte, cela n'empêche pas qu'il n'existe entre l'état intellectuel du sourd-muet et celui du rêveur une certaine analogie.

J'ai dit, et cela est un fait bien connu, que le sourd-muet ne pense que par l'association des images intérieures laissées dans son esprit par les objets, jusqu'au

[1] M. l'abbé Carton a noté le vide et l'ignorance extrême de l'esprit des sourds-muets, avant qu'une éducation spéciale les ait mis en rapport avec la société. Voy. son mémoire intitulé : *le Sourd-muet*, dans les *Mémoires de l'Académie de Belgique* (prix), t. XIX, p. 4.

moment où l'éducation lui apprend à penser à l'aide de signes tactiles ou par la vue commémorative de mots écrits dont il ignore la valeur vocale. Il s'ensuit que chez lui l'idée se rapproche beaucoup plus de l'image que le nôtre, puisqu'elle n'en est que la reproduction intérieure. L'emploi du signe, ainsi que je le faisais observer, rend plus profonde la différence entre la conception et la perception. Tandis que cette dernière est intimement liée aux impressions des sens, la première ne repose le plus souvent que sur une association de signes rappelant faiblement la perception. Au contraire, dès que nous ne pensons que par des images, nous sommes conduits à nous représenter les choses bien plus vivement. On a noté, en effet, que les sourds-muets sont doués de beaucoup d'imagination, mais que leur esprit est peu réfléchi [1], tandis que l'inverse se produit pour l'aveugle de naissance.

Les pensées doivent conséquemment se présenter à l'esprit du sourd-muet, à peu près comme les images du rêve; puisqu'en songe nos pensées se déroulent devant nos yeux comme des images et que nous pensons alors bien plus par la vue que par des signes auditifs. Mais il y a cette différence que le sourd-muet, étant éveillé, n'étant pas soumis, sous le rapport de l'action nerveuse, à ces excitations locales si fréquentes

1. Voy. ce que dit de leur caractère M. Puybonieux, *Mutisme et surdité, ou influence de la surdité native sur les facultés physiques, intellectuelles et morales*, p. 109 (Paris, 1846).

dans le sommeil, il ne confond pas les idées-images avec les objets mêmes; il ne prend pas ses visions intérieures pour des réalités. Une circonstance ajoute encore à la vivacité des idées-images chez le sourd-muet, c'est qu'étant privé de deux sens, il ne reçoit pas un aussi grand nombre de perceptions, qu'il est dès lors moins distrait de la contemplation de l'idée-image. Le phénomène est encore ici identique à ce qui a lieu dans le rêve; l'engourdissement des sens contribue à la vivacité des images intérieures, à peu près de la même façon que cela se passe pour la lumière. Car plus nous apercevons d'objets à la fois, moins vivement nous les voyons. Du fond d'une cave nous distinguons la clarté des étoiles, qui n'est plus, au contraire, visible pour nous, une fois que nous sommes environnés d'impressions lumineuses, que nous nous trouvons à la lumière du jour.

Le caractère visible que prennent les idées et qui constitue la force de l'imagination, laquelle ne doit pas être confondue avec sa richesse, son abondance, est peu favorable à la conception des idées abstraites, dont la combinaison ne saurait guère s'opérer sans l'emploi de signes, de même que les grands calculs ne peuvent être exécutés sans l'emploi de chiffres. Il est à noter, effectivement, que dans les songes nous avons peu d'idées abstraites; la plupart de nos rêves reposent sur des visions d'actes, d'objets; et si tel dormeur se livre fréquemment à l'abstraction en songe, c'est que celle-ci est durant la veille la tournure habituelle de ses idées. Or, il est à remarquer que chez le sourd-muet se manifeste la même inaptitude à l'abstraction. Il saisit sans doute la notion de cause et d'effet, la plus simple des notions abstraites, puisqu'elle nous est commune avec l'animal, mais il s'arrête là; et bien rarement, écrit M. Puybonieux [1], il s'occupe des qualités essentielles des choses non appréciables à sa vue, des conséquences éloignées d'un fait.

Quant à ce qui est de la comparaison de l'imbécillité et de l'idiotie avec la mort de l'intelligence, la phrase de Marc est plus exacte. J'ai déjà rapproché la démence du rêve vague et incohérent. Chez l'idiot, par suite d'un vice de conformation congéniale, les opérations intellectuelles ne s'accomplissent plus qu'incomplétement. Il y a hébétude, égarement, mais non délire. Ce ne sont pas des erreurs des sens qui jettent l'esprit hors de ses gonds; c'est une imperfection de l'organisme qui s'oppose à ce que les actes de l'intelligence s'exécutent.

L'idiotie peut donc être rapprochée du sommeil avec délire vague, de cet état que détermine parfois l'emploi de certains narcotiques, et qui ne permet pas à la pensée de se former; elle demeure alors à l'état confus, à ce qu'on pourrait appeler l'état naissant.

Par suite d'une fatigue de l'esprit, un phénomène

1. *Mutisme et surdité*, p. 161.

tout semblable se produit quelquefois même à l'état de veille. Nous tentons vainement de commencer une pensée, nous n'y parvenons pas; nous ne pouvons saisir ni l'objet sur lequel elle va porter, ni l'enchaînement des idées dont elle se composera; notre esprit est alors dans la même situation que la mémoire, lorsque, appliquant le procédé de la réminiscence, elle tente sans succès de rappeler un nom qu'elle a oublié.

L'opération intellectuelle dans l'un et l'autre cas ne peut s'accomplir; le cerveau fait un effort, nous avons comme une vague conscience de l'image ou du signe que nous voulons faire surgir devant l'esprit, mais nous ne réussissons pas à formuler notre pensée.

Cette impuissance intellectuelle, l'homme intelligent en a conscience, parce qu'elle est due simplement à une fatigue momentanée, à un affaiblissement temporaire d'une partie circonscrite du cerveau. Mais l'idiot, mais le rêveur, qui ne forment que des conceptions vagues, qui ne parviennent pas à se représenter des images définies, chez lesquels l'affaiblissement ou l'imperfection porte sur une grande partie du cerveau, n'ont aucune conscience de leur état; ils pensent vaguement, sans savoir même qu'ils pensent.

CHAPITRE IX

DU SOMNAMBULISME NATUREL

ACTION DE L'INTELLIGENCE DANS CET ÉTAT. L'ABSENCE DU SOUVENIR

Nous venons de voir aux chapitres précédents que pendant le sommeil les facultés intellectuelles s'affaiblissent et leur jeu se dérange. Le somnambulisme naturel, essentiel ou noctambulisme nous fournit, au contraire, un exemple du plus grand développement de certaines facultés durant le sommeil, au détriment, il est vrai, de l'équilibre des fonctions générales. Déjà nous avons noté dans le rêve comme dans l'aliénation mentale la surexcitation de la mémoire; mais à cela se borne généralement chez le dormeur l'accroissement de l'action cérébrale; tout le reste de ses mouvements, de ses opérations intellectuelles ou physiques, s'exécute d'ordinaire d'une manière plus imparfaite. Cette surexcitation partielle du cerveau et du système nerveux a fait tenir le somnambulisme naturel pour un phénomène à part, résultant d'un état spécial de l'âme. Tout en reconnaissant qu'il se produit alors des faits d'une nature assez différente de ceux qui se passent durant le rêve, je crois que le somnambulisme naturel n'est encore qu'une forme du rêve. Constatons d'abord que chez le somnambule il n'y a pas de changement dans la distribution des fonctions attribuées aux différents nerfs. Le somnambule ne voit pas par l'épigastre, n'entend pas par le front ou la nuque, ainsi que l'a fait voir M. le docteur Michéa[1]; il se manifeste seulement chez lui une hyperesthésie des sens, surtout du toucher et de la vue : la prunelle est très-dilatée ; l'œil, comme on l'a observé pour certains animaux nocturnes et les individus atteints de nyctalopie, peut voir dans ce que nous appelons l'obscurité, et ce qui n'est en réalité qu'une clarté très-faible[2]. La preuve, c'est que le somnambule fait quelquefois usage de la lumière artificielle, appelle à son secours le toucher, et que l'interposition d'un corps très-opaque l'empêche de lire et d'apercevoir. Le somnambule Castelli, qu'on surprit au moment où il s'occupait de

1. Voy. *Annales médico-psychologiques*, 3e série, t. VI, p. 300 et suiv.

2. Sauvages de Lacroix avait déjà constaté que la curieuse somnambule qu'il fit connaître, au siècle dernier, à l'Académie des sciences, avait les yeux ouverts. Voy. *Mémoires de l'Académie des sciences* pour 1743, p. 409 et suiv. On a dit, il est vrai, que le célèbre somnambule Negretti avait les yeux exactement fermés (voy. Alex. Bertrand, *Traité du somnambulisme et des différentes modifications qu'il présente*, p. 21); mais si l'occlusion des yeux est parfois complète, ce dont je doute, on peut admettre que l'hyperesthésie est alors assez forte pour que la vision s'opère à travers les paupières.

traduire de l'italien en français, à la lueur d'un flambeau placé près de lui, apercevait très-certainement les rayons, puisque les personnes qui l'observaient ayant ôté le flambleau, Castelli parut aussitôt plongé dans l'obscurité, chercha en tâtonnant son flambeau sur la table, et alla le rallumer à la cuisine. Beaucoup de somnambules dont on nous a décrit les accès [1] avaient les yeux tout grands ouverts.

La curieuse somnambule qu'ont fait connaître MM. les docteurs Mesnet et Archambault, bien que distinguant fort bien dans l'obscurité, cessait de pouvoir écrire dès qu'on plaçait devant son papier un objet qui arrêtait la transmission des rayons lumineux [2].

Toutefois, cette vue ne s'exerce que sur les objets qui se rapportent à l'action du somnambulisme, et sa rétine, de même que celle de certains épileptiques, devient insensible à la plus vive lumière éclairant un objet étranger à sa préoccupation [3].

L'oreille est également très-surexcitée; le moindre son, le plus léger frôlement est perçu par elle. Un somnambule, M. M***, entendait des mots prononcés

1. *Annales médico-psychologiques*, 3e série, t. VI, p. 303 (1860).

2. *Ibidem*, p. 467. Voy. E. Mesnet, *Étude sur le somnambulisme envisagé au point de vue pathologique*, dans les *Archives générales de médecine*, février 1860.

3. Voy. Magendie, *Leçons sur les fonctions et les maladies du système nerveux*, t. II, p. 313.

à voix basse, auxquels son nom était mêlé; mais des bruits beaucoup plus accusés ne venaient pas jusqu'à lui. Ceci s'observe pareillement dans un sommeil peu profond et compatible avec un certain degré d'attention. Un de mes frères et moi nous causions un soir près de ma mère, qui s'était endormie dans son fauteuil; elle répondit à une de mes phrases, mais sa réponse se rapportait à un rêve dont elle était occupée. Cependant elle n'avait rien entendu du bruit qu'une servante faisait en même temps autour d'elle.

Évidemment l'attention demeure encore quelque peu éveillée ; l'esprit se trouve dans le même état que celui du dormeur que ne tirent point de son sommeil les bruits auxquels il est accoutumé, mais qu'un bruit insolite et inconnu éveille souvent. Le somnambule ne voit et n'entend que ce qui rentre dans les préoccupations de son rêve; car il rêve en marchant, et ses actes, répétés pour la plupart de ceux de la veille, ne sont, comme tant de songes, que des ravivements du souvenir. Seulement, chez lui, l'action cérébrale est beaucoup moins engourdie que chez la plupart des rêveurs. De là, plus de suite et de précision dans les actes. Tandis que l'intelligence et les sens sont fermés à la majorité des impressions du dehors, les opérations intellectuelles s'exécutent d'une manière régulière et plus vive sur le point dont le somnambule est occupé. Il réfléchit, il combine, il cherche comme nous le faisons fréquemment dans nos songes; il parle, il agit, et de même dans certains rêves, nous parlons et nous exécutons des mouvements. Ainsi, un jour que dans mon lit j'étais oppressé par un violent cauchemar, où je m'imaginais qu'on voulait me percer le cœur avec un poignard, je me réveillai et trouvai que j'avais porté la main à mon cœur. Il ne faut donc pas s'étonner que les somnambules moins endormis à certains égards que le simple dormeur se dirigent sur les toits, écrivent, dessinent dans leurs accès, que l'un, comme le rapporte Adrianus Alemanus, ait plusieurs fois traversé la Seine à la nage. L'excitation qui persiste si souvent durant le sommeil ordinaire, qui s'accroît même alors, tient éveillés tous nos sens, et l'esprit, engourdi pour la majorité des perceptions, reçoit encore celles qui correspondent aux images évoquées devant lui.

L'hyperesthésie qui se manifeste dans les sens se produit aussi, pour ainsi dire, dans l'intelligence, ce qui a également lieu dans certains cas de somnambulisme artificiel. Des somnambules parviennent de la sorte à faire dans leurs accès ce qu'ils ne pourraient faire dans la veille. Le professeur Wæhner, de Gœttingue, raconte que, bien incapable de faire des vers grecs dans l'état ordinaire, et ayant vainement, durant plusieurs jours, tenté d'écrire une pièce de poésie en grec [1], il y réussit parfaitement dans

1. *Moritzischen Magazin*, t. III, part. I, p. 88.

un état de somnambulisme. Alexandre Bertrand[1] a rapporté le fait du neveu du docteur Pezzi, qui se rappela dans l'état somnambulique ce qu'il semblait ne pouvoir graver dans sa mémoire à l'état éveillé.

C'est la même cause qui fait que certains aliénés parlent assez correctement dans leurs accès des langues qu'ils n'avaient jusqu'alors maniées qu'imparfaitement, et ce qui a conduit à regarder le don des langues comme une des facultés développées par le magnétisme.

Ainsi le somnambulisme naturel est un de ces rêves lucides en action analogues à ceux où l'attention se continue pour certaines opérations. Sans doute, ainsi que l'observe M. Mesnet, ce rêve est bien distinct du simple songe, où l'esprit se montre tout passif. Mais les rêves où nous combinons, où nous parlons mentalement, où nous discutons, impliquent également l'exercice de l'attention sur un sujet déterminé ; ils ne se distinguent donc pas essentiellement de l'état du somnambule.

Le somnambulisme n'étant après tout qu'un rêve en action, ainsi que l'ont remarqué la plupart des psychologistes et des médecins, il faut admettre que la liberté n'existe pas plus dans les actes somnambuliques que dans les rêves. L'homme y agit spontanément, automatiquement. Quoiqu'il sache ce qu'il

1. *Traité du somnambulisme*, p. 74.

fait et ait la notion de ses actes, il n'a pas de véritable liberté, ainsi que l'a fort bien observé Maine de Biran [1]. Aussi a-t-on regardé les crimes qu'un somnambule peut commettre dans ses accès comme ne lui étant pas imputables [2].

L'action musculaire qui persiste pour certains actes du somnambule résulte visiblement d'une grande surexcitation nerveuse, d'un état semi-pathologique. Les personnes sujettes au somnambulisme ne se trouvent pas dans un état complet de santé : ce sont le plus souvent des hystériques, des hypocondriaques, des individus en proie à des affections nerveuses ou cérébrales, tout au moins à un trouble passager du système cérébro-spinal. La somnambule si remarquable qui a été signalée par MM. les docteurs Mesnet et Archambault présentait jusqu'à quarante-huit accès d'hystérie en vingt-quatre heures. Aux accès d'hystérie ne tardèrent pas à succéder des attaques de catalepsie.

La parenté des états somnambulique, hystérique et cataleptique ressort d'un grand nombre de symptômes qui leur sont communs. Il se produit dans le somnambulisme naturel, comme chez le cataleptique

1. Voy. la préface de M. V. Cousin aux *Nouvelles considérations sur les rapports du physique et du moral de l'homme*, p. 14.

2. Voy. Marc, *De la Folie considérée dans ses rapports avec les questions médico-judiciaires*, t. II, p. 668.

et l'extatique, une exaltation de certaines facultés ou plutôt de certaines opérations de l'encéphale et des sens, au détriment des autres. L'anesthésie, qui accompagne souvent l'hystérie, est un des caractères les plus significatifs du somnambulisme naturel et artificiel[1]. Chez la somnambule de M. Mesnet, l'anesthésie était complète sur toute la surface du corps ; la sensibilité générale était abolie pour tous les organes. Les hystériques accomplissent, ainsi que les somnambules, durant leurs accès, des actes et des opérations intellectuelles dont elles étaient incapables avant leur maladie. De même que les aliénés, par une surexcitation de la mémoire et de la faculté du langage, elles parviennent à parler dans des langues dont elles n'avaient pris qu'une connaissance superficielle ; ce qui a fait croire chez elles au don des langues, elles récitent de mémoire des vers qu'elles ont entendus une seule fois[2]. Aussi M. J. Moreau, dans un excellent mémoire sur *la Folie au point de vue pathologique et anatomo-pathologique*, où il établit la véritable liaison qui rattache les états intellectuels du rêveur, de l'aliéné

1. Voy. notamment le cas d'hystérie avec anesthésie rapporté dans les *Annales médico-psychologiques*, 3e série, t. I, p. 294.

2. Voy. à ce sujet mon ouvrage intitulé : *la Magie et l'Astrologie dans l'antiquité et au moyen âge*, p. 443 et suiv. Cf. ce que M. le docteur Parchappe rapporte du développement de la mémoire et de certaines facultés dans des cas de folie, *Annales médico-psychologiques*, janvier 1850, p. 46, 47.

et de l'extatique, a-t-il eu raison de faire du somnambulisme le troisième des modes ou degrés de trouble cérébral ayant son point de départ dans le sommeil simple.

« Dans l'état de somnambulisme, écrit-il, l'horizon s'agrandit; l'activité mentale s'exerce bien plus sur des souvenirs, c'est-à-dire sur des impressions provenant de choses réelles, que sur les créations fantastiques de l'imagination. Sans être débarrassée complétement des liens du sommeil, la pensée n'est plus étrangère aux choses de l'état de veille; déjà même elle dispose, comme dans la veille, de certains organes de la vie de relation[1]. »

En présence de ces caractères bien établis, je ne saurais souscrire à l'opinion qui prétend qu'on tenterait vainement d'expliquer les faits du somnambulisme naturel par un reste ou un redoublement de l'action des sens externes, que ceux-ci n'entrent pour rien dans ce qu'on appelle le merveilleux du somnambulisme, et que l'âme seule y sent et perçoit indépendamment de toute assistance organique[2]. Ce sont là les chimères d'une psychologie hyperspiritua-

1. *Annales médico-psychologiques*, 3e série, t. I, p. 15 (janvier 1855).

2. Voy. ce que dit M. Lélut, dans son rapport sur le concours ouvert par l'Académie des sciences morales et politiques, au sujet de la question du sommeil. *Annales médico-psycholog ues*, 3e série, t. I, p. 82.

liste, qui oublie que dans notre mode d'existence terrestre l'âme ne peut pas plus percevoir sans le corps que le corps ne peut digérer sans estomac et sentir sans nerfs. Les faits montrent que l'âme n'a pas ici une action directe et indépendante de l'organisme, que c'est au contraire l'action de l'organisme qui est modifiée.

J'ai dit que l'activité du somnambule n'est surexcitée que sur un certain ordre de faits, d'actes se rattachant au rêve qui l'occupe, au délire auquel il est en proie; car ce rêve, comme cela était le cas chez la somnambule de M. Mesnet, constitue parfois un véritable délire. Voilà pourquoi les objets qui s'opposent à l'accomplissement de son acte ne s'offrent à lui que comme des obstacles matériels qu'il pourra écarter, mais qui n'attirent pas autrement son attention. Le somnambule ne reconnaît aucun de ceux qui l'entourent, à moins qu'on ne se place en communication directe avec lui, en agissant sur la partie surexcitée de son intelligence. Et encore cette communication sympathique n'a guère été constatée pour les somnambules proprement dits; elle ne s'observe que dans l'extase et le somnambulisme artificiel dont il sera traité plus loin. Toutefois le Dr Cerise a cité un fait qui tendrait à établir que la communication est possible. Il vit à l'asile des aliénés de Rome un cataleptique plongé dans un état participant de la veille et du sommeil, une sorte de *somniatio*, et qui, bien que fermé à toute autre impression, entendait les paroles que lui adressait son infirmier, pourvu que celui-ci parlât à haute voix [1]. On peut rapprocher le fait de ce qui s'observe chez certains dormeurs dont l'oreille n'est qu'imparfaitement assoupie, et qui répondent plus vite à la voix d'une personne à eux connue qu'à celle d'un étranger. On m'a cité notamment une femme qui avait l'habitude de s'endormir, le soir, au coin de son feu; si son fils ou son mari lui adressait la parole, elle répondait d'une manière, il est vrai, peu lucide; mais était-ce une voix qui lui était moins familière, elle semblait ne rien entendre, et ne sortait pas de son sommeil. Dans l'un et l'autre cas, elle avait généralement oublié à son réveil les questions qu'on lui avait adressées. J'ai noté, en traitant des stigmatisées, dans mon ouvrage intitulé : *La Magie et l'Astrologie dans l'antiquité et au moyen âge*, des faits analogues observés pendant les crises des extatiques.

Le fait le plus digne de remarque chez le somnambule est assurément l'oubli au réveil. M. Lélut a appuyé sur cette remarque, que ce n'est pas là un phénomène constant; cependant il faut reconnaître que tel est le cas le plus ordinaire [2], et l'on peut même se demander si le somnambule qui, à son réveil, se

1. Voy. *Annales médico-psychologiques*, 3e série, t. IV, p. 222.

2. Voy. à ce sujet Tandel, *Nouvel examen d'un phénomène psychologique du somnambulisme*, p. 9, dans les *Mémoires de l'Académie de Belgique* (prix), t. XV.

rappelle ses actes, eût réellement conservé la mémoire de ce qu'il a fait si les renseignements qu'on lui fournit sur ses promenades nocturnes n'aidaient pas son esprit à retrouver des souvenirs effacés. Quoi qu'il en soit, il est incontestable que, pour une foule d'accès de somnambulisme, il ne reste, après le réveil, aucune mémoire des actes somnambuliques, et tout dernièrement le docteur Mesnet a soigneusement noté le phénomène pour sa curieuse somnambule.

Afin de nous rendre compte de cette anomalie, faisons d'abord observer que les rêves où le dormeur parle et s'agite sont précisément ceux qui laissent le moins de traces dans l'esprit. J'ai plusieurs fois arraché brusquement à leur sommeil des personnes auxquelles j'avais entendu prononcer, en dormant, des paroles; jamais elles ne se les sont rappelées. Ce qu'elles venaient de dire était complétement sorti de leur esprit, et les rêves qu'elles me rapportaient quelquefois n'avaient aucune liaison avec les paroles par elles proférées. Un jour, en Allemagne, un jeune compagnon de voyage couché dans ma chambre, où il était endormi, se mit tout à coup sur son séant, en levant vivement les bras; je m'aperçus qu'il dormait, et je l'éveillai. Interrogé par moi, il lui fut impossible de se rappeler en rien le motif de son action.

Moreau (de la Sarthe), dans son article *Rêves*, du *Dictionnaire des sciences médicales*, a fait, un des premiers, la remarque que les rêves avec mouvements musculaires et loquacité sont presque toujours oubliés au réveil.

Ainsi ce qui se passe pour le somnambulisme se produit également pour les rêves qui présentent avec ses accès le plus d'analogie.

On conçoit d'abord difficilement comment un songe qui a opéré une aussi puissante impression sur l'esprit que le rêve somnambulique, lequel a absorbé toutes nos facultés et confisqué, pour ainsi dire, à son profit l'intelligence, est précisément celui dont on garde le moins la mémoire. Et ce qui semble en contradiction avec un pareil phénomène, c'est le souvenir prolongé de certains rêves sans somnambulisme nous ayant fortement impressionnés.

Voyons toutefois si une étude attentive de l'opération intellectuelle qui constitue la mémoire ne nous donnera pas la clef de ce mystère. Je dois avant tout prévenir le lecteur qu'il trouvera les vues développées ici en partie conformes à celles que M. Tandel a exposées dans un mémoire couronné par l'Académie de Belgique et publié en 1843, mais dont je n'ai eu connaissance qu'après avoir été déjà conduit à l'explication que je propose.

En même temps qu'une sensation est perçue pour la première fois par nous, que notre oreille, par exemple, entend les trois notes *do*, *mi*, *sol*, notre intelligence est informée du nom et de la nature de cette sensation ; ainsi dans le cas pris ici pour exemple elle apprend le nom des trois notes. Si cette impression a été suffisamment forte, suffisamment perçue, toutes les fois que nous entendrons les trois mêmes notes consécutives, nous reconnaîtrons l'accord parfait appelé *do*, *mi*, *sol*, et réciproquement, toutes les fois qu'on prononcera devant nous les trois mots, *do*, *mi*, *sol*, notre esprit entendra d'une manière interne et comme avec un son affaibli les trois notes consonnantes. Voilà donc deux impressions que nous avons reçues en même temps et qui se sont liées entre elles : l'impression auditive des trois notes et l'impression des trois mots. L'une de ces impressions, communiquée à l'esprit, ou appelée par le travail antérieur de l'association des idées, éveillera l'autre.

Quand nous nous rappelons un objet, un acte ou un mot, c'est qu'une sensation antérieure réveille une impression correspondant à cet objet, à cet acte, à ce mot, ou une impression qui s'y lie, parce qu'elle a été antérieurement perçue en même temps que ce mot, que cet acte ou cet objet.

Ainsi c'est une impression fortuite, ou un appel raisonné et volontaire d'idées qui provoque le souvenir. Par exemple, j'ai jadis flairé l'odeur d'une plante; cette odeur, ou une odeur très-analogue vient à frapper mon odorat, je me rappelle aussitôt la plante que j'ai appris à connaître, que j'ai vue, que j'ai entendu nommer, en même temps que je la flairais. C'est là un éveil fortuit de mémoire.

Au contraire, je réfléchis sur les propriétés des plantes; cette réflexion me conduit à penser à leurs odeurs, et j'arrive, par une association régulière d'idées, à me rappeler le parfum de la fleur en question. Ici, il y a souvenir par association volontaire d'idées.

Les idées s'appellent les unes les autres par leur connexité, et cette connexité tient à ce que l'esprit les a, dans un moment donné, perçues en même temps, ou si l'on veut conçues sous un même rapport de temps, de lieu, de forme, d'effet, etc.

L'esprit n'entre jamais en jeu de soi-même sans être provoqué par une impression interne ou externe, indépendante de sa volonté, et qui devient à son tour le point de départ d'une foule d'idées enchaînées dans l'esprit, par suite de la communauté d'origine et de l'analogie d'impressions qui leur appartiennent; selon que l'esprit distingue ou non la cause qui l'a fait naître, l'idée lui paraît spontanée ou communiquée.

Donc, pour qu'éveillé l'homme puisse se souvenir d'un rêve déjà ancien, il faut que des impressions de natures diverses y aient été liées; ce sont elles qui provoquent le rappel des impressions dont s'est composé le rêve. Ces impressions étant peu nombreuses, et associées elles-mêmes à d'autres qu'elles rappellent également et d'une manière plus habituelle, le songe est le plus souvent oublié, comme une foule d'actes journaliers qui n'ont pas été associés à des idées spéciales et nettement déterminées.

Bien des rêves qu'on pourrait rapporter au moment du réveil sont complétement sortis de l'esprit quelques jours après. Les idées qui sont comme les marques et les symboles à l'aide desquels nous nous en rappelons d'autres, ont d'autant moins cette vertu qu'elles se lient à un plus grand nombre d'idées différentes. Un lieu, par exemple, où nous passons tous les jours, ne rappellera à l'esprit plus particulièrement aucun de nos actes journaliers; nous nous souviendrons, au contraire, parfaitement d'un acte accompli dans un lieu où nous n'avons été qu'une fois, et cela, à la simple visite de ce lieu. La mnémotechnie à laquelle on recourt pour aider la mémoire est fondée sur cette observation. L'esprit se choisit des marques auxquelles il lie les idées, et qui lui permettent de s'en souvenir.

Ce travail de la mémoire constitue proprement ce qu'on doit appeler la *réminiscence*; c'est le réveil d'anciennes impressions à l'aide d'autres rattachées à elles par diverses analogies, par la date à laquelle nous les avons premièrement éprouvées, par les signes que nous leur attribuons, par leurs formes, leurs propriétés, leurs auteurs, etc.

Mais à côté de cette réminiscence se place le genre de souvenir qu'on pourrait appeler l'impression persistante, et qui constitue la mémoire par excellence.

Les impressions que nous percevons affectent un certain temps notre appareil sensoriel; elles ne sont pas instantanées, et elles se continuent après que la cause externe auxquelles elles sont dues a cessé d'agir.

Si nous roulons une petite boule, en appuyant dessus deux doigts croisés l'un sur l'autre, nous sentons comme deux boules; cela tient à ce que l'impression perçue alternativement par chacun des doigts persiste encore chez l'un, quand c'est déjà l'autre qui entre en contact avec la boule; l'intervalle entre les sensations est si court qu'elles paraissent simultanées. De même la rotation d'un point en ignition nous fait apercevoir un cercle de feu, parce que les impressions visuelles se succèdent avec une grande rapidité.

Plus vive a été l'impression, plus l'ébranlement provoqué dans le nerf et le cerveau est puissant, et conséquemment durable; une violente détonation fait tinter longtemps nos oreilles; une vive clarté produit souvent sur la rétine le phénomène de la vue persistante; c'est ce qui arrive notamment si l'on a contemplé le soleil.

Ainsi qu'un objet, un mot, une idée nous frappe, nous préoccupe fortement, il en résulte dans l'encéphale un ébranlement très-prononcé; c'est cet ébranlement qui, se continuant, rend l'impression longtemps présente et vive; tel est le cas pour un spectacle émouvant, un discours éloquent, un mot bizarre, une figure hideuse. La vibration cérébrale et nerveuse se continue alors, comme celle que l'onde sonore communique au corps constitué pour vibrer.

Cet ébranlement, ou, si l'on veut, cette sensation qui persiste, se distingue cependant pour l'esprit qui la perçoit de la sensation primitive, parce que celle-ci affecte tout le trajet de la fibre nerveuse, tandis que l'ébranlement auquel en est dû le souvenir ne porte plus que sur la partie la plus intérieure, que sur ce qu'on pourrait appeler le tronc d'où part la fibre[1]. On sait, en effet, que la sensibilité peut avoir complétement disparu dans les parties extérieures et les ramifications terminales d'un tronc nerveux, et exister encore d'une manière très-prononcée dans le tronc même[2]. Le principe du sentiment, de même qu'il s'abolit, en allant des ramuscules sensitifs terminaux à l'encéphale, s'affaiblit ou s'éteint dans l'encéphale même, en suivant le même ordre centripète, de façon que ce sont les parties les plus profondes et les plus centrales de l'encéphale qui conservent les dernières l'ébranlement transmis d'abord par les parties les plus

1. Je parle ici de l'état sain et normal; car si l'excitation de l'encéphale est extrême, la vibration de l'extrémité la plus intérieure se communique à l'autre extrémité, et l'esprit est alors affecté comme si le corps éprouvait une sensation réelle, comme s'il était impressionné par un corps, un phénomène extérieur, et l'hallucination se produit. Selon que cet ébranlement ne sortira pas de l'encéphale ou s'étendra aux appareils sensoriaux tout entiers, l'on aura l'hallucination psychique ou l'hallucination psycho-sensorielle. Voy. ce qui a été dit plus haut de la production de l'hallucination.

2. Voy. Longet, *Traité de physiologie*, t. II, part. II, p. 54.

externes. Cet ébranlement, cette vibration intérieure, intime, engendre le souvenir. Mais, dans ce qu'on pourrait appeler le tronc des fibres encéphaliques, toutes les fibres qui vibrent se rapprochent singulièrement, et les mouvements, autrement dit les excitations, se communiquent facilement de l'une à l'autre. De là l'association des idées, qui joue un si grand rôle dans la mémoire. L'extension des douleurs que déterminent dans des régions étendues des excitations produites sur des parties fort limitées, prouve que les fibres primitives de l'encéphale ont une tendance à se communiquer leur surexcitation, et sont, pour ainsi parler, solidaires les unes des autres[1]. Donc si une fibre du tronc encéphalique vibre, elle communiquera aisément son mouvement à celles qui l'avoisinent. Deux impressions ont-elles été associées, c'est-à-dire ont-elles été perçues en même temps, les vibrations des fibres encéphaliques qui leur correspondent ont eu pour effet de rapprocher celles-ci, car elles sont alors sorties l'une et l'autre de leur état de repos, de vibration très-affaiblie, si une vibration antérieure se continuait encore; et de ce rapprochement est résultée une sorte de sympathie; de façon que si, par une impression nouvelle, l'une de ces fibres vient à vibrer de nouveau, l'autre entrera en mouvement. C'est ainsi, du moins, qu'on peut expliquer physiologiquement l'asso-

1. Longet, *Traité de physiologie*, t. II, part. II, p. 55.

ciation des idées. Revenons maintenant au phénomène du souvenir.

A mesure que l'impression va s'affaiblissant, l'amplitude de la vibration décroît, autrement dit, l'excitation va en s'amoindrissant, et elle ne se réaccélère que si, comme je l'ai montré tout à l'heure, elle est réveillée par une autre impression, une idée liée à elle; alors la vibration peut être ramenée à une partie de son amplitude primitive. Il y a là comme deux ondes nerveuses qui s'ajoutent. Et en effet, tant que l'impression d'un fait demeure gravée dans notre mémoire, c'est qu'une vibration plus ou moins faible se continue dans l'encéphale; la vibration nouvelle, connexe de la première, vient amplifier celle-ci. Ainsi, à mon avis, le travail de la réminiscence tient à ce que des impressions communiquées, c'est-à-dire des vibrations imprimées au cerveau par le mouvement des idées ou l'action de causes externes, par des sensations, en ravivent d'autres, liées à elles par leur mode de production et leur nature, lesquelles subsistaient encore affaiblies, dégradées.

Cette énergie de la sensation, de la perception de l'idée-image engendre dans le cerveau une fatigue proportionnelle à l'étendue et à l'intensité des vibrations. Il doit donc arriver que, si la vibration due à l'impression et à l'opération intellectuelle est excessive, elle déterminera une fatigue subite; l'encéphale cessera, pour un moment, de vibrer ou d'agir, suivant le sens, le mode qu'impliquait cette impression, cette opération intellectuelle. A l'excès de la surexcitation succédera l'atonie, la paralysie momentanée. Et au lieu de se continuer quelque temps, de façon à produire le souvenir qui n'est, comme je viens de le dire, que l'impression persistante, le mouvement s'arrêtera tout à coup, par un excès de tension du cerveau; il disparaîtra sans laisser derrière lui la moindre répercussion, le moindre retentissement.

Or c'est là, il me semble, ce qui se produit dans le somnambulisme. La concentration a été si vive, l'absorption de la pensée si profonde, que les parties du cerveau qui ont agi dans cet acte de contemplation et de pensée sont épuisées, et, l'accès passé, au lieu de continuer leur action, elles demeurent comme frappées d'impuissance. Le phénomène est du même ordre que la catalepsie, si souvent liée, comme on sait, à l'extase et au somnambulisme; l'exagération de l'excitation, de l'émotion, amène un moment de stase, d'arrêt dans les appareils sensoriaux. De même dans l'extase, l'excès de la contemplation, de la concentration de la pensée détermine une cessation complète de mouvement. Le souvenir qui résulte de la continuation du mouvement ne saurait donc se produire. Le somnambule oublie son acte, précisément parce que l'intensité de l'action mentale a été portée à ses dernières limites; l'esprit s'est épuisé dans ce commerce avec lui-même. Un jour, me trouvant près de M. F***, d'un caractère fort distrait et très-porté à la méditation, je remarquai qu'il devenait complétement indifférent à mes paroles, et cessait de me répondre. Il paraissait alors plongé dans une réflexion profonde. Son immobilité était telle que j'eus la pensée qu'il allait perdre connaissance. Je le secouai violemment par le bras. — Que voulez-vous? me dit-il. — Êtes-vous malade? repartis-je. — Non. — Que faisiez-vous alors? — Je pensais. — A quoi? — Ma foi, c'est étrange, je n'en sais déjà plus rien, et cependant je me sens comme fatigué de ma pensée. Cette dernière réponse me parut un trait de lumière, et elle m'a suggéré l'explication que je propose ici de l'oubli au réveil chez le somnambule.

M. Tandel avait également saisi l'analogie de ces distractions avec oubli immédiat et de la disparition du souvenir des actes somnambuliques. Voici ce qu'il écrit[1] : « Ce n'est pas sans un acte de grande énergie volontaire que, dans nos études, nous parvenons quelquefois à concentrer notre attention sur un seul objet, après avoir péniblement fermé, pour ainsi dire, nos sens à des sollicitations de tout genre et souvent bien puissantes qui venaient du dehors les assaillir. Nos facultés intellectuelles semblent alors exaltées, la pensée se déroule avec une facilité qui nous étonne, nous *voyons* plutôt que nous ne réfléchissons. En même

1. *Nouvel examen d'un phénomène psychologique du somnambulisme*, p. 11.

temps les impressions extérieures qui nous auraient frappés dans toute autre circonstance demeurent inaperçues. Mais qu'une de ces impressions soit assez forte pour attirer brusquement notre attention sur l'objet qui l'a produite, et nous maudirons cette distraction importune, parce que nous ferons désormais de vains efforts pour retrouver les idées que nous voyions si claires et si vraies il n'y a qu'un instant, et qui nous offraient des solutions cherchées depuis longtemps. »

Les extatiques ont souvent dit avoir perdu le souvenir des visions étonnantes qu'ils avaient eues, des paroles qui leur avaient été adressées par Dieu en cet état. Ils s'imaginaient que c'étaient des choses ineffables, accessibles seulement à leur intelligence dans un commerce intime avec le ciel, et tel était dans leur croyance le motif pour lequel, revenus sur terre, il leur était impossible de se les rappeler. C'est à quoi fait allusion Dante dans ces beaux vers de son *Paradis* :

> Da quinci innanzi il mio veder fu maggio
> Che 'l parlar nostro, ch'a tal vista cede,
> E cede la memoria a tanto oltraggio
> Quale è colui che sognando vede,
> E dopo 'l sogno la passione impressa
> Rimane, e l'altro a la mente non riede.
>
> (Chant XXXIII.)

J'ai dit que l'excès de tension du cerveau et des

organes de la pensée en détermine momentanément l'impuissance, l'inaptitude à reproduire les actes intellectuels qui les ont épuisés, et qu'à cela tient l'oubli au réveil. Cette atonie encéphalique a pour effet d'empêcher les opérations qui succèdent à l'accès de se lier à celles qui se sont accomplies pendant sa durée, parce qu'il n'y a plus cette concomitance, cette succession rapide, cette alternance, ce mélange d'actions et d'impressions intellectuelles d'où naît l'association des idées, association à l'aide de laquelle le souvenir se réveille; car une impression perçue par le cerveau et conçue par l'intelligence, en même temps qu'une autre ou à la suite d'une autre, a, je le répète, la propriété de réveiller celle-ci ou d'être réveillée par elle, s'il s'est opéré une association entre elles, c'est-à-dire si l'esprit les a rapprochées. Les impressions isolées ou qui n'ont été rapprochées que d'autres qui se lient en même temps à une foule d'idées et n'ont point conséquemment un caractère particulier sont, comme je l'ai remarqué tout à l'heure, celles qui se gravent le moins dans l'esprit. Or, les mouvements somnambuliques sont précisément séparés par un hiatus profond des impressions de la veille qui les ont suivis, et la reproduction de ceux-ci ne peut rappeler le souvenir de ceux-là. « Aucun élément commun ne rattache l'un à l'autre ces deux états successifs, écrit M. Tandel, ils sont séparés comme par un abîme. » Mais en ajoutant : « Ce sont, en effet, les impressions sensibles reçues continuellement et sans le vouloir, qui, s'associant à tout ce que nous pensons, à tout ce que nous éprouvons, à tout ce que nous faisons, établissent entre les divers états de l'âme le lien ordinaire qui détermine le souvenir, » le professeur de Liége me semble trop généraliser. Ces associations d'idées aident sans doute le souvenir, elles l'alimentent, elles ne le font pas cependant, et, comme je le disais, le souvenir tient essentiellement à la répercussion des mouvements, des vibrations encéphaliques produites par une impression suffisamment forte et dépendant du degré d'impressionabilité de l'organe cérébral; car il y a des souvenirs qui surgissent tout à coup, par le seul fait d'une exaltation nerveuse, sans être aucunement appelés par d'autres idées, comme cela s'observe dans certains délires [1]. Toutefois, on doit

1. M. Tandel (*mém. cité*, p. 28, note) reconnaît lui-même que c'est là une objection qui peut être faite à sa théorie, et il tente vainement de rattacher ces réveils spontanés de souvenirs à l'association des idées. Un fait dont nous avons été témoins nous frappe; par exemple, j'entends donner pour la première fois les quatre notes *do*, *mi*, *sol*, *do*, et j'apprends que c'est ce qu'on appelle un accord parfait. Toutes les fois que l'on me parlera d'un accord parfait, je penserai aux quatre notes *do*, *mi*, *sol*, *do*, et chaque fois que j'entendrai ces quatre notes, je me dirai : voilà un accord parfait. Nous avons ici une association d'idées. Mais que tout à coup j'entende résonner dans ma tête, comme une sorte d'hallucination hypnagogique, les quatre mêmes notes, sans que j'aie pensé ni à un accord, ni à la musique, ce sera là un

reconnaître qu'habituellement ces impressions perçues en même temps et liées par conséquent à des commotions concomitantes s'appellent les unes les autres, tant que leurs traces subsistent dans le cerveau.

L'explication de M. Tandel, entièrement tirée du défaut d'association des idées, ne saurait donc suffire, puisqu'il est évident qu'il se fait de ces associations dans les accès; et si elles étaient l'unique source du

souvenir spontané et la cause devra en être cherchée dans un mouvement imprimé à mon cerveau, dans un état particulier de l'encéphale; les fibres qui ont été affectées quand j'entendis résonner les quatre notes vibrent d'elles-mêmes. Cette perception a été sans doute l'effet d'un autre mouvement encéphalique connexe, mais il n'y a pas eu cependant association d'idées. La vraie cause est que l'impulsion produite par les notes a été primitivement assez forte pour que la vibration se soit continuée bien après que cette cause avait disparu. Si maintenant l'idée du même accord a été associée à d'autres, celles-ci, quand elles seront provoquées, pourront raviver le souvenir des notes, mais ce ne sont pas elles pour cela qui l'ont produit. La cause première du souvenir, c'est la persistance de l'impression dans l'encéphale, et cette persistance tient à l'état de l'organe de la mémoire. Pour qu'un souvenir soit ravivé, il faut d'abord qu'il existe; or ce ne sont pas les idées connexes qui l'ont créé, elles en accroissent seulement l'énergie; mais dans le cas ordinaire, quand il n'y a pas d'impression bien forte, ce n'est que par l'association des impressions que nous nous rappelons. Les souvenirs qu'on ne peut chasser, qui arrivent à la traverse de toutes les idées, ne sont pas de ceux qui se répercutent par association; ils tiennent à la puissance de l'ébranlement qui a accompagné l'impression primitive d'où est née l'idée.

souvenir, elles devraient le réveiller quand l'esprit vient à être frappé par quelques-uns des éléments qui en font partie. La somnambule de M. Mesnet, en voyant la lettre qu'elle avait écrite, ne pouvait se rappeler l'avoir dictée ni écrite peu auparavant. Pourtant, il est clair que, dans le moment, l'idée de cette lettre s'était bien et dûment associée à son projet de suicide. Un peintre, M. L***, en voyant les dessins qu'il avait achevés dans l'état de somnambulisme, ne reconnaissait pas non plus en avoir été l'auteur. Les sens n'étaient certainement pas fermés chez l'un et l'autre à l'impression faite par le papier, le dessin, puisqu'ils avaient dû les voir et les contempler dans l'acte d'écrire, de dessiner, et même avec une intensité d'attention qui allait jusqu'à l'absorption ; il y avait eu dès lors association d'idées ; et cependant le rappel d'un des objets de ces idées ne parvenait pas à évoquer l'autre. Évidemment il faut supposer quelque chose de plus, et ce quelque chose, c'est que la vibration cérébrale avait été complétement arrêtée par l'excès de la tension intellectuelle, en sorte qu'il n'en restait plus de trace, une fois la crise passée ; c'est la même cause qui fait qu'avec le temps nous oublions une foule de choses que nous nous rappelions parfaitement peu de jours après en avoir été acteurs ou témoins. A la longue, le mouvement cérébral, le retentissement encéphalique, laissé par l'impression, s'est affaibli et a fini par disparaître. Si l'association des idées était la cause unique de la mémoire, l'impression due à un des éléments de l'acte devrait toujours en régénérer le souvenir; ce qui n'a pas lieu.

Néanmoins, il faut reconnaître que l'association des idées aide et fortifie la mémoire, c'est-à-dire prolonge ou accroît les retentissements encéphaliques des impressions perçues; et comme dans l'état somnambulique l'absorption dans une idée rend indifférent à une foule d'impressions, ces impressions ont beau être concomitantes, elles ne se lient plus à l'idée principale et ne sauraient servir à la rappeler. L'isolement où se trouve le somnambule contribue donc à affaiblir le souvenir de ce qu'il a fait.

Mais un phénomène plus étrange encore que celui qui nous occupe, c'est que cet oubli manifeste chez le somnambule à son réveil cesse souvent dans un accès suivant; le somnambule reprend alors la chaîne de ses idées qui avait été interrompue par la veille. La malade du docteur Mesnet poursuivait ainsi dans un accès des projets de suicide conçus durant l'accès antérieur et oubliés dans l'intervalle lucide; elle se rappelait alors toutes les circonstances de l'autre accès. M. Macario a cité l'exemple très-significatif d'une jeune femme somnambule à laquelle un homme avait fait violence, et qui, éveillée, n'avait plus aucun souvenir, aucune idée de cette tentative. Ce fut seulement dans un nouveau paroxysme qu'elle révéla à sa mère l'outrage commis sur elle. J'ai signalé plus haut des rappels de souvenirs d'un rêve à l'autre d'un ordre tout à fait analogue [1].

Ici, il faut admettre que l'acte accompli dans un premier accès avait laissé une impression, mais trop faible pour constituer un souvenir. C'est seulement par une excitation nouvelle et des plus fortes, telle que celle qui est produite par un second paroxysme, que l'impression a pu être assez ravivée pour constituer le souvenir proprement dit, c'est-à-dire déterminer un ébranlement du même ordre que l'impression primitive. Nous voyons pareillement l'homme en proie à la folie, au délire, se rappeler des choses qu'il avait complétement oubliées à l'état sain. L'hyperesthésie cérébrale qui se manifeste dans le somnambulisme rend passagèrement perceptibles à l'esprit des mouvements dont il n'aurait pas autrement conscience. C'est un fait analogue à celui que nous offrent certaines affections nerveuses. Des mouvements que nous exécutons d'ordinaire, sans sentir le jeu de nos muscles et de nos organes, sans en avoir conscience, deviennent alors perceptibles, même douloureux; nous percevons, par une exaltation de la sensibilité, ce qui se fait dans l'état de santé, d'une façon purement automatique.

On vient de voir que cette hyperesthésie cérébrale du somnambule est circonscrite, en quelque sorte

1. Voy. pages 61, 66, 95.

localisée. Le somnambule acquiert pour certains actes une délicatesse, une aptitude excessives. Eh bien ! de même dans ces états nerveux, que M. le docteur Bouchut comprend sous le nom générique de *nervosisme,* l'hyperesthésie peut n'être que relative et se rapporter seulement à une certaine catégorie d'objets. C'est ainsi que nombre de personnes très-nerveuses ne peuvent toucher du velours ou de la soie, du papier, de la gaze, sans éprouver un véritable malaise [1].

En général, la puissance de la mémoire paraît tenir à l'aptitude de la fibre cérébrale à conserver plus ou moins longtemps l'ébranlement qu'une impression lui a communiquée. Elle ne résulte pas, comme je l'ai déjà observé plus haut, de la puissance, de l'intensité de l'attention ; car elle est souvent d'autant plus développée, que l'esprit est moins apte à être attentif ; elle s'affaiblit en effet avec l'âge et se montre à son maximum dans l'enfance. Elle est ravivée par ce qui augmente la faculté vibratoire du cerveau, par divers excitants, et affaiblie au contraire par tout ce qui l'atténue, tels que certains narcotiques. Le cerveau, dans la vieillesse, se dépouille de son excitabilité que peut lui rendre momentanément une cause pathologique [2].

Ceci nous fait comprendre ces pertes, ces ravive-

1. E. Bouchut, *De l'état nerveux aigu et chronique, ou nervosisme*, p. 174 et suiv.

2. Voy. la note E à la fin de l'ouvrage.

ments subits de la mémoire liés à des changements brusques dans les propriétés de la fibre cérébrale, dans son aptitude à être impressionnée. Mais pour être complétement expliqué, le phénomène physiologique ne doit pas être séparé du phénomène psychologique, sur lequel je vais bientôt revenir.

L'absorption complète de l'attention du somnambule, dont les sens et le cerveau ne sont éveillés que pour les sensations qui se rapportent à l'idée qui l'occupe, explique l'insensibilité observée souvent dans l'état de somnambulisme. La force nerveuse est moindre que pendant la veille, puisque, comme on l'a vu, c'est cette diminution de force qui constitue le sommeil; mais la quantité de force subsistante, laquelle s'augmente, bien que lentement, par l'action réparatrice du repos, le sommeil étant ici très-imparfait, s'accumule exclusivement dans certaines fibres du système cérébro-spinal; elle est totalement dépensée pour les actes somnambuliques, ou, pour mieux dire, elle est exclusivement employée à l'opération, à l'action qu'accomplit le somnambule. Les autres facultés ou parties du système cérébro-spinal n'en sont que plus affaiblies ou plus obtuses. Car c'est le propre des affections auxquelles est lié le somnambulisme naturel d'exalter certaines fonctions du système nerveux aux dépens d'autres. Il est donc tout simple qu'il existe parfois chez le somnambule de l'anesthésie en différents points, puisqu'il y a de l'hyperesthésie en d'autres.

Il faut d'ailleurs distinguer divers degrés de somnambulisme naturel. Dans certains cas le somnambule se borne à marcher, ou à exécuter des actes fort simples ; toutes les autres opérations intellectuelles qui accompagneraient ces mêmes actes dans l'état de veille sont suspendues ou ne s'accomplissent qu'imparfaitement. Dans d'autres cas, le somnambule accomplit un ensemble d'actions qui supposent un enchaînement assez régulier d'idées ; seulement ces actions sont exécutées d'une manière en quelque sorte machinale, tout comme lorsque *notre bête agit*, pour me servir d'une expression populaire. L'esprit ne dort pas alors ; il est plutôt tombé dans une sorte de rêvasserie qui le rend indifférent à presque tout ce qui l'entoure. C'est cet état que le célèbre médecin viennois, J.-P. Frank, a désigné sous le nom de *somniatio*, et qui, ainsi que le remarque M. J. Moreau, se rapproche encore plus de l'état de veille que de l'état de sommeil. C'est une sorte de névrose qui a pour effet de mettre le malade dans un état de rêvasserie continue.

Le sommeil auquel nous nous livrons en marchant, en accomplissant certains actes très-simples, constitue aussi un état intermédiaire entre le sommeil avec rêves et le noctambulisme, de même que le noctambulisme n'est que le premier degré de ce somnambulisme complet et vraiment cataleptique observé chez la malade du docteur Mesnet.

« On voit, écrit Cabanis, des hommes qui contractent assez facilement l'habitude de dormir à cheval et chez lesquels par conséquent la volonté tient encore alors beaucoup de muscles du dos en action. D'autres dorment debout. Il paraît même que des voyageurs, sans avoir été somnambules, ont pu parcourir à pied, dans un état de sommeil non équivoque, d'assez longs espaces de chemin. Galien dit qu'après avoir rejeté longtemps tous les récits de ce genre, il avait éprouvé sur lui-même qu'ils pouvaient être fondés. Dans un voyage de nuit, il s'endormit en marchant, parcourut environ l'espace d'un stade, plongé dans un profond sommeil, et ne s'éveilla qu'en heurtant contre un caillou [1]. »

On m'a parlé d'une vieille femme qui dormait ou rêvait en filant; c'est qu'il est à noter que la majorité des somnambules répètent simplement les actes auxquels ils se livrent d'ordinaire pendant la veille. Un cordier faisait en dormant sa corde, un maître de dessin, somnambule, achevait la nuit les modèles destinés à ses élèves et commencés pendant le jour [2].

Dans ces cas, les sens se montraient donc assez éveillés pour que les actes noctambuliques fussent possibles; mais quant au reste ils demeuraient assoupis.

1. *Rapports du physique et du moral*, du Sommeil en particulier.

2. Voy. ce que je dis dans *la Magie et l'Astrologie dans l'antiquité et au moyen âge*, p. 411.

C'est précisément ce qui se passe dans le somnambulisme proprement dit, les sens dorment pour tout autre acte que celui qui s'accomplit. Il est d'ailleurs à remarquer que l'homme qui marche en dormant n'a aucune conscience de la route qu'il parcourt, et n'en conserve généralement pas le souvenir. Ici encore l'oubli se produit au réveil.

Dans la forme la plus élevée, la plus complète de somnambulisme, ce n'est plus seulement un acte machinal qui s'exécute, il y a exaltation manifeste des facultés intellectuelles pour la sphère d'idées dont le somnambulisme est absorbé. Tel était notamment le cas pour la malade du docteur Mesnet. Les lettres qu'elle écrivait dans son rêve prouvent qu'elle possédait la conscience de ses actes, l'exercice de sa volonté, bien que l'occlusion de ses sens et de son esprit pour ce qui sortait de la sphère de son songe délirant ne permît pas à sa raison d'agir pleinement. Aussi, de toutes les formes du somnambulisme, est-ce celle-là qui s'approche le plus de l'état morbide. C'est une véritable névrose.

On peut, en conséquence, établir quatre degrés de somnambulisme : 1° la simple action avec engourdissement de la pensée ou avec rêve ; 2° la somniation, où l'homme accomplit des actions qui sont passées dans ses habitudes, quoiqu'elles soient assez compliquées ; 3° le noctambulisme, où l'action, bien que complexe, est encore automatique ; 4° le somnambulisme avec exaltation des facultés, véritable délire associé à des mouvements conscients.

Pour tous ces états, l'oubli au réveil se produit; mais dans la dernière forme, à laquelle appartient généralement le somnambulisme artificiel ou état magnétique dont il sera question plus loin, la simultanéité d'un certain nombre d'actes intellectuels rend à la fois possible le souvenir, en établissant des associations d'idées qui réveilleront, quand elles se produiront, la mémoire des actes accomplis dans l'accès, et le réveil partiel de l'esprit pour certains actes qui n'entraient pas tout d'abord dans le cercle des pensées dont le somnambule était préoccupé. L'engourdissement des sens pour tel ou tel acte tient alors moins à l'affaiblissement du jeu de l'appareil sensoriel qu'à l'exaltation et à l'absorption de ces sens pour certains actes que le rêve a suggérés.

Le général Noizet a fait des expériences curieuses, d'où il résulte que chez les somnambules artificiels les sens peuvent percevoir exclusivement certains objets sur lesquels on fixe leur esprit. Une femme de l'hospice de la Salpêtrière, à laquelle on avait ouvert les yeux et qu'on avait placée à la fenêtre, distinguait et décrivait fort nettement les monuments, pourvu qu'on appelât sur eux son attention. Quant à ceux qui se trouvaient en dehors de leur direction, elle ne les apercevait nullement. Le général Noizet assure même avoir pu plonger, plusieurs jours de suite, une femme dans un véritable état de *somniatio*, où se produisait le même phénomène ; la somnambule se dirigeait droit et avec raideur vers l'objet qu'elle voulait atteindre, sans paraître distinguer les autres objets placés près d'elle ; elle pouvait causer avec une amie, mais sans rien entendre de ce qui se disait à ses côtés, en dehors de sa conversation [1]. Ces faits, notons-le, achèvent de démontrer que, dans l'état somnambulique, l'esprit perd la faculté de percevoir un certain nombre de choses à la fois, qu'il se concentre avec une force singulière sur un seul objet, le sommeil étant profond pour tout le reste. C'est aussi, comme on le verra plus loin, ce qui arrive dans l'extase.

Il est évident que chez les somnambules dont l'absorption dans leur idée n'est pas assez profonde pour qu'il soit impossible de les en tirer, dont l'attention demeure susceptible d'être appelée sur un objet auquel elle s'attache bientôt avec autant de force qu'à celui qui les occupait précédemment, la tension des fibres encéphaliques n'est pas en quelque sorte tétanique, et que dès lors le souvenir de l'acte accompli pourra n'être pas totalement effacé au réveil. On a cité quelques somnambules qui se rappelaient ce qu'ils avaient dit et fait dans leur accès. Ainsi le somnambule décrit par Gassendi gardait en s'éveillant le souvenir

1. *Mémoire sur le somnambulisme et le magnétisme animal*, p. 315, note M.

des lieux qu'il avait visités dans ses promenades nocturnes [1]. Mais cette mémoire est toujours difficile, parce que l'esprit a été fortement ébranlé et que cet ébranlement, s'il n'a pas déterminé une suspension complète dans les vibrations encéphaliques, a du moins momentanément affaibli l'aptitude à conserver des traces de l'ébranlement dû à l'impression première. Le somnambule est dans la situation de celui qui, à la suite d'une maladie nerveuse ou cérébrale, a la mémoire très-affaiblie et ne se rappelle que difficilement ce qui lui est arrivé pendant son mal. Pour que le souvenir puisse subsister, il faut que le somnambule recoure aux mêmes moyens dont usent les personnes douées d'une mauvaise mémoire ou dont nous usons tous pour les choses dont notre esprit a de la peine à se souvenir. Il lui faut appeler à son aide l'association des idées. Quand quelqu'un craint d'oublier une chose, il rattache par une opération de l'esprit cette chose à un mot, à un objet qui lui est familier. Il se dit : j'y penserai, je veux y penser; il fait un signe, une marque à son mouchoir, à son habit, afin que, par l'effet du phénomène expliqué plus haut, le souvenir de cet objet, de ce mot, de cette détermination forte, vienne au secours de l'autre, qui pourrait s'échapper. C'est là, comme je l'ai dit, le procédé de a mnémotechnie. Eh bien, des expériences ont cons-

1. Voy. A. Bertrand, *Traité du somnambulisme*, p. 80.

taté que si l'on parvient à faire employer au somnambule un procédé semblable, il garde alors le souvenir de ce qu'il a fait dans son accès. Alexandre Bertrand avait déjà remarqué qu'on peut avoir ainsi ou non à volonté, dans le somnambulisme artificiel, souvenir de ses actes après le réveil[1]. Kieser a fait la même observation[2]. M. Tandel cite le fait d'une somnambule qui se souvenait de ce qui lui plaisait, en recourant à ces *memento* mnémotechniques[3], et ses expériences ont confirmé la possibilité du fait.

Ce savant se fonde là-dessus pour établir que la mémoire ne s'opère que par l'association des idées. Le somnambule, dit-il, dès qu'il a lié par un acte de sa volonté les idées dont il est préoccupé dans son accès à celles qui devront nécessairement le frapper à l'état de veille, retrouve la mémoire de ce qu'il a dit et fait. Ici encore le professeur belge prend ce qui facilite l'opération de la mémoire pour le phénomène même. La preuve que l'association des idées n'est pas toute la mémoire, c'est que nous recourons précisément à ces artifices mnémotechniques, à ces fermes intentions de nous rappeler, quand nous sentons que notre mémoire n'est pas sûre, qu'elle ne *garde pas* les impressions. Dans bien des cas, pour les bonnes mémoires surtout, on se rappelle sans avoir pris soin d'associer

1. *Traité du somnambulisme*, p. 81.
2. *System des Tellurismus*, § 271.
3. *Mém. cité*, p. 10.

aucune autre idée au fait qui se grave dans la tête. Par exemple, quand nous avons appris une langue étrangère, nous nous rappelons comment se disent dans cette langue les différents objets, et cependant aucune autre idée ne s'est le plus souvent associée à ces mots que l'objet même; quand nous voulons nous en souvenir nous les évoquons d'ordinaire spontanément dans notre esprit. L'association des idées n'est nécessaire que pour appeler les objets qui ne sont pas bien présents à la pensée, parce que leur souvenir est plus affaibli, c'est-à-dire parce que les vibrations laissées par l'impression primitive ne retentissent plus que très-faiblement dans l'encéphale; nous devons alors raviver cet ébranlement par d'autres qui leur sont concomitantes, qui ont la propriété de les augmenter, comme en acoustique les notes se renforcent quand elles sont d'accord. Une expérience bien connue de Sauveur montre qu'une corde sonore ébranlée à vide ne vibre pas seulement dans toute sa longueur, mais que chacune de ses moitiés, chacun de ses tiers, chacun de ses quarts, de ses cinquièmes et de ses sixièmes, etc., vibre séparément[1]. Un phénomène d'un ordre analogue peut se produire dans les vibrations des fibres encéphaliques, et celles-ci seraient alors dans la même relation où sont les sons harmoniques. Une vibration

1. Pouillet, *Éléments de physique expérimentale*, 7e édit., t. II, p. 65.

déterminée par une idée serait, si le fait est exact, accompagnée des vibrations correspondantes aux idées connexes, connexité due soit au voisinage naturel des fibres qu'elles affectent, soit à l'attraction résultant de ce que l'esprit les a conçues en même temps, par la même opération. Conséquemment, la vibration secondaire analogue à la vibration de la douzième, par exemple quand on donne le son fondamental, viendra s'ajouter à celle dont la fibre à laquelle elle se communique est déjà affectée, et en accroîtra l'énergie, en ravivera l'intensité.

Ainsi entendu, le phénomène de l'association des idées répondrait dans l'ordre des mouvements encéphaliques à celui des ondes sonores dans les corps résonnants. Plus nous nous occupons d'une chose, d'une idée, mieux nous nous la rappelons, parce que l'excitation de la fibre correspondante est répétée, continuée et que son ébranlement subsiste dès lors plus longtemps, toutes choses égales d'ailleurs, c'est-à-dire pourvu que la propriété vibratoire de la matière cérébrale demeure la même; car c'est avant tout de cette propriété que dépend la mémoire. C'est donc par cette superposition d'excitations que nous parvenons à réveiller les souvenirs[1]. Aussi lorsque, avec l'âge,

1. On pourrait admettre que les souvenirs soudains et non appelés tiennent à des compositions de forces vibrantes qui s'opèrent par suite des mouvements de la matière encéphalique, sous l'empire d'actions moléculaires. Dans ce cas, les

la mémoire s'affaiblit, surtout celle des mots, sommes-nous obligés de recourir à de fréquentes associations d'idées pour nous les rappeler ; parfois nous cherchons longtemps un mot, un nom, nous faisons de vains efforts pour rendre perceptibles au cerveau des vibrations devenues trop légères pour être perçues[1]. Et souvent, plus nous nous creusons la tête, moins nous trouvons. Puis tout à coup, lorsque nous n'y pensons plus, le mot tant appelé nous revient. C'est que la fibre encéphalique dont les vibrations déterminent cette sensation intra-cérébrale, reflet de l'impression originelle, après avoir été longtemps sollicitée, est soudain mise en action, ravivée dans son mouve-

souvenirs même non appelés seraient dus au fond à la même cause que les souvenirs amenés par l'opération de la réminiscence, mais par un effet physique et non par l'œuvre de la volonté ; ce qui justifierait à certains égards la théorie de M. Tandel.

1. Il y a des limites entre lesquelles l'oreille perçoit les vibrations qui déterminent le son, et en deçà ou au delà desquelles le son ne peut plus affecter l'organe auditif. D'après les expériences des physiciens, ces limites sont 15 et 48,000 vibrations par seconde. Il doit en être de même des vibrations encéphaliques qui se continuent après une impression reçue ; la rapidité ou l'amplitude de la vibration va en s'affaiblissant, et il y a une certaine limite au delà de laquelle elle n'est plus perceptible ; c'est alors que l'oubli se produit, que nous perdons le souvenir ; pour qu'une chose oubliée rentre dans la mémoire, il est nécessaire qu'avant que la vibration ait complétement cessé quelque cause en vienne renforcer l'intensité.

ment par une modification interne, analogue à celle qui provoque les idées spontanées, les hallucinations, les rêves; car, comme je l'ai noté dans un chapitre précédent, ce n'est pas à la suite de la méditation sur le sujet qui hallucine l'esprit que l'hallucination se produit, mais ensuite tout à coup, quand on y songe le moins, que la pensée semble le moins l'appeler. Ce phénomène montre clairement que l'association des idées n'est pas la mémoire, qu'elle ne fait que venir à son secours; elle est le principe de la réminiscence, non du souvenir spontané.

Ainsi, en résumé, l'oubli au réveil tient chez le somnambule à la fatigue extrême éprouvée par les fibres encéphaliques violemment surexcitées, dont les mouvements répercutés produisent la mémoire, fatigue qui atténue ces vibrations au point de ne plus les rendre perceptibles à notre esprit, car il y a encore de faibles battements qui vont en s'éteignant. Ce n'est qu'en recourant à des associations d'idées qui ont pour effet de renforcer ces battements par leur association à d'autres, ou par suite d'une surexcitation nouvelle due à un nouvel accès, que ces souvenirs redeviennent conscients, présents à l'esprit. Il se produit alors ce qui arrive dans certains délires, dans quelques maladies aiguës, parfois même au moment de la mort, les souvenirs se réveillant, à raison de cette surexcitation, les fibres dont les mouvements étaient imperceptibles recommencent à vibrer, et nous paraissons alors acquérir des facultés que nous ne possédions pas, nous retrouvons des souvenirs perdus, nous nous représentons vivement des choses qui semblaient totalement oubliées.

Avant d'en finir avec le somnambulisme naturel, je dois consigner une remarque sur deux des formes de cet état que j'ai indiquées plus haut, remarque qu'amène naturellement la constatation du fait de la surexcitation encéphalico-nerveuse comme source de tous ces phénomènes.

Il y a généralement cette distinction à faire entre la *somniatio* et le somnambulisme, c'est que dans le premier état l'acte s'exécutant en quelque sorte machinalement, il n'offre pas la précision que le somnambule apporte au sien : cela tient à ce que dans le somnambulisme il y a surexcitation plus vive de certaines parties, de certaines fonctions du système nerveux, de celles qui agissent seules; cette hyperesthésie donne aux sens plus de délicatesse, au cerveau plus de force; tandis que chez l'homme qui dort en marchant, qui répète un acte, à moitié assoupi, il n'y a pas précisément surexcitation des parties qui continuent d'agir, mais simple éveil, les autres demeurant engourdies. On sait qu'une fois que la sensibilité ne s'exerce plus que sur un point, elle acquiert d'autant plus de puissance et de rectitude. « Telles sont, écrit Roussel, les lois et la mesure de la sensibilité, que les diverses fonctions de la machine animale s'opèrent imparfaitement lorsqu'elles se croisent et s'exécutent en même temps. C'est pourquoi on devrait faire en sorte que le corps ne recommençât une fonction qu'après que les autres seraient achevées [1]. » La conséquence de cela est que la personne plongée dans l'état de *somniatio* exécute encore des actes qui dénotent une grande adresse, qui nécessitent une extrême sensibilité, mais ce développement sensoriel va rarement jusqu'à l'hyperesthésie du somnambule. Aussi le somnambule en *somniatio* n'offre-t-il pas l'exaltation des facultés du somnambule véritable.

1. Voy. *Fragment sur la sensibilité*, à la suite du *Système physique et moral de la femme*, 5e édit., p. 378. (Paris, 1809.)

CHAPITRE X

DE L'EXTASE ET DE LA MANIÈRE DONT FONCTIONNE L'INTELLIGENCE DANS CET ÉTAT

On n'entendait autrefois sous le nom d'extase que le ravissement éprouvé par certaines âmes dans la contemplation des choses de Dieu. C'était pour les théologiens une sorte de miracle. Mais comme on a reconnu depuis que l'extase ou ravissement mystique est l'effet d'une névrose d'une nature spéciale, on a désigné sous le nom d'état extatique la névrose elle-même. Des observations ont d'ailleurs démontré que l'extase peut en certains cas ne pas avoir un caractère purement religieux, que ce n'est ni l'apanage exclusif des futurs élus [1], ni un phénomène propre à la vie dévote chez les catholiques. On l'a retrouvée sous des formes diverses chez presque tous les peuples dont les croyances revêtent un caractère mystique.

Ainsi l'extase est un phénomène fréquent chez les ascètes hindous, chez les disciples du brahmanisme. Ce n'est pas seulement la catalepsie que produit l'acte

1. Voy. ce que j'ai dit à ce sujet dans mon livre intitulé : *la Magie et l'Astrologie dans l'antiquité et au moyen âge*, p. 339 et suiv.

méritoire du *tapas*, c'est encore un véritable état d'extase où le dévot adorateur de Brahma est en proie à une hallucination contemplative qui lui fait croire qu'il acquiert des facultés surnaturelles [1]. Les Djaïnas qui ont atteint le plus haut degré de sainteté entrent dans un état particulier participant de l'extase et de la catalepsie. La *bhâvana* ou méditation bouddhique conduit pareillement à un ravissement de l'esprit, à une suspension de l'activité qui apparaît aux sectateurs de Çakya-mouni comme l'avant-goût du *nirvâna*. Les traités bouddhiques indiquent à l'ascète tous les procédés que son esprit doit suivre pour que la méditation se concentre à chacun des pas qu'elle fait sur les objets divins dont elle doit exclusivement s'occuper [2]. Les soufis de la Perse pratiquent à peu près les mêmes procédés.

Bref, l'extase, dans quelque religion qu'on l'étudie, offre généralement le même caractère. C'est un état dans lequel l'âme, se détachant des objets qui l'entourent, paraît entrer en communication directe avec le monde immatériel ; elle y arrive par une puissante aspiration, et une fois qu'elle l'a atteint, elle s'y complaît dans une mystérieuse volupté, jusqu'à ce que,

1. Voy. Bochinger, *La vie contemplative, ascétique et monastique chez les Indous et chez les peuples bouddhistes*, p. 33 et suiv. (Strasbourg, 1831.)
2. Voy. Barthélemy Saint-Hilaire, *le Bouddha et sa religion*, p. 392. (Paris, 1860.)

épuisée par ce commerce divin, elle retombe dans le domaine du monde sensible et revienne à la vie commune. L'extatique concentre dans cette union intime avec Dieu ou les êtres surnaturels toutes ses facultés, toute son attention ; la vie semble se retirer de la périphérie de son corps et se diriger exclusivement vers le ciel ; les membres sont raides et immobiles, les muscles fortement tendus ; les sens ne transmettent plus les sensations ; la sensibilité physique est plus ou moins éteinte, tandis que l'âme s'épanouit dans la pensée céleste, et que la joie se reflète sur le visage empreint d'une douce sérénité dans l'œil animé d'un feu brillant.

Les théologiens ont regardé l'extase comme l'une des faveurs les plus signalées qu'ait jamais accordées le Créateur à la créature ; aussi Rome a-t-elle mis au nombre des saints la plupart de ceux qui l'ont éprouvée. Les vies de ces extatiques, écrites avec enthousiasme et crédulité, grossies de toutes les merveilles imaginées par les légendaires, ont servi de nourriture spirituelle et de sujet de méditation aux âmes dévotes. Les livres, les lettres, les réflexions, dans lesquels ces personnages ont consigné les sensations étranges qu'ils ont eues, les visions étonnantes qui les ont accompagnées, ont été regardés par quelques auteurs comme des commentaires sublimes de l'Écriture, dans lesquels étaient dévoilés les liens mystérieux qui unissent la terre au ciel.

Telle était la manière d'envisager le phénomène de

l'extase au moyen âge, à l'époque où la théologie régnait seule et sans rivale. On ne cherchait pas alors à approfondir la cause du phénomène, à en noter et à en analyser les détails et les anomalies; on se bornait à admirer le miracle de la grâce et de la faveur divines; on proclamait les voies de Dieu impénétrables et sa puissance infinie; on n'allait point au delà. Les cloîtres se peuplaient chaque jour d'hommes nouveaux qui y venaient consumer, dans la pénitence et les austérités, toute l'énergie de leur esprit et la chaleur de leurs sentiments, de jeunes vierges, dont la beauté se fanait sous le cilice et la discipline, dont les élans tendres et passionnés se métamorphosaient en un mysticisme inquiet et inactif, dont la santé s'altérait sous les rigueurs de l'ascétisme, par la crainte de la damnation, sans qu'elles connussent jamais les douces joies de la famille, les touchants devoirs de la maternité. La croyance à cette sorte de communication entre Dieu et la créature n'était pas la cause qui contribuait le moins à entraîner dans la vie claustrale une jeunesse nombreuse, les monastères étant le lieu habituel et presque unique de ces miracles de la grâce céleste.

Cependant, malgré la propension des esprits à voir dans l'extase le résultat d'une action surnaturelle, une observation propre à ébranler cette croyance n'avait pas échappé au vulgaire; des personnages d'une vie peu exemplaire étaient aussi tombés dans cet état mystérieux; ils avaient eu des visions, des communications avec les anges; mais les récits qu'ils en faisaient étaient entremêlés de blasphèmes et d'opinions hétérodoxes, et souvent ces visionnaires avaient été en proie à des accès de rage et de fureur. On sentit que ces hommes ne pouvaient être des élus de la grâce divine; on dut les regarder comme inspirés non par la Divinité, mais par Satan: de là la distinction en extatiques saints et extatiques démoniaques. [1] Mais cette théorie dualiste finit par faire place à des idées plus scientifiques suggérées par l'observation. Les deux genres d'extase paraissaient accompagnés de caractères si analogues à ceux qu'offrent diverses maladies corporelles, que plus d'une fois les médecins furent appelés à user des remèdes indiqués par leur art, dans le but de rendre la santé à l'extatique ou au possédé, et souvent les remèdes réussirent. D'ailleurs, la fréquence des extases a un effet tellement débilitant, elle altère si rapidement les organes par les émotions fortes qui du système nerveux réagissent sur l'économie, que la plupart des extatiques ont mené une vie languissante et maladive, et ont été en proie aux crises les plus violentes. Les médecins purent donc ainsi étudier la véritable nature de ces phénomènes, en apprécier les causes, en juger les détails, et par cet exa-

1. Voy., sur les démoniaques, mon ouvrage intitulé : *la Magie et l'Astrologie dans l'antiquité et au moyen âge*, p. 256 et suiv.

men s'évanouit promptement à leurs yeux la réalité de l'action de Dieu ou du diable sur l'âme humaine. C'est dans l'organisme même qu'ils trouvèrent la véritable cause de l'extase et de la possession. Les progrès de la pathologie nerveuse ont mis peu à peu complétement en évidence le caractère morbide de l'extase. Mais confondue d'abord avec la catalepsie sous le nom de *catalepsis*, *catoché*, *extasis*, *morbus mirabilis*, *coma vigil*, ses symptômes moraux ou psychiques étaient mal étudiés. Les différentes définitions qui furent données de l'extase l'indiquent assez, car on n'y voit pas suffisamment marquée la prédominance de l'action intellectuelle sur l'action purement physique qui sépare cette affection de la catalepsie.

Suivant le célèbre J.-P. Frank, l'extase est une privation des sens, ainsi que l'indique l'étymologie du mot. C'est une contemplation profonde, dans laquelle le malade demeure immobile ; ses sens externes sont abolis, sans que pour cela il y ait sommeil. Georget, qui écrivait à une époque où la connaissance des maladies mentales avait fait déjà de grands progrès, définit l'extase un sentiment de ravissement extrême, inattendu, de volupté vive, avec inaction plus ou moins complète des sens extérieurs et des mouvements volontaires.

Bérard, comprenant qu'il était indispensable pour avoir une notion juste de l'extase, de tenir compte de l'opération mentale, a expliqué cet état, en disant que c'est une exaltation vive de certaines idées qui absorbent tellement l'attention, que les sensations extérieures sont suspendues, les mouvements volontaires arrêtés, l'action vitale même souvent ralentie [1].

M. A. Favrot, auquel on doit une curieuse thèse sur la catalepsie, reconnaît dans l'extase [2] trois états différents qu'il désigne par les noms d'extase mystique, d'extase cataleptique, et d'extase avec don de prophétie.

Bien que la définition de Bérard soit celle qui représente le mieux le phénomène, elle a cependant besoin d'être complétée par l'étude de l'affection même, et cette étude me fournira des rapprochements entre cet état, le sommeil et l'aliénation mentale qui achèveront d'en éclairer les mutuelles relations.

On peut définir l'extase, en ne considérant que l'opération intellectuelle qu'elle implique, un ravissement de l'esprit dans les images qu'il contemple et les idées dont il est préoccupé. Ce n'est pas seulement, comme dans la méditation profonde, une concentration énergique de la pensée sur un sujet qui exerce encore son activité et le force à une foule de recherches et de combinaisons; ce qui a lieu notamment, quand nous cherchons à résoudre un problème de mathématiques: c'est une sorte d'entraînement de

1. Voy. *Dictionnaire de médecine et de chirurgie pratiques*, art. Extase.

2. Paris, 1844 (in-4°).

la pensée qui fait que l'esprit ne se possède plus et qu'il assiste à ses propres conceptions, comme il le ferait pour un tableau extérieur, pour des discours prononcés par autrui. Tertullien l'avait bien compris, quand il définissait l'extase : *Vis et excessus sensus, amentiæ instar*[1]. L'esprit de l'extatique ne réfléchit pas, il ne fait que contempler, et plus il contemple, plus il s'abîme dans sa contemplation :

> Cosi la mente mia tutta sospesa
> Mirava fissa, immobile e attenta
> E sempre nel' mirar faceasi accesa.
>
> DANTE, *Paradis*, ch. XXXIII.

Il croit voir, il croit entendre, il croit sentir ce que lui fournissent ses propres souvenirs ou ses propres idées. Et en cela l'extatique est dans le même état que le rêveur. Il est probable que l'extase répond pour le cerveau à ce qu'est l'état cataleptique pour le système nerveux et musculaire. Dans cette dernière maladie, dont l'extase n'est en réalité qu'une forme et à laquelle elle se lie le plus souvent, les muscles sont pris subitement d'une telle raideur, que les membres, le corps demeurent dans la position où on les met, même les plus fatigantes, sans que le malade ait la volonté ou le pouvoir de les déplacer. Chez l'extatique, l'esprit tombe dans une sorte de tension involontaire. Il ne peut plus passer d'une idée à une autre; il est cata-

1. *De Anima*, cap. XLV.

leptisé, et les fibres encéphaliques restent affectées du mouvement que l'idée qui produit le ravissement leur a imprimé.

L'extase se produit le plus ordinairement sous l'empire de l'émotion due à des idées mystiques et religieuses; mais elle peut aussi apparaître à la suite d'émotions d'une autre nature[1]. Dans les deux cas, elle ne s'empare guère que de personnes d'une constitution nerveuse délicate.

L'extase constitue un véritable rêve à l'état de veille. Les visions, les hallucinations de l'ouïe, du toucher, de l'odorat et du goût sont identiquement les fausses apparences dont le rêveur est dupe. L'extatique étant éveillé, la moindre impression extérieure le rendrait à la vie réelle et lui révélerait qu'il s'était transporté dans un monde chimérique, si ses sens étaient dans la même disposition que ceux de l'homme qui veille; car c'est en comparant les impressions internes qui naissent de nos idées aux impressions du dehors, que nous nous apercevons de la nature purement intellectuelle des premières. Toute idée d'un objet ou d'une sensation, comme l'a très-bien fait voir M. Lélut[2], est nécessairement accompagnée d'un

1. Voy. notamment le cas de délire extatique éclatant chez une femme enceinte, à la suite d'une émotion morale, rapporté par M. J. Dubrisay dans les *Annales médico-psychologiques*, 3e série, t. IV, p. 429.

2. Voy. *l'Amulette de Pascal*, p. 31 et suiv. (Paris, 1846.)

ébranlement du cerveau analogue à celui que l'objet, la chose à laquelle on pense, a antérieurement provoqué; mais cet ébranlement est plus faible que celui qui naît de l'objet réel; il n'en est, comme je l'ai dit plus haut, qu'un retentissement. Et c'est en rapprochant l'intensité de cet ébranlement de celle des ébranlements déterminés par les objets réels, que nous distinguons l'idée, c'est-à-dire l'image intérieure de l'image apportée par les sens qu'a frappés un objet extérieur. Plus sans doute la pensée est puissante, plus l'image intérieure est vive et se rapproche de la réalité. Toutefois, dans l'état sain de l'esprit, il y a une différence radicale entre la sensation perçue et la sensation simplement rappelée. Aussi la majorité des médecins s'accordent-ils à faire de l'idée-image et de l'hallucination deux phénomènes tout à fait séparés, et à y voir autre chose qu'une différence de degré[1]. En effet, l'un est un exercice normal de l'intelligence; l'autre tient à un état maladif, à une surexcitation excessive. Toutefois l'opération intellectuelle se fait encore de la même façon, ainsi que l'a montré M. Lélut. C'est, dans l'un et l'autre cas, une sensation interne qui reproduit une sensation extérieure ou se forme d'éléments empruntés à celle-ci. Les sens sont

1. Voy. le compte rendu de la discussion sur l'hallucination, qui eut lieu à la Société médico-psychologique dans les *Annales médico-psychologiques*, 3e série, t. II, p. 383 et suiv.

toujours, bien que faiblement, associés par les racines intérieures ou les rameaux subsistants dans les troncs d'où ils partent, auxquels ils se lient, à l'idée qui rappelle les sensations. Et, comme le remarque M. Michéa, les troubles sensoriaux se mêlent fréquemment aux hallucinations, et les engendrent.

Ce qui différencie surtout l'idée-image de l'hallucination, c'est l'état intellectuel de celui chez lequel l'une ou l'autre se forme. Le cerveau sain peut percevoir nettement la différence qui sépare l'illusion sensorielle de la sensation réelle, et l'illusion sensorielle de l'idée vive, d'une représentation purement mentale. Il ne les confond pas, parce que les intensités d'action et la manière dont ils nous impressionnent sont tout à fait différents. Mais chez l'homme malade d'esprit, le système nerveux est dans un tel désordre, que les impressions ne se présentent plus avec cette différence d'intensité qui ne les laisse pas confondre. Les idées-images surgissent avec une telle force, sont accompagnées d'un tel ébranlement des nerfs qui répondent aux sensations par lesquelles ces idées ont été fournies, qu'elles apparaissent comme des réalités. En outre, elles se présentent bien plus spontanément que dans l'état d'équilibre intellectuel, et elles s'offrent à la pensée au moment où l'on s'y attend le moins, par suite d'un mouvement intestin et non conscient du cerveau.

Quelque vive que soit l'idée-image chez un homme

sain, elle ne se transformera jamais en sensation, tant que l'économie n'aura pas été atteinte, le système nerveux altéré, parce que l'esprit continue d'être affecté différemment par la représentation intérieure d'un objet et par cet objet même. Mais, je le répète, dans le phénomène producteur de l'idée, il y a quelque chose d'analogue, bien que moins prononcé, à ce qui se passe dans l'hallucination.

Une fois que l'idée-image a acquis, par suite de l'excitation des sens intérieurs, tant de vivacité qu'elle apparaît comme un objet extérieur, autrement dit, une fois que les retentissements de sensations qui en sont la condition deviennent aussi forts que la sensation même, il suffit à l'esprit de s'arrêter quelque temps à une idée pour qu'elle devienne une sensation. C'est ce qu'on remarque chez certains aliénés, qui ne tardent pas à voir réellement ce à quoi ils pensent, et peuvent ainsi produire en eux des hallucinations volontaires pour tous les ordres d'idées liés à l'exaltation des sensations internes correspondantes[1].

Aussi l'extatique reconnaît-il parfois l'invasion de l'extase au degré d'intensité que prennent ses idées, à la concentration d'attention qu'il y apporte. La fille Eppinger, jeune extatique de Niederbronn, qui fit un certain bruit il y a treize ans, disait au docteur Kuhn

1. Voy. les curieux exemples rapportés par M. Michéa, *Annales médico-psychologiques*, 3e série, t. II, p. 390.

qu'elle sentait, deux heures à l'avance, l'arrivée de ses extases. Alors son âme s'élevait avec force par la prière; ses oraisons mentales devenaient beaucoup plus ferventes, tout son être soupirait après la Divinité, vers laquelle elle était irrésistiblement attirée. Bientôt les choses qui l'entouraient n'avaient plus aucun attrait pour elle; elle devenait étrangère à ce monde; ne voyait et n'entendait rien de ce qui se passait autour d'elle. Tous ses sens étaient absorbés par ses visions. Quoique cette fille eût été atteinte d'hystérie très-prononcée, ses visions se produisaient sans symptômes nerveux bien apparents, sans mouvements spasmodiques. Et craignant d'être dérangée, troublée, faisant comme la personne qui veut dormir, elle demandait à être seule lorsque s'approchaient ses accès. Alors, après avoir fixé un instant le regard, elle fermait les yeux[1]. La jeune extatique de Voray (Haute-Saône), dont on doit l'observation à M. Ed. Sanderet, annonçait de même qu'*elle allait partir;* ce qui, dans son langage, signifiait : tomber en extase[2].

Ainsi, pour que notre esprit saisisse la différence des idées et des sensations externes, il faut qu'il puisse comparer les deux ordres de sensations et mettre la réalité en regard de ce qui n'est qu'une conception.

Si donc, comme je l'observais tout à l'heure, les

1. Voy. *Annales médico-psychologiques*, t. XII, p. 368. (Novembre 1848.)

2. *Ibid.*, 2e série, t. III, p. 318.

sens de l'extatique se trouvaient dans le même état que ceux de l'homme éveillé, les impressions extérieures le rappelleraient tout de suite au sentiment du réel, et il ne pourrait prendre ses visions pour des faits. Mais c'est ce qui n'a pas lieu ; l'extase est un état spécial résultant d'une affection nerveuse particulière ; une sorte de catalepsie frappe l'organisme, et les sens demeurent alors en partie étrangers aux impressions du dehors. Je dis en partie, car, ainsi que l'observait M. Parchappe dans une des séances de la Société médico-psychologique, l'état de bien des extatiques et des cataleptiques n'implique pas interruption complète avec le monde extérieur.

L'extrême concentration de l'attention sur un point fait refluer toute la force nerveuse de l'extatique au cerveau, et attache exclusivement son activité aux idées dont il est occupé. Il se passe donc ici un fait analogue au somnambulisme, mais avec cette différence que le somnambule dort, tandis que l'extatique est éveillé ; autrement dit, l'engourdissement frappe, par suite du sommeil, tous les organes intellectuels et les sens du somnambule, sauf en ce qui fait l'objet de son rêve, tandis que chez l'extatique c'est l'attention excessive vers une idée qui rend les organes obtus pour tout ce qui y est étranger.

M. J.-P. Philips a tenté d'expliquer ce phénomène par une théorie ingénieuse qui me paraît rendre assez bien compte des faits. Je cite ses paroles :

« Une activité générale et suffisamment intense de la pensée est nécessaire à la diffusion régulière de la force nerveuse dans les nerfs de la sensibilité. Si cette activité cesse, leur innervation est supprimée, et ils perdent leur aptitude à conduire vers le cerveau les impressions du dehors. On sait, en effet, que les idiots sont plus ou moins anesthésiques, et que le sommeil profond, qui est l'engourdissement de la pensée, est en même temps le repos des organes de la sensation et du mouvement. D'un autre côté, il est également hors de doute que la sensation est le stimulant nécessaire de l'activité mentale.

« Ces deux propositions physiologiques semblent entraîner forcément deux conséquences pratiques, à savoir, que, pour déterminer l'insensibilité du corps, il suffirait de suspendre l'exercice de la pensée, et que, pour suspendre l'exercice de la pensée, nous n'aurions qu'à isoler les organes des sens des agents extérieurs capables de les impressionner. Or déjà, sur ce dernier point, une difficulté se présente : la pensée, privée des sensations que les nerfs sensitifs lui apportent du dehors, trouvera des aliments d'activité suffisants dans les sensations anciennes régénérées par la mémoire. Mais l'effet cherché ne peut-il donc avoir lieu que grâce à un arrêt complet dans le mouvement de la pensée? Nullement, et nous comprenons sans peine qu'une réduction extrême de l'activité mentale pourrait remplir les mêmes indications; car celle-ci n'exercerait plus alors qu'une impulsion très-faible sur l'innervation périphérique et tellement faible, qu'elle équivaudrait par le fait à son entière cessation.

« Or nous parviendrions à réduire à son *minimum* l'activité de la pensée, en restreignant l'exercice de celle-ci à l'un de ses modes les plus simples; et, comme le *développement que prend la pensée est en raison de la variété des impressions qui la sollicitent*, nous atteindrions ce premier point en soumettant la pensée à l'excitation exclusive d'une sensation *simple*, *homogène* et *continue*. En effet, une telle excitation sensoriale serait suffisante pour attirer, saisir et fixer l'attention; mais elle serait trop restreinte en même temps pour provoquer le développement de l'activité mentale sur une surface de quelque étendue.

« La pensée une fois prise à ce piége, qui la condamne à une inertie générale, en réduisant à un simple point sa sphère d'action, un changement considérable doit nécessairement s'ensuivre dans le rapport des forces matérielles de l'économie cérébrale. La substance vésiculaire continue, en vertu de ses propriétés essentielles, à sécréter la force nerveuse; mais la pensée ne consomme plus qu'une faible partie de cette force, dont la production excédera ainsi la dépense dans une grande mesure, et qui par suite s'accumulera dans le cerveau, où une congestion nerveuse aura lieu. Cet état une fois produit, que, par une porte encore entr'ouverte du sensorium, par la voie de la vue, de l'ouïe, du sens musculaire, une impression se glisse jusqu'au cerveau, et le point sur lequel cette excitation va porter sortira aussitôt de sa torpeur pour devenir le siége d'une activité que la tension de la force nerveuse viendra augmenter de tout son poids. C'est alors qu'à l'arrêt général de l'innervation succédera tout à coup une innervation locale excessive qui, par exemple, substituera instantanément à l'insensibilité l'hyperesthésie, à la résolution du système musculaire la catalepsie, le tétanos, etc.[1]. »

Les sens, on le voit, sont, chez l'extatique, engourdis comme chez l'homme endormi, et ne conduisant plus assez d'impressions pour nous mettre en contact avec le monde extérieur, ils ne fournissent plus guère à l'esprit les moyens de distinguer ses propres conceptions de la réalité externe. Tout ce que l'extatique s'imagine voir, entendre ou faire, lui apparaît, ainsi que cela a lieu pour le rêveur, comme la vie et la réalité.

C'est une contemplation prolongée et intense d'un objet ou d'une idée qui produit l'extase. Je dis contemplation et non réflexion, choses tout à fait distinctes. L'esprit, occupé sans cesse de la vue du même objet, fait accomplir sans cesse au cerveau les mêmes mouvements. Or, l'on sait quel est l'effet de la répétition

1. *Cours théorique et pratique de braidisme*, p. 32 et suiv.

des mêmes actes imposée aux organes : il produit l'habitude ; l'esprit alors agit, fonctionne, sans conscience presque de son action ; il opère automatiquement. « La continuité ou la répétition, écrit M. F. Ravaisson[1], abaisse la sensibilité ; elle exalte la motilité, mais elle exalte l'une et elle abaisse l'autre de la même manière, par une seule et même cause : le développement d'une spontanéité irréfléchie qui pénètre et s'établit de plus en plus dans la passiveté de l'organisation, en dehors, au-dessous de la région de la volonté, de la personnalité et de la conscience. »

On comprend donc qu'en même temps que l'esprit évoque des images, crée des tableaux, compose des scènes et des dialogues mystiques, il perde la sensibilité extérieure, pourquoi les extatiques sont dans un état de sommeil éveillé durant lequel ils n'entretiennent plus aucune relation avec le monde extérieur, et où ils s'abîment en leurs visions. L'anesthésie peut être due aussi à l'excès de la surexcitation, car celle-ci aboutit à l'insensibilité ; c'est ce qu'on observa maintes fois dans l'application de la torture : le patient, épuisé par les souffrances, finissait par tomber dans une espèce de coma ou de torpeur avec insensibilité[2].

De même, on a beau secouer l'extatique, le pousser,

1. *De l'Habitude*, p. 28. (Paris, 1838.)

2. Voy. Barthez, *Nouveaux éléments de la science de l'homme*, 2e édit, t. II, p. 158, ch. XII.

le pincer, lui parler, il ne sent rien, il n'entend rien; il est tout entier absorbé dans sa contemplation.

Toutefois, ainsi que cela a lieu pour le somnambulisme naturel, où se manifeste également la concentration exclusive de l'esprit et des sens sur une idée, sur un fait, les organes peuvent encore agir, mais cela au service exclusif de l'idée, de l'acte qui se rattache à la vision. L'extatique de Voray chantait, pendant ses accès, d'une voix pleine, vibrante, sans effort, avec plus de facilité qu'elle ne l'eût fait à l'état de veille. Cette fille, ainsi que plusieurs béates à extases, prenait des attitudes en rapport avec ses visions; ses membres, ses gestes obéissaient aux impressions de sa pensée, et il se produisait en elle un phénomène inverse de celui des *suggestions*, dont il sera question plus loin à propos du magnétisme. Ici l'idée amenait le geste, tandis que dans la suggestion hypnotique le geste fait naître l'idée [1]!

L'analogie de l'état de l'extatique et de celui du rêveur ressort non-seulement de la ressemblance des modes suivant lesquels l'esprit agit dans l'un et l'autre cas, mais encore de la similitude des conceptions qui se produisent alors.

Relisez les visions qui sont rapportées par les extatiques, vous y retrouverez toutes les formes du rêve,

1. *Annales médico-psychologiques*, 2e série, t. III, p. 318, 319.

du rêve clair et suivi, de celui que provoque d'ordinaire le souvenir d'idées ou d'images antérieurement perçues[1].

On a vu plus haut que lorsque nous avons été vivement frappés d'un spectacle ou d'un événement, il nous arrive souvent d'en rêver, d'y assister dans un songe qui en reproduit les principales phases, bien qu'il s'y mêle d'autres idées, d'autres images dont le rappel spontané est dû à des sensations internes ou externes. Or cela se produit également chez l'extatique. La vue des cérémonies sacrées, de tableaux de sainteté, la lecture d'ouvrages mystiques, la longue méditation en Dieu ont rempli son esprit de pensées religieuses, d'images du ciel, du paradis, de l'enfer, des anges, des démons; et ces scènes surnaturelles ou pieuses se reproduisent tout à coup dans l'imagination de l'extatique quand il se livre à la méditation et s'abstrait de tout ce qui l'entoure. Il rêve en réalité de ce qu'il a lu et vu, dit et entendu, et une disposition morbide du système nerveux permettant plus aisément à ses sens de se fermer aux impressions du dehors, il devient le jouet de ses propres visions.

A la différence du somnambule naturel, absolument étranger à ce qui sort de sa conception, l'extatique n'est pas totalement insensible à l'action exté-

1. Voy. ce que dit à ce sujet K. W. Ideler dans son ouvrage intitulé : *Der religiöse Wahnsinn*, Einleitung, p. 9. (Halle, 1847.)

rieure; seulement ses sens sont devenus plus obtus, et les impressions qu'ils transmettent sont tellement affaiblies qu'il ne les peut plus distinguer d'avec celles qui sont dues au souvenir. Ainsi, d'une part, moins d'impressionnabilité pour les objets extérieurs et réels; de l'autre, vivacité extrême des impressions dues au souvenir. De cette façon, les deux ordres d'impressions se confondent et l'extatique mêle le réel à l'imaginaire. Car, chez les visionnaires, les objets présents interviennent souvent dans leurs visions; ils se combinent pour ainsi dire avec elles. Un extatique contemple, par exemple, un crucifix avec un vif sentiment d'amour; il s'absorbe dans cette contemplation, et, tout en continuant de voir l'image du Christ souffrant, il l'entend parler; il s'imagine qu'elle s'approche de lui ou qu'un rayon lumineux s'en échappe qui va lui percer le cœur. Une autre fois, l'extatique conversera avec une personne qui lui parle et lui est connue, telle que son confesseur; il lui décrira ses visions, et assistera ainsi en même temps à son rêve et à la vue de celui qui l'interroge. Des faits de ce genre fourmillent dans la vie des extatiques, et nous montrent qu'à la différence de ce qui se passe dans les rêves, les sens ne sont pas, dans l'extase, totalement engourdis, et qu'ils conservent leur impressionnabilité pour certains objets liés au sujet de la contemplation; tout le reste demeure étranger à l'extatique.

Il se peut même que la sensibilité soit moins abolie

qu'elle ne le paraît, mais que l'engourdissement extrême empêche l'extatique de réagir contre l'impression qu'il ressent. M. le docteur T. Puel a fait voir par divers exemples que les cataleptiques éprouvent souvent des sensations, bien que pendant l'accès ils ne le manifestassent pas ou ne le manifestassent que faiblement[1].

Ainsi l'état extatique participe à la fois du somnambulisme et de l'état de l'homme qui rêve, dans un sommeil incomplet où les sens lui transmettent des impressions qu'il fait intervenir dans son songe.

La physiologie n'est pas assez avancée pour qu'on puisse déterminer à quelle modification, quelle altération dans le système cérébro-spinal tient l'extase, ou pour mieux dire quel genre de trouble la contemplation vive et continue apporte dans l'action des nerfs. Tout ce qu'il est permis de dire, c'est que l'extase offrant une assez grande similitude avec la catalepsie, à laquelle elle s'associe le plus souvent, et qui est aussi fréquemment engendrée par une passion forte, la terreur, un sentiment vif d'amour[2], elle doit résulter d'un désordre analogue. D'ailleurs, si une cause morale peut déterminer la catalepsie aussi bien que l'extase, elle a besoin, pour acquérir cette puissance, d'être secondée par un trouble dans la cir-

1. T. Puel, *De la catalepsie*, p. 66. (Paris, 1856.)

2. Voy. Bourdin, *Traité de la catalepsie*, p. 151, et T. Puel, *De la catalepsie*, p. 91.

culation, dans la menstruation en particulier chez les femmes, ou par une grande atonie nerveuse. Certains états extatiques sont de véritables catalepsies. Le docteur Calmeil dit avoir vu des extatiques garder le lit des mois entiers, la poitrine et le cou raides, les membres inflexiblement tendus, se laissant soulever comme des cadavres que le froid aurait saisis, sans obéir, alors même qu'on les stimulait, à aucun mouvement volontaire, ne manifestant ni faim ni soif, n'avalant qu'avec une extrême lenteur et à la longue les aliments à demi liquides que l'on insinuait dans leur bouche.

Georget regarde la catalepsie comme étant l'effet d'une irritation du cerveau avec engorgement habituel des vaisseaux de ces organes et compression de la racine des nerfs. Cette origine congestive expliquerait comment l'extrême froid peut amener la catalepsie. Un état congestif de l'encéphale se produit aussi vraisemblablement dans l'extase; et cette congestion, tandis qu'elle engourdit certains organes, qu'elle abolit la puissance exercée sur eux par la volonté, peut exalter d'autres parties du système nerveux, comme cela a lieu pour l'extatique. Toutefois, chez le cataleptique la suspension des facultés intellectuelles est plus complète que chez ce dernier, et les muscles sont plus immobiles, les sensations plus obtuses et souvent entièrement abolies.

Dans l'extase, l'esprit est enchaîné à une idée ou à

une série d'idées portant sur le même sujet; dans la catalepsie, l'esprit est plongé dans une torpeur qui s'approche du coma. Les fonctions animales seules ne sont pas atteintes et continuent de s'accomplir[1]. Après l'extase, l'esprit se rappelle le plus souvent ce qui l'a occupé, ses visions, ses fausses sensations[2]; le cataleptique, au contraire, a presque toujours oublié ce qu'il éprouvait[3]. Ce qui achève de montrer que la tension, la fatigue intellectuelle, et par conséquent le trouble psycho-sensoriel est beaucoup plus grand dans la seconde affection que dans la première. Le cataleptique perd aussi, comme celui qui a pris du haschich, la notion du temps.

L'état physiologique et pathologique du cataleptique, rapproché de celui de l'extatique, nous ramène ainsi à un ordre de phénomènes fort analogues à ceux que nous ont offerts le somnambulisme et le sommeil.

1. Je ne parle ici que de la catalepsie proprement dite ou simple, non de cette catalepsie compliquée d'hystérie et de somnambulisme, telle qu'elle a été observée par MM. les docteurs A. Favrot, Puel, Mesnet. Chez ces malades, des phénomènes d'un ordre différent se croisent et donnent lieu à des effets nerveux très-divers.

2. Voy. Michéa, *Du délire des sensations*, p. 289.

3. Puel, *De la catalepsie*, p. 67.

CHAPITRE XI

DE L'HYPNOTISME ET DE L'ACTION DES NARCOTIQUES, DES ANESTHÉSIQUES ET DES ALCOOLIQUES SUR L'INTELLIGENCE

Une partie des phénomènes produits spontanément dans l'extase et le somnambulisme naturel par suite d'un désordre du système nerveux, d'une concentration de l'attention sur un objet, sur une idée, reparaît lorsque l'on a recours à des agents ou à des moyens ayant pour effet d'affaiblir l'innervation, de provoquer une hypérémie cérébrale. Les anesthésiques et les pratiques de l'hypnotisme déterminent, en effet, un état qui rappelle beaucoup celui où se trouvent le somnambule et l'extatique. La personne soumise à l'action des vapeurs anesthésiques éprouve un affaiblissement de force nerveuse analogue, bien que beaucoup plus marqué, à celui qui se produit dans le sommeil. La température de son corps s'abaisse et l'hématose ne se fait plus aussi régulièrement[1]. C'est ce qui se passe également dans l'asphyxie. Le désordre

1. Voy. la communication de MM. A. Duméril et Demarquay à l'Académie des sciences, *Comptes rendus de l'Académie des sciences*, t. XXIV, p. 343.

naît seulement ici dans l'innervation, comme contre-coup du trouble de l'hématose, de l'absence d'oxygène, qui ne permet plus au sang noir de se purifier, tandis que sous l'action des anesthésiques, ce sont les nerfs qui sont d'abord effectés; la circulation placée sous la dépendance des nerfs en subit le contre-coup. L'homme éthérisé ou chloroformé perd, en outre, peu à peu et plus ou moins complétement la sensibilité; il devient inaccessible à la douleur, il ne voit plus ce qui se passe autour de lui, il cesse d'entendre les sons extérieurs ou ne les perçoit que très-faiblement. Parfois aussi, comme cela a lieu pour quelques somnambules, quelques extatiques, la sensibilité auditive est tellement surexcitée, que l'hypnotisé, l'éthérisé entend avec une extrême vivacité les bruits les plus lointains et les plus légers. Cette hyperesthésie de l'ouïe n'a pas été, du reste, constatée que dans les cas d'inhalation de l'éther, de l'aldéhyde; elle s'observe encore dans certaines affections nerveuses qu'accompagne une congestion cérébrale prononcée. Un malade, qu'a fait connaître un médecin de Dresde, M. Schmalz, entendait à la distance de deux mètres et demi le bruit du mouvement d'une montre. Cette congestion du nerf acoustique se liait à une congestion de la rétine, et le malade ne pouvait supporter une vive lumière [1]. On a constaté encore de l'hyperacousie

1. Voy. *Annales médico-psychologiques*, t. XII, p. 409.

dans certaines hémiplégies. Un malade dont parle le docteur anglais Cheyne, qui avait été atteint d'aliénation mentale à la suite d'un empoisonnement, entendait une voix à un demi-mille de distance. On a de même observé dans des affections nerveuses des hyperesthésies de l'odorat. Ainsi, par un effet dû à l'action des agents anesthésiques, l'homme tombe dans un état d'engourdissement sensoriel et cérébral avec exaltation de certains points, de certaines parties du système nerveux. Le patient rêve en réalité et, comme le rêveur proprement dit, il associe à ses songes les impressions externes qu'il perçoit encore. J'ai connu un homme qui avait été opéré d'une fistule à l'anus, après avoir été préalablement soumis à des inhalations éthérées. Il entendit, pendant l'opération, les coups du bistouri, sans éprouver aucune douleur. Comme il rêvait alors qu'il se trouvait à dîner au Palais-Royal, il faisait des sons qui arrivaient à son oreille, le bruit de sa fourchette frappant dans un plat. D'un autre côté, le docteur J. Moreau a mis en évidence l'analogie du délire amené par l'intoxication éthérée et celui que produit l'excitation maniaque[1]. M. Michéa a fait voir que l'anesthésie accompagnait souvent l'aliénation

1. Voy. dans *l'Union médicale*, nos des 2 et 4 septembre 1847, les observations de ce médecin, intitulées : *Quelques inductions physiologiques concernant la monomanie suicide, tirées de l'action de la vapeur d'éther sur la sensibilité générale.*

mentale[1]. Le docteur Brierre de Boismont[2] a constaté que le plus ordinairement les rêves des éthérisés sont en rapport avec leurs préoccupations, leurs idées dominantes. Mais comme ici il existe un état morbide réel, provoqué par l'emploi de l'anesthésique, le rêve, loin d'être toujours agréable ou gracieux, prend fréquemment le caractère d'un cauchemar.

Les effets de l'hypnotisme nous ramènent à des phénomènes du même ordre. Celui qui est hypnotisé tombe dans un état plus ou moins prononcé d'anesthésie[3]. Dans l'hypnotisation on fait concourir à produire l'affaiblissement et l'exaltation simultanés du cerveau et du système nerveux des moyens physiques et des moyens intellectuels. Un corps brillant agit sur le nerf optique, en même temps que la concentration de l'attention agit sur l'intelligence et l'engourdit. Il y a contemplation matérielle et contemplation en pensée. Celui qui veut être hypnotisé ne doit pas perdre de vue l'objet brillant placé devant lui, miroir, bouchon de carafe, pièce d'argenterie, clou, monnaie, voire même son nombril ou son nez,

1. Voy. *Annales médico-psychologiques*, 3e série, t. II, p. 249. Cette observation avait été également faite par le docteur W. Griesinger, *Die Pathologie und Therapie der psychischen Krankheiten*, p. 67.

2. Voy. *Revue médicale*, juin 1847.

3. Voy. ce que j'ai déjà dit de l'hypnotisme au chapitre IV de la seconde partie de mon ouvrage intitulé : *la Magie et l'Astrologie dans l'antiquité et au moyen âge*.

comme le faisaient les moines du mont Athos ou les soufis de la Perse, et en même temps il lui est prescrit de ramener sans cesse sa pensée sur cet objet. En sorte que l'hypnotisation est un moyen artificiel de provoquer l'extase et l'insensibilité, participant de la concentration de l'esprit et de l'inhalation des anesthésiques.

Chez l'hypnotisé, il y a généralement résolution des muscles volontaire, soit totale, soit partielle; à cela peuvent se joindre des symptômes de catalepsie, d'hystérie : contractions tétaniques ou cloniques, élévation de la puissance musculaire. Enfin ce qui s'observe également dans certains accès d'aliénation mentale, il y a, d'ordinaire, stimulation ou affaiblissement de certaines facultés, de diverses opérations intellectuelles [1]. La résolution musculaire peut, du reste, se produire sans que l'intelligence reçoive aucune atteinte.

L'hyperesthésie atteint parfois un tel degré chez les hypnotisés, que, suivant M. le docteur Azam, l'un d'eux entendit une conversation à l'étage inférieur. Cet excès de sensibilité, qui fatigue, d'ailleurs, beaucoup le patient, se manifeste aussi pour l'odorat et le goût.

L'hypnotisé a souvent des visions, des songes, comme l'extatique. L'affaiblissement de sa volonté et de son

1. J.-P. Philips, *Cours théorique et pratique de braidisme*, p. 26. Cf. la communication de M. le docteur Azam à la Société médico-psychologique, dans les *Annales médico-psychologiques*, 3e série, t. VI, p. 430 et suiv.

attention peut devenir telle qu'il laisse en quelque sorte sa pensée sous la conduite de la personne qui lui parle, ou le touche. On provoque en lui toutes les idées, toutes les sensations qu'on lui rappelle, et celles-ci apparaissent alors à son esprit, comme les images du rêve, sans qu'il puisse distinguer entre la réalité et l'apparence subjective, ou pour mieux dire, son impressionnabilité devient telle que la seule pensée communiquée d'un fait détermine une impression aussi vive que le ferait le fait même. On voit pareillement des hypochondriaques éprouver les douleurs et les symptômes de toutes les maladies que la peur, l'imagination leur suggère. « L'idée crée aussi des sensations, écrit M. Renaudin dans ses *Études médico-psychologiques sur l'aliénation mentale,* par l'éréthisme sympathique qu'elle éveille dans les organes, au point de créer le désir et souvent la passion. Cette stimulation de l'instinct par l'idée dépasse souvent l'effet de l'impression physique, et comme il arrive alors qu'une sorte d'antagonisme s'établit entre les idées, cette décentralisation nerveuse passagère, point de départ d'un dédoublement de la personnalité, entraîne facilement à faire regarder l'impulsion instinctive comme le résultat de l'influence directe d'agents extérieurs. De là sans doute cette doctrine sur les deux principes qui sollicitent l'humanité en sens contraire. Elle est aussi ancienne que le monde, et une sorte de fatalisme rend ainsi l'homme passif et inerte entre les luttes du bien et du mal. L'un et l'autre sont en nous, suivant que nous régularisons l'instinct ou que nous lui laissons un libre cours; et si, dans bien des cas, il nous sollicite trop énergiquement, c'est que l'idée en a été le principe stimulant. Si l'idée stimule les sens, elle les réduit également à l'impuissance, et nous n'avons pas de peine à comprendre comment l'extase, préparée par certaines austérités, est aggravée et complétée par les méditations qui rompent pour le moment l'unité de la dualité psychico-somatique. »

Ces curieux effets de l'hypnotisme ressortent surtout des expériences de Braid datant de 1842, expériences répétées, étendues par M. J.-P. Philips, qui les a décrites dans son ouvrage sur *l'électro-dynamisme vital*. M. Azam, dans sa communication à la Société médico-psychologique, a cité plusieurs faits de suggestion analogues à ceux qui s'observent dans l'état magnétique et dont il sera traité au chapitre suivant. Un célèbre physiologiste anglais, le docteur Carpenter, les a expérimentés par lui-même. Ainsi, entre autres exemples, une personne à laquelle on avait élevé les bras, en lui disant qu'on lui faisait supporter un fardeau, se persuada qu'elle avait les bras réellement chargés d'un poids fort lourd et en éprouva de la fatigue. Ce fait singulier paraît se rattacher à la faculté qu'a souvent l'homme de concevoir des idées et d'avoir des sentiments en rapport avec la position, l'attitude qu'il prend, le rôle qu'il veut jouer. Voici ce que dit à ce sujet Dugald Stewart[1] : « De même que toute émotion de l'âme produit un effet sensible sur le corps, de même lorsque nous donnons à notre physionomie une expression forte, accompagnée de gestes analogues, nous ressentons à quelque degré l'émotion correspondante à l'expression artificielle imprimée à nos traits. M. Burke assure avoir souvent éprouvé que la passion de la colère s'allumait en lui à mesure qu'il contrefaisait les signes extérieurs de cette passion, et je ne doute pas que chez la plupart des individus la même expérience ne donne le même résultat. On dit (comme l'observe ensuite M. Burke) que lorsque Campanella, célèbre philosophe et grand physionomiste, désirait savoir ce qui se passait dans l'esprit d'une autre personne, il contrefaisait de son mieux son attitude et sa physionomie actuelles, en concentrant en même temps son attention sur ses propres émotions. En général, je crois qu'on trouvera que ces deux talents, celui du mime et celui du physionomiste, ont entre eux une très-étroite relation. On dit qu'ils s'unissent à un haut degré chez les sauvages de l'Amérique du Nord, et la même observation a été faite par quelques-uns de nos navigateurs de ces derniers temps à l'égard des grossiers insulaires des mers du Sud. Pour mieux

1. *Éléments de la philosophie de l'esprit humain*, trad. par Peisse, t. III, p. 141.

éclaircir ces principes, je citerai encore, comme particulièrement digne d'attention, un fait bien connu : c'est qu'à cette disposition mimique se joint souvent la faculté d'entrer dans les pensées et les sentiments habituels d'un individu, au point d'être capable, dans une occasion donnée, de jouer jusqu'à un certain point son rôle, d'agir et de parler comme il le ferait. Un comédien anglais, qui vivait dans les premières années du dernier siècle, nous offre un exemple remarquable à ce sujet. Voici ce que nous rapporte sur son compte un observateur plein d'exactitude et de pénétration qui le connaissait bien. «Estcourt (dit Colley Cibber) était un mime si étonnant et si extraordinaire qu'il n'y avait pas un homme, pas une femme, depuis la coquette jusqu'au conseiller privé, dont il ne pût contrefaire à l'instant la voix, le regard, l'air et tous les mouvements, après les avoir vus agir ou entendus parler. Je l'ai entendu faire de longues harangues, et développer divers arguments dans le style même d'un avocat éminent, imitant avec tant de perfection les moindres traits et les singularités de son élocution, qu'il en était réellement l'*alter ipse*, et qu'il eût été difficile de le distinguer de l'original. » Il y a probablement ici un peu d'exagération; mais d'autres faits plus ou moins semblables doivent s'être présentés à quiconque s'est mêlé à la société. »

On a de même observé que les visions de certaines extatiques religieuses, pendant leurs accès, étaient dirigées par le confesseur ou quelque personne ayant pris sur ces malades un ascendant prononcé. Il se passe alors à peu près ce qui a lieu chez l'homme absorbé par un rêve et que l'on soumet à des impressions externes, ou auquel on adresse des paroles que son oreille, imparfaitement engourdie, peut encore entendre. Ces perceptions exercent sur la nature du songe, la direction des idées du rêveur une influence marquée. Il devient ainsi possible, jusqu'à un certain degré, de provoquer à volonté en lui tel ou tel rêve. Pareillement l'hypnotisé est, dans ses illusions, à la merci de celui qui a impressionné ses sens ou son imagination. Quelques expérimentateurs vont jusqu'à affirmer que l'on peut lui suggérer les pensées que l'on a soi-même et violenter ainsi sa volonté. Si le fait vient à être définitivement constaté, il ne faut pas voir là une communication de pensée, mais une influence exercée par la parole et l'action des sens sur les conceptions. Les sens sont arrivés à être tellement passifs ou impressionnables, l'intelligence est tellement dépourvue de puissance réactive, qu'il suffit de lui communiquer une idée ou de lui transmettre la sensation qui la fait naître, pour que le patient la reçoive sans discerner qu'elle lui est apportée du dehors; il la regarde comme sienne; il croit tout ce qu'on lui dit; il ressent tout ce qu'on lui rappelle. Car, ainsi que je l'ai déjà observé pour l'extatique, la surexcitation des sensations internes, de celles qui accompagnent la simple idée ou le souvenir, et l'affaiblissement des sensations externes dû à l'atonie des nerfs de relation, concourent à empêcher de distinguer l'idée de la sensation. Toute la force nerveuse se transporte dans la partie du cerveau où viennent converger les dernières fibres des sens, tandis que leurs autres extrémités ont aux trois quarts perdu leur action.

L'hypnotisé est donc le jouet d'une volonté étrangère, de la même façon que l'extatique et le rêveur sont le jouet des impressions nées soudainement en eux, soit par suite d'un trouble du système nerveux, soit parce que l'attention et la volonté affaiblies laissent un libre cours aux idées spontanées, et à la production des images résultant du retentissement des fibres cérébrales intimes.

Dans ces trois états, nous ne sommes plus qu'incomplétement en relation avec ce qui nous entoure, et nous nous livrons tout à notre imagination qui hallucine notre intelligence, tant que la raison, née de la comparaison des impressions réelles et des impressions chimériques, n'est pas venue nous rendre au monde extérieur.

Les médecins s'accordent généralement à voir dans l'hypnotisme l'effet d'une congestion accompagnée d'une atonie nerveuse, c'est-à-dire précisément un état analogue à celui que nous avons reconnu dans le sommeil, mais bien plus prononcé.

L'attention prolongée que le patient est obligé de

soutenir, en regardant un objet brillant qui fatigue sa vue, l'état d'engourdissement dans lequel finit par tomber l'esprit astreint à s'absorber dans cette contemplation, ont pour conséquence de provoquer une sorte de catalepsie accompagnée d'une grande faiblesse de la volonté et de l'attention. L'homme arrive alors par cette pratique à déterminer un trouble presque semblable à celui que produit l'emploi des anesthésiques, de l'éther, de l'aldéhyde, de l'opium, du hachisch, lesquels ont aussi pour effet de déprimer, outre mesure, certaines parties du système nerveux et d'en exalter d'autres.

Celui qui a pris du hachisch, autrement dit de l'extrait de chanvre, acquiert une sensibilité physique exagérée; il est en proie aux plus bizarres illusions.

L'action du hachisch, écrit M. J. Moreau, dans un curieux ouvrage sur les effets de cette préparation, s'exerce sur toutes les facultés à la fois ; elle se signale par un surcroît d'énergie intellectuelle, la vivacité des souvenirs, une conception plus rapide, etc. Insensiblement elle arrive à produire dans la volonté, dans les instincts, un tel relâchement que nous devenons le jouet des impressions les plus diverses, de telle sorte qu'il dépendra entièrement des circonstances dans lesquelles nous nous trouvons placés, des objets qui frapperont nos yeux, des paroles qui arriveront à notre oreille, etc., de faire naître en nous les plus vifs sentiments de gaieté ou de tristesse.

Les mangeurs de hachisch sont des gens qui rêvent

constamment, tout éveillés, et chez lesquels se passent, mais d'une manière plus prononcée, les phénomènes du songe. Les idées les plus variées, les plus grotesques, leur viennent à la tête avec une incroyable rapidité; bientôt après apparaissent les plus étranges illusions, des hallucinations de toute nature. De même que l'extatique, le mangeur de hachisch mêle des perceptions provoquées par des objets réels à des sensations imaginaires; il fait intervenir dans les rêves qu'il a tout éveillé, ce qui l'entoure et ce qu'il voit ou entend[1].

Le fumeur d'opium est pareillement obsédé par des visions, de fausses sensations, qu'il ne parvient que difficilement à distinguer de la réalité.

En causant avec une personne qui m'entretenait des visions qu'elle avait eues après avoir fumé de l'opium, je reconnus que les images ou les sensations chimériques qui en faisaient comme les frais s'étaient enchaînées de la même manière que cela a lieu dans les rêves, et peut-être avec bien plus de rapidité; car si l'usage des anesthésiques et des narcotiques amène un affaiblissement du système nerveux, cet affaiblissement est accompagné d'une exaltation de certaines parties, de certaines facultés, ou d'une surexcitation générale momentanée du système ner-

1. Voy. ce que rapporte M. Macario, dans les *Annales médico-psychologiques*, t. VII, p. 30 et suiv.

veux, à laquelle succède l'atonie. Dans le sommeil ordinaire, il y a bien affaiblissement du même système, par suite d'une dépense totale ou très-considérable de la force nerveuse, ce qui nécessite la réparation apportée par le repos; mais on n'observe guère, comme dans le somnambulisme naturel, l'état de collapsus que produisent les anesthésiques et les narcotiques, une exaltation partielle ou périodique.

Chez l'homme en proie au délire du hachisch, de même que chez le rêveur, le jugement est manifestement lésé, sans cependant être jamais complétement aboli. Ainsi que cela se produit fréquemment dans le songe, le délire de la fièvre, dans certains cas de folie, la personne qui a pris de l'extrait de chanvre garde une conscience plus ou moins vague de l'état où elle se trouve [1].

Les effets des anesthésiques et des narcotiques sur l'intelligence participent donc à la fois de ceux du sommeil et de l'hypnotisme. Et ces derniers, qui ont d'abord si fort étonné les esprits, ils ne sont eux-mêmes que l'extension du phénomène, dont le sommeil est le point de départ. Cette insensibilité déterminée par les pratiques de Braid ou l'emploi des anesthésiques et des narcotiques, l'engourdissement des membres, l'état obtus des sens de l'homme qui dort,

1. Voy. Rech, *Des effets du hachisch sur l'homme jouissant de sa raison et sur l'aliéné*, dans les *Annales médico-psychologiques*, t. XIII, p. 36. (Juillet 1848.)

en sont le degré le plus faible ; les hallucinations qui égarent l'intelligence assoupie appartiennent au même ordre que les rêves ; enfin, la croyance, la foi de l'hypnotisé dans ce qu'on lui dit, dans ce qu'il voit ou s'imagine voir, tient à la même cause qui fait que le dormeur sera éternellement dupe de ses rêves, et qu'il prendra tout ce qui apparaîtra aux yeux de son esprit pour des réalités objectives.

Des remarques semblables à celles que je viens de consigner ici sur les effets de l'opium peuvent être faites sur l'action d'autres narcotiques, de la jusquiame, du *datura stramonium,* par exemple.

L'ivresse amenée par les alcooliques, quoique ne produisant qu'une partie des effets de l'intoxication éthérée et de l'hypnotisme, se rattache cependant encore au même genre de phénomènes ; d'un autre côté, comme je l'ai déjà fait remarquer en traitant du sommeil, l'homme ivre se trouve dans un état analogue à celui du rêveur.

Chez les ivrognes, le délire est tantôt une grande excitation caractérisée par des hallucinations et de l'insomnie, tantôt un état furieux auquel se joint, comme dans le *delirium tremens*, le tremblement des bras et de la mâchoire inférieure.

L'ivresse peut être assez prononcée pour engendrer une véritable anesthésie dans certaines parties du corps. C'est ainsi que Blandin amputa un jour un homme ivre sans que celui-ci s'aperçût de l'opération. Le délire de l'ivrogne est parfois assez complet pour que des hallucinations dites *ébrieuses* se déclarent et égarent complétement l'esprit; c'est ce qui a lieu pour l'homme atteint de *delirium tremens*, état d'ivresse chronique où les hallucinations ne cessent d'inquiéter l'imagination. La nature de ces hallucinations trahit en général les souffrances de l'ivrogne; ce sont le plus ordinairement des visions d'animaux effrayants, hideux, d'objets se rapportant à des idées tristes[1]. L'hallucination ébrieuse est donc une sorte de cauchemar éveillé.

L'état d'hébétude qu'amène l'abus de l'absinthe est également accompagné d'hallucinations effrayantes liées au cortége de mêmes désordres qu'offre le *delirium tremens*[2].

L'ivresse des alcooliques se rapproche donc beaucoup de l'intoxication par l'opium, dans laquelle la fureur arrive jusqu'au comble et produit un véritable accès de manie aiguë. Ce sont, on le sait, les hallucinations déterminées par l'emploi des narcotiques que les peuples sauvages prennent pour des visions

1. Voy. ce que rapporte le docteur Brierre de Boismont, dans son mémoire intitulé : *De quelques nouvelles observations sur la folie des ivrognes*, dans les *Annales médico-psychologiques*, 2e série, t. IV, p. 375 et suiv.

2. Voy. A. Motet, *Considérations générales sur l'alcoolisme et plus particulièrement des effets toxiques produits sur l'homme par la liqueur d'absinthe.* (Paris, 1859, in-4°.)

surnaturelles dans lesquelles ils s'imaginent lire l'avenir [1].

Évidemment, il y a chez l'ivrogne lésion momentanée des facultés intellectuelles et affectives; les sens sont exaltés ou déprimés; le cerveau tombe avec tout le système nerveux dans un engourdissement qui paralyse une partie de ses opérations. Mais à la différence de ce qui se produit pour l'emploi des anesthésiques, certaines facultés intellectuelles ou sensorielles ne reçoivent pas de la surexcitation générale une plus grande énergie. C'est une agitation qui irrite l'organisme entier, mais n'imprime pas à tel ou tel sens plus de finesse et de puissance.

La volonté perd aussi chez l'ivrogne une partie de son empire, d'abord sur les muscles qui exécutent les mouvements, ensuite sur les actes mêmes. L'activité obéit d'une manière irrésistible à toutes les excitations internes ou externes.

Ainsi si l'hypnotisme confine au somnambulisme et à la catalepsie, l'intoxication anesthésique à l'hystérie, l'ivresse tient davantage de la manie aiguë. Ces trois états se rapprochent du sommeil avec rêve, celui-ci présentant le premier degré d'engourdissement, accompagné d'une légère excitation, qui se manifeste chez

1. Voy. à ce sujet Gaetano Osculati, *Esplorazione della regione equatoriale lungo il Napo*, p. 264. (Milano, 1850.) Ces visions peuvent s'associer, du reste, à des idées existant antérieurement et portant sur des réalités.

l'hypnotisé, l'*anesthésisé* et l'ivrogne, bien que dans des conditions diverses et avec des formes différentes. Au contraire, dans le sommeil profond ou avec rêves très-fugaces et mal définis, toute trace de surexcitation a disparu.

CHAPITRE XII

DU SOMNAMBULISME ARTIFICIEL OU MESMÉRISME. DE SON ANALOGIE AVEC LES ÉTATS PRÉCÉDENTS

Maintenant que nous avons établi quel est le véritable caractère du somnambulisme naturel, à quoi tiennent les phénomènes qui constituent l'extase et l'hypnotisme, nous pouvons nous faire une idée plus précise de ce que l'on a appelé somnambulisme artificiel, magnétisme animal ou mesmérisme.

Les faits merveilleux qui ont été rapportés de cet état, faits fort exagérés par des esprits crédules et peu critiqués, appartiennent à l'ordre de phénomènes analysés dans les chapitres précédents. Mais avant d'entrer dans l'examen de tout ce qui s'y rapporte, il faut préalablement bien s'entendre sur la définition.

Le mesmérisme ou magnétisme animal est, en effet, une expression fort élastique qu'ont tour à tour adaptée à des faits différents des théories distinctes ; ce qui a permis de dissimuler les variations par lesquelles ont passé les esprits, quand, frappés de l'étrangeté des états dont j'ai traité précédemment, ils cherchèrent à les expliquer à l'aide d'une physique de pure fantaisie.

Il est facile effectivement de se convaincre, en étudiant les débuts du mesmérisme, que les faits et les doctrines dont on s'appuya d'abord étaient complétement différents des idées que suggérèrent des faits postérieurement observés et liés aux premiers, bien qu'en étant distincts.

Mesmer admettait sous le nom de magnétisme animal la présence, dans tout être doué de vie, d'une propriété particulière le rendant susceptible de subir l'influence des corps célestes et l'action réciproque de ceux qui l'environnent. Ce nom était destiné à rappeler l'analogie supposée existant entre la prétendue propriété que j'explique ici et les propriétés de l'aimant. Mesmer s'imaginait, en effet, expliquer par une théorie physico-philosophique, fondée sur les spéculations de quelques physiciens, arriérés déjà de son temps dans leurs idées, les faits extraordinaires qui se produisaient dans des expériences que nous mentionnerons plus loin. Il en énumérait les principes dans vingt-sept propositions entre lesquelles je choisirai les plus caractéristiques.

Il existe une influence mutuelle entre les corps célestes, la terre et les corps animés. — Un fluide universellement répandu et continué de manière à ne souffrir aucun vide, dont la subtilité ne permet aucune comparaison, et qui, de sa nature, est susceptible de recevoir, propager et communiquer toutes les impressions du mouvement, est le moyen de cette influence. — Cette action réciproque est soumise à des lois mécaniques inconnues jusqu'à présent. — Il résulte de cette action des effets alternatifs qui peuvent être considérés comme un flux et un reflux, lequel est plus ou moins général, plus ou moins particulier, plus ou moins composé, selon la nature des causes qui le déterminent. — C'est par cette opération, la plus universelle de toutes les opérations que nous offre la nature, que les relations d'activité s'exercent entre les corps célestes, la terre et ses parties constitutives. — Les propriétés de la matière et des corps organisés en dépendent. — Le corps animal éprouve les effets alternatifs de cet agent; et c'est en s'insinuant dans la substance des nerfs qu'il les affecte immédiatement. — Il se manifeste dans le corps humain par des propriétés analogues à celles de l'aimant. — On y distingue des pôles également opposés, qui peuvent être communiqués, changés, détruits et renforcés. — Le phénomène de l'inclinaison s'y produit comme dans l'aimant. — L'action et la vertu de ce fluide magnétique peut être transmise à d'autres corps animés et inanimés. — On observe à l'expérience l'écoulement d'une matière dont la subtilité pénètre tous les corps, sans perdre notablement de son activité. — Son action a lieu à distance, sans le secours d'aucun corps intermédiaire. Elle est, comme la lumière, augmentée et réfléchie par les glaces, les objets polis. Elle est communiquée, propagée, augmentée par le son. — Certains corps jouissent d'une propriété opposée au magnétiseur animal et en neutralisent les effets. — Ce fluide d'une nature contraire est également susceptible d'être concentré et réfléchi. — Néanmoins le magnétisme animal ne saurait être confondu avec le magnétisme terrestre, dont il rappelle les effets à tant d'égards, et l'aimant est susceptible de le recevoir ou d'être pénétré du fluide opposé. — On peut, à l'aide du fluide magnétique, déterminer des guérisons immédiates, et, grâce à son secours, la médecine étendra le champ de ses connaissances et recevra d'importants perfectionnements.

Toutes ces rêveries auxquelles étaient associées quelques idées tirées des faits que venait de révéler la découverte de l'électricité et du magnétisme terrestre, ne sont que la reproduction des vieilles spéculations de l'alchimie et de l'astrologie. C'est ce que Thouret fit remarquer l'un des premiers, et ce qu'avoue même un des disciples les plus enthousiastes de la nouvelle théorie, l'honnête et crédule Deleuze.

A part quelques expériences où se montraient déjà plusieurs des faits appartenant à l'ordre de phénomènes qu'a mis au jour la connaissance plus complète que nous avons aujourd'hui de l'extase, de la catalepsie, et en général des affections nerveuses, Mesmer n'avait rien découvert de nouveau; les spéculations ambitieuses à l'aide desquelles il prétendait expliquer tous les phénomènes de la vie et du monde, analysées et rapprochées des théories produites avant lui par quelques rêveurs, se réduisent à la reproduction de doctrines qu'avaient, lorsqu'il parut, abandonnées depuis longtemps les bons esprits.

Les premières traces de la doctrine magnétique se trouvent dans les ouvrages du célèbre Paracelse; ce théosophe, dont les idées absurdes trahissent l'extravagance, et qui à quelques connaissances positives associe les opinions les plus ridicules, soutenait, en effet, que l'homme jouit à l'égard de son corps d'un double magnétisme; qu'une portion tire à soi les astres et s'en nourrit; de là la sagesse, les sens, la pensée; qu'une autre tire à soi les éléments et s'en répare; de là la chair et le sang; que la vertu attractive et cachée de l'homme est semblable à celle du karabé et de l'aimant; que c'est par cette vertu que le *magnès* des personnes saines attire l'aimant dépravé ou le chaos de celles qui sont malades; que la force magnétique des femmes est tout utérine et celle de l'homme spermatique[1].

Les partisans de ce système, qu'on appelait alors *sympathie magnétique* et qui fit le fond de la doctrine des *rose-croix*, furent des esprits non moins chimériques que Paracelse, et ne possédant même pas sa science. Il faut mettre de ce nombre André Tentzelius, Rumilius, Pharamond, Bettray, le che-

1. Voy. Sprengel, *Histoire de la médecine*, trad. Jourdan, t. III, p. 330 et suiv.

valier Kenelm Digby, Oswald Croll, Bartholin, Haumann, esprits plus éclairés, tout en admettant pour le fond les rêveries de cette école, proposèrent cependant leurs doutes sur quelques points; ils trouvèrent d'ailleurs de redoutables contradicteurs dans un habile chimiste, Libavius, et un savant médecin, Sennert.

La plupart des idées qui étaient sorties des théories de Paracelse et de ses adhérents trouvèrent de zélés propagateurs dans Loysel, Dolé et Gaffarel; elles furent victorieusement combattues par de Lisle et G. Naudé; mais elles jetèrent de profondes racines en Allemagne, où la tendance au mysticisme et à l'illuminisme fut de tout temps très-prononcée. Dès l'année 1608, Goclen ou Goclénius, professeur de médecine à l'université de Marbourg, avait fait paraître sur la cure magnétique des plaies un volumineux traité[1], qui fit grand bruit, a été plusieurs fois réimprimé, et amena entre l'auteur et le jésuite Roberti une controverse, qui eut beaucoup de retentissement et tourna tout à l'avantage du dernier. J.-B. Van Helmont, élève de Paracelse, reprit la thèse de Goclen, et empruntant certaines idées à J.-E. Burgraave, grand partisan de la médecine magnétique[2], dans son fameux *Traité de la cure magné-*

1. *Tractatus de magnetica curatione vulnerum.* Marburgi, 1608-1609, et Francf., 1613, in-12.

2. *De magnetica vulnerum naturali et legitima curatione*, contra Joh. Roberti. Parisiis, 1621.

tique des plaies[1]; il combattit Roberti avec acharnement. Helimotius vint au secours de Van Helmont, et dans une dissertation spéciale[2] étaya sa théorie de nouveaux faits.

Tandis que l'Allemagne assistait à ces discussions entre les continuateurs de Paracelse et les promoteurs de la méthode vraiment scientifique, parut en Angleterre un nouveau champion de la théorie de la sympathie magnétique : c'était Robert Fludd, l'auteur de la *Philosophie de Moïse*[3]. Non moins chimérique que les théosophes allemands, Robert Fludd s'efforçait d'accorder l'*Écriture sainte* et les prétentions de la philosophie paracelsienne; il mit en avant l'idée d'un principe primordial, d'où il faisait découler tous les autres. Il considérait l'âme comme étant une portion de ce principe *universel* ou *catholique*, et il expliquait par la manière dont les rayons de cet agent élémentaire sont dirigés la vertu attractive ou magnétique des corps et leur antipathie. Il rechercha la cause d'où dépend la vertu magnétique de l'aimant et crut l'avoir trouvée dans l'émission de rayons qui, partant de l'étoile polaire, et traversant comme des tor-

1. Burgraave est l'auteur de l'ouvrage intitulé : *Lampas vitæ et mortis omniumque graviorum in homine morborum index*; Lugd. Batav., 1610. Ce traité fut réimprimé en 1611, et à Francfort en 1629.

2. *Disputatio de magnetica vulnerum curatione.*

3. *Philosophia mosaica.* Gouda, 1638. Amsterdam, 1640.

rents toute la terre, affecteraient plus particulièrement l'aimant. Selon Robert Fludd, il y a une étoile ou un astre particulier pour chaque corps sublunaire, et celui de l'aimant est l'étoile polaire. Il y en a aussi pour l'homme, qui, considéré comme le microcosme ou petit monde, est doué d'une vertu magnétique, que le rêveur écossais appelle *magnetica virtus microcosmica*. Cette vertu du petit monde est soumise aux mêmes lois que celle du grand; l'homme a ses pôles, comme la terre a ses vents, contraires ou favorables. Outre l'action des pôles, il y a deux principes qui agissent continuellement sur le petit monde et se prêtent mutuellement leur secours pour l'entretien de la liberté et de l'harmonie des parties et des fonctions, à savoir, la *matière* et la *forme*. Deux personnes s'approchent-elles, et les rayons qu'elles envoient ou leurs émanations se trouvent-ils repoussés, réfléchis de la circonférence au centre, l'antipathie se produit, et dans ce cas le magnétisme est négatif. Il est positif, au contraire, s'il y a abstraction de part et d'autre et émission du centre à la circonférence. Dans le dernier cas, non-seulement les maladies, les affections particulières se communiquent, mais même les affections morales, d'où résulte, suivant Robert Fludd, la distinction du magnétisme en *magnétisme spirituel* ou *moral* et en *magnétisme corporel*.

L'empirique anglais soutient que le magnétisme tel qu'il le conçoit existe non-seulement chez les animaux, mais encore entre ceux-ci et les végétaux, les minéraux même. Il prétend de plus que puisque des corps, comme la terre et l'aimant, qui paraissent des substances mortes, inanimées, ont leurs pôles, leurs émanations, à plus forte raison l'homme ou le petit monde, qui est animé, doit avoir le sien.

Le P. Kircher, qui rendit compte de la doctrine de Fludd à la fin de son ouvrage sur le même sujet[1], regarde celui du rêveur anglais comme une œuvre sortie de l'école du diable. Il rectifia quelques-unes des idées avancées sur le prétendu magnétisme animal, mais en émit lui-même beaucoup de fausses.

En France, la médecine magnétique eut un médiocre succès; elle vit peu à peu décroître le nombre de ses adeptes. Gaffarel se rétracta, et en 1653, il approuva l'ouvrage de Naudé intitulé : *Apologie des grands hommes accusés de magie*. Mais en Allemagne il n'en fut point ainsi, et cette doctrine chimérique continua à trouver des partisans. Reyselius, Servius, Campanella, en Italie, en ont été les zélés défenseurs.

Sébastien Wirdig, professeur de médecine à Rostock, parvint, par sa *Médecine nouvelle des esprits*[2], à rendre à ces théories chimériques quelque vogue.

On retrouve dans son ouvrage toutes les rêveries

1. Athan. Kircher, *Magnes, sive de arte magnetica*. Rome, 1641 et 1654; Cologne, 1743.

2. *Nova medicina spirituum*. Hamburgi, 1673, in-12. Francfort, 1707.

astrologiques, associées d'un côté aux découvertes récentes de l'astronomie, de l'autre à la théorie du magnétisme animal. Enfin un médecin écossais, William Maxwell, imbu des idées de l'école de Paracelse, réduisit en un corps de doctrine toutes les spéculations de la médecine magnétique, et crut avoir ainsi tiré du chaos une science à laquelle il attribuait les futurs progrès de l'art de guérir[1]. La doctrine systématiquement établie, Ferdinand Santanelli la réduisit en aphorismes, et grâce à ces deux écrivains les rêveries de la médecine magnétique se répandirent dans toute l'Europe et égarèrent les imaginations.

Cependant Hermann Grabe combattit par des faits positifs la ridicule théorie de la transplantation des maladies d'Helimontius, et exerça une heureuse influence[2].

Si j'ai présenté ici ce rapide aperçu de l'histoire du magnétisme animal[3], c'est que je l'ai cru nécessaire pour l'appréciation des principes de Mesmer. Cet empirique avait évidemment puisé dans tous les écrits

1. *Medicinæ magneticæ libri tres, in quibus tam theoria quam praxis continentur,* auctore Guillelmo Maxwello. Francofurti, 1679.

2. *De transplantatione morborum analysis nova.* Hamburgi, 1674, in-8°.

3. Voy. sur ce sujet K. Sprengel, *Histoire de la médecine,* trad. Jourdan, t. VI, p. 92 et suiv. : et surtout Figuier, *Histoire du merveilleux,* t. III, p. 100 et suiv., où est donné un excellent exposé de l'histoire des précurseurs de Mesmer.

que je viens de rappeler les idées qu'il donnait comme les siennes et développait avec une pompeuse emphase. Quand il remit en honneur une théorie qui commençait déjà à être oubliée, une disposition à l'illuminisme se manifestait dans les esprits; c'était un peu avant la révolution française [1]; le besoin de foi, si marqué chez certains hommes, faisait embrasser avec enthousiasme un tas de chimères et d'utopies; la philosophie du dix-huitième siècle avait ébranlé les convictions religieuses et produit ainsi un vide dans les âmes qui cherchaient à le combler par des aspirations d'un autre ordre. Le penchant invétéré du genre humain pour le merveilleux jeta alors bon nombre de Français dans des croyances antiscientifiques, et ce qu'on pourrait appeler des superstitions philosophiques. Mesmer profita habilement de cette disposition des esprits et remit en honneur des doctrines qui étaient en réalité celles de Paracelse. Celui-ci avait lui-même puisé dans les livres des astrologues et des alchimistes, qui essayaient de substituer aux croyances superstitieuses sur la nature défendues par la scolastique des idées non moins chimériques, quoique d'une forme plus rationnelle [2].

1. Voy. à ce sujet Mounier, *De l'Influence attribuée aux philosophes, aux francs-maçons et aux illuminés sur la révolution française.* (Paris, 1822, in-8°.)

2. Voy. mon ouvrage intitulé : *l'Astrologie et la Magie dans l'antiquité et au moyen âge*, p. 213 et suiv.

La preuve que Mesmer n'était nullement arrivé de lui-même à la constatation des phénomènes sur lesquels les magnétiseurs ont bâti la théorie du somnambulisme nous est d'ailleurs fournie par la vie de ce charlatan. Ses débuts dans la carrière d'écrivain médical furent une thèse intitulée : *De l'influence des planètes sur le corps humain*[1], ouvrage qui n'eut aucun succès, mais annonçait suffisamment la direction qu'allaient prendre ses idées. Il se livra ensuite à des expériences sur l'emploi des aimants, et se servant des plaques que venait d'inventer le P. Hell, professeur d'astronomie à Vienne, il prétendit obtenir par leur usage les plus heureux effets. Il les avait appliquées pendant un accès sur la poitrine et les jambes d'un malade, et celui-ci avait, disait-il, ressenti intérieurement la sensation de courants douloureux d'une matière subtile, qui, après différents efforts pour prendre leur direction, s'étaient portés vers les parties inférieures, et avaient fait cesser tous les symptômes du mal. Cette cure fut l'occasion d'une querelle entre le P. Hell et Mesmer, le premier attribuant l'effet produit à la forme de ses plaques, le second à l'action magnétique. Mesmer continua alors seul ses expériences, et après avoir d'abord avancé dans sa *Lettre à M. Unzer*, écrite en 1773, que la matière magnétique est presque identique au fluide électrique,

1. *De planetarum influxu*, 1766.

et qu'elle se propage, de même que celui-ci, par des corps intermédiaires, il déclara plus tard positivement que l'agent qu'il employait était tout à fait distinct du fluide magnétique minéral, et pour l'en distinguer, lui donna le nom de *magnétisme animal*. Malgré l'incrédulité que provoquait généralement la prétention de Mesmer d'être doué d'une faculté spéciale pour agir sur le corps humain, cet empirique n'en excitait pas moins l'étonnement par les cures en apparence merveilleuses qu'il opérait. J'ai déjà traité dans un autre ouvrage de la cause à laquelle il faut les rapporter[1]. De pareilles guérisons ne pouvaient manquer de faire à leur auteur un grand nombre d'adeptes. Toutefois, accusé d'imposture, attaqué de toutes parts, Mesmer se vit forcé de quitter sa patrie et il se rendit à Paris en 1778.

Le procédé qu'il mit en usage dans cette ville pour produire les prétendus effets magnétiques, et que Deslon employa à son imitation, était le suivant : Une caisse circulaire en bois de chêne, autrement dit un baquet, haut d'un pied et demi, était recouvert d'un couvercle percé d'un certain nombre de trous, d'où sortaient des branches de fer coudées et mobiles. Ces branches, que Mesmer donnait comme conductrices du fluide magnétique, étaient tenues par les malades, placés

1. Voy. *la Magie et l'Astrologie dans l'antiquité et au moyen âge*, p. 329 et suiv.

sur plusieurs rangs, ou appliquées par eux sur la partie affectée ; une corde passée autour de leur corps unissait les malades les uns aux autres ; souvent on leur prescrivait de se tenir par la main, afin de former une seconde chaîne. Un piano se trouvait au fond de la salle, et l'on y exécutait différents morceaux ; cet instrument était mis en communication avec le baquet.

On a bien des fois rapporté l'histoire des démarches faites par l'empirique viennois pour obtenir l'approbation de l'Académie des sciences et de la Société royale de médecine. Je n'y reviendrai pas et je renverrai pour l'exposé de ce long débat aux ouvrages d'Alexandre Bertrand[1] et de M. Figuier[2].

Je me bornerai à faire remarquer que la même divergence qui n'a cessé d'exister depuis dans l'appréciation des faits se produisit dès le début. Ce qui paraît constant, c'est que Mesmer évita d'exposer sa méthode à l'examen d'hommes habitués à apporter dans les expériences la plus sévère critique. En cela, il ne fit qu'agir comme ont procédé depuis presque toutes les personnes faisant profession d'opérer des merveilles magnétiques. Il se refusait à laisser discuter, contrôler par les savants et les médecins les procédés auxquels il recourait, et quand ceux-ci avaient refusé leur concours, alléguant l'absence des garanties

1. A. Bertrand, *Le magnétisme animal en France*. Paris, 1826.

2. Voy. L. Figuier, *Histoire du merveilleux dans les temps modernes*, t. III. Paris, 1860.

indispensables pour de pareilles expériences, il accusait leur mauvais vouloir.

Je n'ai point à exposer ici toutes les phases de ce qu'on pourrait appeler le charlatanisme magnétique, phases qui ont tant obscurci la réalité des faits. L'entêtement apporté par les magnétiseurs, leur manque de critique, leur enthousiasme, leur prétention à ne point être discutés, ont naturellement poussé l'incrédulité au delà des bornes dans lesquelles elle aurait dû se tenir. Ce que j'ai voulu seulement établir, c'est sous quelle forme s'offrirent à l'origine les phénomènes en question. Entre les mains de M. de Puységur, les faits rapportés au fluide magnétique ne tardèrent pas à se métamorphoser, et ce qu'a constaté le nouvel observateur nous est la preuve qu'on avait affaire à des phénomènes bien différents des effets des aimants cherchés par Mesmer. En effet, M. de Puységur ne recourait plus au *baquet* et aux conducteurs, il agissait sur les malades par des mouvements exécutés avec la main, et c'est à lui qu'appartient vraiment la découverte de la magnétisation proprement dite. Les phénomènes qu'il produisit de la sorte, dans sa terre de Buzancy, n'étaient plus de simples effets de l'imagination, de simples réactions sur un système nerveux délicat ou malade, dues aux émotions que provoquait l'emploi de l'appareil mesmérique. Il faisait naître chez certaines personnes des phénomènes analogues à ceux du somnambulisme naturel, de l'hystérie et de l'extase, et voilà pourquoi on étendit, après la publication de ses premiers écrits, le nom de somnambulisme à l'état que détermine la magnétisation par les mains.

C'est M. de Puységur qui mit en avant toutes les facultés surprenantes que l'on attribue au somnambulisme artificiel, et la plupart des personnes qui, depuis lui, se sont occupées de magnétisme animal n'ont fait que renouveler ses idées. La seule divergence qui se soit produite entre les adeptes de sa doctrine a porté sur la question du fluide magnétique. Tandis que la majorité admit l'existence d'un fluide particulier, auquel ils rapportaient les effets obtenus par les pratiques magnétiques, quelques-uns, observateurs plus rigoureux, ne virent dans les phénomènes du somnambulisme artificiel qu'une forme particulière de l'exaltation nerveuse qui caractérise l'extase. De ce nombre fut notamment le docteur Alexandre Bertrand, l'un des hommes les plus éclairés, les plus consciencieux qui aient défendu la réalité du merveilleux magnétique, mais qui en restreignit toutefois plus qu'il n'en étendit le champ.

Bien que les partisans du magnétisme animal s'accordassent généralement sur les propriétés essentielles de l'état somnambulique, ils ne recoururent pas toujours à la même méthode de magnétisation. Les passes, les attouchements étaient sans doute les procédés ordinaires; mais ils se contentèrent parfois de moyens plus simples, qui décelaient assez le rôle joué par l'imagination dans les effets obtenus. Les uns, comme l'abbé Faria, magnétisaient par la parole, et le seul mot *dormez*, prononcé d'une voix forte et impérative, suffit souvent pour endormir le patient, du moins pour engourdir ses paupières. D'autres prétendirent avoir la faculté de magnétiser mentalement. On verra plus loin que ces divers effets tiennent à un affaiblissement du système nerveux qui le rend d'une extrême impressionnabilité et pour ainsi dire apte à subir le contre-coup de toutes les émotions, de toutes les idées qui sont communiquées à l'esprit, ainsi que j'ai montré que cela se passe chez l'hypnotisé.

Ce qui demeure établi par l'exposé précédent, c'est le vague, l'absence de caractères bien définis, existant dans la conception qu'on se faisait des phénomènes compris sous le nom de magnétisme animal. De ces phénomènes, les uns ne sont que des symptômes d'hystérie, de catalepsie, d'extase, et rentrent conséquemment dans la catégorie des faits que j'ai étudiés plus haut; les autres appartiennent à une espèce particulière de somnambulisme, et doivent pour ce motif être ici l'objet d'un examen spécial.

Afin d'éviter toute confusion entre le magnétisme animal et les phénomènes d'ordre analogue, mais produits spontanément et sans l'intermédiaire des procédés de magnétisation, je prendrai pour caractères du somnambulisme artificiel les faits suivants, qui me semblent les plus propres à nous donner l'idée de ce qu'on entend par ce mot, faits dont je me propose d'apprécier la valeur :

1° Sommeil plus ou moins profond, déterminé par l'emploi du procédé dit magnétisation;

2° Insensibilité partielle ou totale accompagnant ce sommeil;

3° Surexcitation de la sensibilité en certaines parties;

4° Faculté de la personne magnétisée d'entrer en relation exclusivement avec certains individus qui la touchent ou qui lui parlent, et de rester étrangère à tout le reste;

5° Visions et hallucinations, idées spontanées, auxquelles on a voulu trouver un caractère divinatoire;

6° Influence exercée sur les idées et l'imagination de la personne magnétisée par celui qui est en rapport avec elle.

Il suffit du simple énoncé de ces divers phénomènes, observés dans l'état de somnambulisme artificiel, pour y reconnaître les mêmes faits que nous ont offerts le rêve, le somnambulisme naturel, l'extase, l'hypnotisme, l'influence des anesthésiques et l'aliénation mentale. Il n'y a donc rien d'absolument nouveau dans le magnétisme animal. Les pratiques auxquelles on recourt d'ordinaire pour magnétiser sont fort analogues à celles dont on fait usage dans l'hypnotisme. Le patient doit regarder fixement son magnétiseur; il lui est prescrit de diriger fortement sur lui sa pensée. C'est habituellement vers les yeux du magnétiseur, c'est-à-dire sur un point brillant, qu'il porte ses regards, ou encore vers les mains de celui-ci, dont le mouvement continu ne tarde pas à faire naître en lui une sorte de vertige. Notez que les personnes qui magnétisent ont aussi recours à des objets brillants, ce qui ramène tout à fait la magnétisation au moyen mis en usage dans l'hypnotisme; souvent elles prennent la précaution de mettre à leurs doigts des bagues, ou elles engagent le patient à fixer des yeux leurs boutons de métal, l'épingle de leur chemise. J'ai connu une femme que l'on a magnétisée en la faisant regarder longtemps un miroir métallique très-poli, tandis qu'on la soumettait à des attouchements et des passes.

L'effet de ces diverses pratiques est de déterminer une hypérémie ou pléthore cérébrale, avec affaiblissement du système nerveux; ce qui aboutit au sommeil; la fixité du regard engorge la rétine et celle de l'attention le cerveau. La preuve, c'est que les personnes atteintes de congestion de la rétine ne peuvent sans danger fixer longtemps un objet des yeux. L'afflux du sang, en comprimant certaines parties de l'encéphale, provoque des accidents nerveux. C'est la même cause qui d'ordinaire engendre, chez des jeunes filles mal réglées, l'hystérie, la catalepsie, l'épilepsie, suivant l'étendue et les parties du système cérébro-spinal engorgées, puis surexcitées par cet engorgement. L'attention excessive qui résulte d'une contemplation prolongée amène chez l'extatique une hypérémie cérébrale, d'où découlent des désordres du même ordre. Le docteur Baillarger a cité l'exemple d'un jeune homme qui tombait en épilepsie dès qu'en lisant un mot venait à l'embarrasser, et nécessitait de sa part plus d'attention que de coutume. Une trop vive impression sur la rétine produit le même effet, et le docteur Piorry a rapporté qu'une jeune fille devint épileptique pour avoir regardé trop fixement le soleil.

Le strabisme convergent que détermine la posture prescrite à celui qu'on magnétise achève de produire, ainsi que l'a noté le physiologiste italien Tigri, l'hypérémie cérébrale, qui est la véritable cause de l'état de somnambulisme artificiel. Plusieurs médecins avaient, du reste, déjà été frappés de la liaison existant entre le strabisme convergent, l'épilepsie et certains désordres nerveux.

Chez les individus d'une bonne constitution, dont le système nerveux est susceptible d'une réaction suffisante, le sommeil produit par le procédé hypnotique ne se distingue guère du sommeil ordinaire. Mais pour peu que le patient soit prédisposé aux affections névropathiques, le sommeil prend le caractère de l'extase, du somnambulisme naturel ou de la catalepsie; il tombe alors dans un état analogue à celui que produit l'inhalation des anesthésiques. La sensibilité nerveuse est bientôt notablement amoindrie ou même en grande partie abolie. On pique le somnambule, on le pince, on lui arrache la peau, il ne sent rien; parfois même on a pu le soumettre à des opérations douloureuses sans qu'il ait donné signe de sensibilité. Ses muscles se relâchent et se détendent. Bref, le somnambule artificiel présente alors tout à fait l'aspect de l'homme éthérisé ou chloroformisé.

Tant que la découverte des anesthésiques et de l'hypnotisme n'avait pas mis hors de contestation la possibilité de cette insensibilité momentanée, on avait élevé des doutes sur sa réalité; mais aujourd'hui le scepticisme n'est plus possible; il n'y a donc pas lieu de s'étonner que des somnambules ne sentent ni les piqûres, ni les brûlures, ni les pincements, qu'ils aient été même opérés de graves maladies chirurgicales, sans accuser de douleur. L'anesthésie peut d'ailleurs être aussi obtenue par des moyens analogues à ceux de la magnétisation, et ayant également pour effet de jeter les sens dans un état de torpeur. Les derviches et les fakirs de l'Orient déterminent en eux, par les agitations convulsives continues auxquelles ils se livrent, en répétant incessamment la même formule, un état d'exaltation nerveuse qui produit l'insensibilité, quand cet état est arrivé à son comble. C'est ce qu'a expérimenté une personne de ma connaissance qui s'était fait initier à la confrérie de Sidi-Mohammed-ben-Aïssa. Les khouan, ou membres de cette association, dans le paroxysme de leurs exercices consistant en chants et en mouvements cadencés accompagnés de cris sauvages, où retentit sans cesse le nom d'Allah, avalent des morceaux de verre, des figues de Barbarie garnies de leurs épines, des clous même[1]; ils passent leur langue sur un fer rouge ou le prennent entre leurs mains sans se brûler; ils se frappent, vont jusqu'à s'ouvrir les chairs avec un sabre, ainsi que je l'ai vu faire à Scutari aux derviches hurleurs. Ce ne sont pas là de simples jongleries, de fausses apparences imaginées pour abuser la superstition du vulgaire; l'on peut s'assurer en les touchant que les Aïssaoua sont tombés dans un véritable état d'anesthésie.

Si la sensibilité est chez le somnambule artificiel partiellement abolie, si l'attention s'affaiblit, si la volonté s'émousse, si l'engourdissement gagne le corps, certains nerfs, certaines fibres nerveuses acquièrent par cela même une plus grande puissance et demeurent le siége d'une exaltation excessive, comme le fait se produit quand on administre des anesthésiques. Le somnambule artificiel entend à de grandes distances: il perçoit les moindres bruits; il reconnaît par le simple toucher la nature et la forme d'une foule d'objets; il sent des odeurs qui échappent à notre odorat dans l'état ordinaire. Et cette hyperesthésie engendre même

1. Voy. à ce sujet le curieux ouvrage du colonel de E. de Neveu, intitulé : *Les khouan, ordres religieux chez les musulmans de l'Algérie*, 2e édit., p. 89 et suiv.

parfois des illusions, des hallucinations véritables ; le somnambule s'imagine entendre et toucher des choses qui n'ont aucune réalité.

La vue participe au plus haut point de cette exaltation, et c'est ce qui a fait croire, comme pour les somnambules naturels, que la vision s'opère alors par des parties du corps autres que l'œil. Cette hyperesthésie du nerf optique n'est que la conséquence de l'excitation de l'appareil visuel qui accompagne, comme je l'ai déjà remarqué, diverses affections nerveuses. Les extatiques voient parfois des flammes, des lumières, des rayons brillants qu'ils prennent pour des émanations célestes. Jamblique ou l'auteur, quel qu'il soit, des *Mystères des Égyptiens* (III, 6), rapporte que ceux qui cherchent à arriver à l'intuition divine aperçoivent souvent une sorte de flamme. Les mêmes faits se sont produits chez les somnambules. Joséphine Dulau, somnambule de M. Teste, voyait tous les objets illuminés, et un savant adepte du magnétisme, M. Chardel, a pris de pareilles illusions optiques pour la manifestation visible du fluide magnétique. Tout le système nerveux étant dans un état permanent d'excitation, les sympathies entre les divers plexus nerveux deviennent plus prononcées, et le somnambule suppose alors que les objets qu'il voit agissent sur des nerfs éloignés du nerf optique. L'exercice d'un sens provoque des sensations sympathiques dans les nerfs de l'estomac, du front, des mains, etc., ce qui contribue à l'illusion qu'entretiennent d'ailleurs les préjugés des magnétiseurs.

Le mesmérisé concentre toute son attention sur certains objets avec lesquels il est directement en rapport. Car d'une part l'affaiblissement du système nerveux émousse les sensations qui pourraient le distraire de sa préoccupation, et de l'autre toute la force nerveuse s'accumule dans les nerfs surexcités. Ainsi le somnambule artificiel est engourdi partiellement et partiellement surexcité. C'est précisément ce qui a lieu pour le somnambulisme naturel et pour l'extase. Cependant le magnétisé reste d'ordinaire moins étranger à ce qui l'entoure que l'individu absorbé dans la contemplation extatique ou que le noctambule, et son état se rapproche à certains égards davantage de la *somniatio*.

Ce que le P. Domenico Pino a rapporté d'un somnambule observé par lui et qui tombait dans une sorte de *somniatio* [1] rappelle, en effet, d'une manière remarquable ce qui s'observe chez les somnambules artificiels. C'était un étudiant en théologie de Milan, âgé de 25 ans. Il passait d'un état somnambulique, où il conversait très-pertinemment, à un état comateux avec insensibilité qui ne durait que quelques minutes, pour rentrer ensuite dans sa crise somnambulique. Ce n'était pas seulement les personnes qui étaient en rap-

1. Voy. *Discorso sopra un sonnambolo maraviglioso*, del P. Maestro F. Domenico Pino. (Milano 1770, in-4.)

port avec lui qu'il entendait, mais toutes celles qui lui adressaient la parole.

On comprend donc la facilité des magnétisés à entrer avec ceux qui leur parlent ou qui les touchent dans une relation plus étroite, un commerce plus intime. La surexcitation du toucher leur permet, d'ailleurs, en prenant la main de l'interlocuteur, de mieux apprécier les émotions auxquelles il est en proie, les sentiments qui l'animent. Le somnambule du P. Pino, quand il écrivait, se guidait ainsi beaucoup plus par le toucher, aidé de la mémoire, que par la vue; ce qui lui faisait, au reste, parfois commettre d'étranges erreurs; par exemple, au lieu de tremper sa plume dans l'encrier, il l'enfonçait, si l'on avait dérangé son siége, dans tout autre objet placé à la distance où était primitivement l'encrier [1].

1. Les particularités signalées par le frère prêcheur, à propos du somnambule de Milan (p. 30 et suiv.), m'ont confirmé dans l'opinion que j'avais émise à la Société médico-psychologique avant d'avoir lu son *Discorso*, c'est que le somnambule ne distingue pas toujours en réalité, qu'il voit parfois simplement dans sa pensée, et alors il peut avoir les yeux fermés. Deux hallucinations hypnagogiques que j'éprouvai, à peu de temps d'intervalle, avaient fait passer devant mes yeux des lignes d'écriture sur un fond brillant; l'illusion persista assez pour qu'il m'ait été possible de les relire. J'en concluai que l'état somnambulique ravivant la mémoire, l'œil intérieur, l'œil mental, pour ainsi parler, pouvait voir comme une écriture extérieure, comme une chose externe, ce qu'il se représente. C'est ainsi qu'on

J'arrive maintenant à l'ordre de phénomène qui a le plus prêté au merveilleux.

On a vu que dans l'état déterminé par l'inhalation des anesthésiques, aussi bien que dans le rêve et l'extase, l'homme est entièrement captivé par la contemplation de ses propres idées, lesquelles se présentent alors à son esprit comme des réalités extérieures. C'est aussi ce qui se passe dans l'état magnétique. Ce sommeil artificiellement produit est accompagné d'un ravivement des idées, d'une transformation de la pensée en sensations externes dont le somnambule est ordinairement la dupe; il voit, il odore des objets, il entend des sons, en rapport avec ses propres conceptions; il a de véritables rêves ou des hallucinations; car ici le sommeil tel que nous le définissons

lit parfois en songe. Je me rappelle avoir eu de pareils rêves, avoir même lu des pages entières de livres que j'avais déjà lus éveillé. Le somnambule qui écrit une lettre, la relit, peut donc ne pas toujours voir réellement ce que sa main a tracé, mais revoir, comme je le faisais dans mes hallucinations hypnagogiques, sa propre composition. Effectivement, le P. Pino nous apprend que son somnambule ne dirigeait pas les yeux sur le papier où il écrivait et dont les lignes étaient souvent mal tracées et confuses, qu'il écrivait les yeux bandés et apercevait parfois dans son cabinet ce qu'il croyait y être, et qui en avait été enlevé. Un carton interposé entre les yeux et le papier ne l'empêchait pas d'écrire, et en certains cas, ne sentant pas qu'il était au bas de la page, il continuait sur la table. La mémoire, ravivée au point de rendre les objets présents à l'œil de l'esprit, le tact surexcité aident visiblement le noctambule dans ses promenades au milieu ne se produisant pas et le mesmérisé demeurant à moitié éveillé, les rêves se confondent avec les hallucinations proprement dites. Un des défenseurs les plus convaincus et les plus éclairés des phénomènes surnaturels attribués au somnambulisme, M. le général Noizet, convient lui-même (*Mémoire sur le somnambulisme*, ch. VI) que les visions du somnambule ne sont fréquemment qu'un jeu de son imagination, et les faits cités dans l'appendice de son ouvrage, pour établir la possibilité chez le magnétisé de voir rétrospectivement ce qu'a fait la personne qui entre en communication avec lui, montrent assez qu'il est mis sur la voie par les questions qu'on lui pose; la divination naturelle et l'imagination font le reste. Je me suis plusieurs fois moi-même assuré que si le

des ténèbres; car il se heurte ou tombe s'il rencontre des objets qu'il ne sait pas être sur sa route. Frappé de ces faits, le P. Pino propose la même explication à laquelle j'avais été conduit par ma propre expérience. Notons de plus à l'appui de cette explication, qui rend compte de ce que l'hyperesthésie ne pourrait toujours expliquer, que le somnambule naturel répète le plus souvent dans ses accès les actes ordinaires de la veille, et dont la mémoire lui apporte tous les éléments; il en est de même pour le rêve. Lucrèce a dit :

> In somnis eadem plerumque videmur obire :
> Causidici caussas agere et componere lites
> Induperatores pugnare et prælia obire
> Nautæ contractum cum ventis cernere bellum.
> . . . . , ...
> Cœtera sic studia atque artes plerumque videntur
> In somnis animos hominum frustrata tenere.
>
> Lib. IV.

somnambule est induit en erreur par l'interrogateur, il se lance résolûment à la suite des idées qui lui sont mensongèrement suggérées. Ayant un jour interrogé chez le docteur M... un somnambule sur ce que j'avais fait dans la matinée, celui-ci me dit, après bien des hésitations, que j'avais été à l'hôtel de ville ; ce qui était faux. Je répondis cependant comme si le fait était exact. Le somnambule se mit alors à me décrire ce que j'avais vu, et ses descriptions étaient assez conformes à la disposition des lieux où il supposait que je m'étais rendu. Je fis une autre fois la même expérience sur le fameux Alexis ; le résultat fut identique. Il me raconta minutieusement ce que je n'avais point fait, parce que je l'avais laissé croire qu'il devinait juste. Presque toutes les personnes qui s'adressent aux somnambules ont le tort d'aider de leurs indications et de leurs corrections les réponses que ceux-ci leur font, et voilà pourquoi elles réussissent d'ordinaire à les mettre sur la voie.

Mais si, dans l'état de veille, une semblable façon d'interroger facilite la divination naturelle, l'aide qu'on prête par ses indications est bien plus importante pour le somnambule. On a vu qu'une personne placée près d'un dormeur peut provoquer chez lui tel ou tel ordre de rêves, en le soumettant à telles ou telles impressions extérieures. Chez le somnambule il est ainsi plus aisé d'amener la pensée sur un ordre de faits déterminés et d'éveiller dans l'esprit certaines images.

On lui parle, on fixe son attention, on l'entoure de tout ce qui est de nature à faire naître l'idée dont on prétend lui communiquer l'intuition. Conservant la faculté de comprendre ce qui lui est dit, pourvu qu'un rapport direct soit établi entre lui et l'interlocuteur, le mesmérisé trouve dans les paroles qu'on lui adresse comme les aliments de ses visions; mais celles-ci, pas plus que les rêves, ne sauraient lui retracer le tableau des choses éloignées, lui révéler les faits qu'il ignore; elles déroulent seulement devant les yeux de son esprit l'idée qu'il s'en fait. Prétend-on par exemple le conduire en pensée dans une localité; il vous la décrit telle qu'il se la figure, non telle qu'elle est, s'il ne l'a point antérieurement visitée, ou s'il se guide à son insu sur des descriptions inexactes, sur des peintures infidèles rencontrées par lui dans des livres, que lui ont offertes des gravures, des peintures, des dessins. On voit donc que le somnambule agit précisément comme le font le rêveur et l'extatique.

Une nuit je m'étais imaginé en songe voir la ville de New-York, et en parcourir les rues, de compagnie avec un ami. Quand je m'éveillai, le souvenir de ce rêve demeurait très-présent à mon esprit; j'avais encore comme devant les yeux l'aspect général de la ville et celui d'une de ses places. Dans la journée, je me rendis sur les boulevards où je savais qu'était exposée, à l'étalage d'un marchand de gravures, une vue de la grande cité américaine, vue qui m'avait frappé, quelques semaines auparavant. Je retrouvai là l'image de mon rêve; mais dans ce panorama nécessairement fort réduit il me fut impossible de reconnaître la grande place où je croyais m'être promené avec mon ami. Je cherchai longuement dans mes souvenirs et finis par me rappeler que la place en question devait être la grande place de Mexico, dont j'avais jadis remarqué, à Berlin, un magnifique dessin. Peu de temps après j'en eus la preuve positive, en tombant par hasard sur la planche d'un ouvrage où elle était représentée.

Ainsi j'avais mêlé en rêve le souvenir de deux dessins, et croyant me trouver à New-York, où je ne suis jamais allé, je me représentais en partie Mexico. Certainement, si je n'avais pas pris le soin de vérifier la confusion, et si j'eusse été enclin à attribuer à mes rêves un caractère intuitif, je me serais imaginé que j'avais voyagé en pensée aux États-Unis.

De pareilles erreurs se produisent fréquemment chez les somnambules sans qu'on y prenne garde; des vérifications telles que celles que j'ai faites décèleraient bien vite l'origine purement imaginative de leurs visions. Voici qui le démontre. Une personne que l'on avait magnétisée chez quelqu'un de ma connaissance fut conduite en pensée à Paris; elle se trouvait alors à plus de cinquante lieues de la capitale. On la mena par le même procédé au Théâtre-Français; elle décrivit non-seulement la salle, mais la pièce qui y était, d'après elle, en ce moment représentée. Vérification faite plus tard, il se trouva qu'il y avait eu précisément ce jour-là relâche aux Français ; la description de la salle était d'ailleurs inexacte. Évidemment le magnétisé, dont la bonne foi ne saurait être suspectée, croyait voir jouer une pièce et se figurait une salle de spectacle tout autre que celle des Français. Un somnambule dont on a fait grand bruit, Calixte, interrogé par moi sur la ville d'Alger, que je connais fort bien, m'en donna une description où il était facile de reconnaître, non le compte rendu d'impressions visuelles réelles, mais le souvenir un peu vague de ce qu'il avait pu en apprendre.

Dans l'état magnétique comme dans le rêve c'est le souvenir qui fournit le thème aux visions ; c'est lui qui ravivé sert à l'esprit de cadre pour disposer la série d'idées chimériques dont il est rempli et que la crédulité s'empresse de rapprocher des faits réels, de mettre, tant bien que mal, d'accord avec les questions adressées au somnambule.

Tandis que le questionneur cherche à retrouver dans les réponses les faits qu'il connaît, il ne s'aperçoit pas, comme je le disais plus haut, qu'il aide singulièrement le somnambule par ses paroles ; il le prend en quelque sorte par la main pour le conduire, à travers les brouillards de son rêve, dans les lieux qu'il prétend lui faire visiter en esprit, pour l'amener sur le sujet qu'il s'agit de lui faire deviner.

L'extatique se transporte de même par la pensée dans des localités que lui représente son imagination [1]; il croit assister aux scènes qu'il conçoit. C'est de la sorte que la sœur Anne Catherine Emmerich se voyait à Jérusalem, présente aux scènes de la Passion, que sainte Gertrude se transportait dans le ciel auprès du Sauveur.

Toutes ces visions portent d'ailleurs le cachet du caractère, des idées, des préoccupations de l'extatique ou du somnambule ; aussi offrent-elles une apparence d'autant plus grande de réalité que celui-ci a sur les choses qu'il se figure voir des notions plus exactes.

Chez le magnétisé comme chez le rêveur les images-idées s'offrent spontanément à l'esprit, et c'est là ce qui leur donne l'apparence d'une révélation, d'une intuition. Le magnétisé est dans un état intellectuel tout passif; il ne réagit pas sur lui-même; l'affaiblissement de son jugement ne lui permet point de s'apercevoir qu'il est l'artisan de ses propres hallucinations. Voilà pourquoi il s'imagine que tout ce qui lui vient à l'esprit lui est apporté du dehors par une faculté prophétique et surnaturelle. Il donne comme une prédiction les pensées qui surgissent tout à coup dans son cerveau, de la même façon que chez les peuples enfants et superstitieux le devin donnait ses rêves pour autant de révélations. Si l'on recueillait toutes les prédictions des somnambules qui ne se sont point réalisées,

1. Voy. ce que je dis à ce sujet dans : *la Magie et l'Astrologie dans l'antiquité et au moyen âge*, p. 363.

toutes les fausses nouvelles qu'ils ont débitées, toutes les consultations absurdes qu'ils ont données aux malades, on reconnaîtrait combien est frivole la prétention des adeptes du magnétisme animal d'ouvrir par leurs pratiques l'avenir à notre curiosité [1]. On retrouverait là autant de déceptions que les rêves ont pu en apporter à ceux qui y cherchaient la révélation des choses futures. Je sais bien qu'on a recueilli un grand nombre de témoignages pour établir qu'en certains cas les rêves peuvent avoir un caractère prophétique, qu'ils sont une des formes de la prévision et du pressentiment [2]. Mais que l'on mette en regard le petit nombre de ces faits, la plupart d'ailleurs d'une authenticité douteuse, et recueillis par des hommes crédules et sans critique, des innombrables chimères que nous offrent tous les jours les rêves, et l'on se convaincra

1. Voy. à ce sujet l'ouvrage de M. Mabru, intitulé : *Les magnétiseurs jugés par eux-mêmes* (Paris, 1858). Toutefois l'estimable auteur de cet ouvrage me semble avoir poussé beaucoup trop loin l'incrédulité, ainsi qu'on pouvait déjà le reprocher à MM. Dubois (d'Amiens) et Burdin, dans leur *Histoire académique du magnétisme animal.* Les exagérations des adeptes de Mesmer et de Puységur ont eu pour effet, comme toute exagération, de provoquer une réaction dans les idées, et bien des médecins se sont laissés aller à un scepticisme systématique tout aussi peu philosophique que la crédulité qu'ils voulaient combattre.

2. Voy. à ce sujet : Deleuze, *Mémoire sur la faculté de prévision,* suivi de notes et pièces justificatives recueillies par Mialle (Paris 1836).

qu'il y a là simplement des coïncidences fortuites ou l'effet d'un pressentiment dû à des causes naturelles. Notons qu'aujourd'hui la foi aux rêves ayant disparu, on ne cite plus que rarement des songes prophétiques, tandis que l'antiquité nous en a rapporté un grand nombre [1]; ce qui prouve qu'il y avait

1. On peut appliquer aux songes ce que Saulx-Tavannes écrivait au seizième siècle des apparitions des morts : « Il y a eu de grands abus en l'opinion que l'on a voulu donner au peuple qu'il revenoit des trespassez ou que les demons se monstroient aux personnes. Plusieurs hommes d'Église y ont eu beaucoup de tort, lesquels ont feint que parfois les ames retournoient, à ce que les parents qui estoient en opinion qu'ils estoient en peine fissent des donations pour les en retirer. L'espreuve de cest abus est qu'il y a cinquante ans que ceste créance estoit si grande dans l'esprit des personnes, que soit par l'appréhension qu'ils avoient ou par ceux qui contrefaisoient les esprits, il se trouvoit peu de personnes qui ne dissent en avoir veu et ouy, non une fois, mais plusieurs. Maintenant que les hommes sont plus fins et que la religion debattue a plus esloigné les abus, il ne se trouvera de cinquante un qui dise avoir veu ni ouy les ames desditz trespassez ny les esprits. Et ce qui monstre plus l'abus, c'est que les luthériens ny huguenots, qui en devroient estre les plus tourmentez, et qui n'y croyent gueres, n'en voyent point du tout ; à quoy on peut objecter que parce que ils sont hors de l'Église et comme perdus, les esprits ne se manifestent à eux ; au contraire, c'est à ceux-là que les bons esprits devroient paroistre pour les remettre en bon chemin, ou, si l'amitié se conserve encores hors du monde, les visions des parens mortz serviroient pour les admonester s'ils pouvoient revenir. » (*Mém. de Gaspard de Saulx-Tavannes*, t. I, p. 435-436, édit. Petitot.)

dans tout cela plus un effet de la superstition que de l'observation. « Accidunt somnia talia vaticinium habentia, écrit Albert le Grand[1], quibuslibet hominibus indifferenter et non accidunt viris prudentissimis et optimis. » Qu'on n'oublie pas d'ailleurs que nous rêvons ordinairement de ce qui nous préoccupe. Cette préoccupation peut exister en quelque sorte sans que nous en ayons conscience. Une vie active, très-occupée, empêche souvent notre esprit de s'arrêter à des réflexions ou à des inquiétudes qui mettent cependant en mouvement certaines parties de notre cerveau. La volonté, en dirigeant nos pensées, chasse de notre esprit ces préoccupations particulières; mais en rêve la volonté n'agit plus, ou n'agit que faiblement, et l'esprit s'abandonne alors tout entier aux impulsions instinctives et automatiques. Les préoccupations reprennent dans ce cas leur empire, et des sentiments ou des idées qui remuaient notre esprit, à notre insu, se manifestent librement, prennent d'autant plus de force que le rêve leur donne un caractère objectif. On voit en rêve la mort de ceux pour la vie desquels on a depuis longtemps de secrètes alarmes. On rencontre des amis dont l'absence prolongée rendait plus vif le désir de les revoir, et qui ne doivent pas tarder, souvent à raison de cette ab-

1. *De somno et vigilia,* tract. II, cap. VII, p. 107, ap. *Oper.*, t. V.

sence, de revenir près de vous ; on apprend la réalisation de ses désirs, le succès d'une entreprise qui se préparait ou l'évanouissement de ses espérances, dont divers avant-coureurs vous faisaient présager la fragilité. On voit des personnes qu'on croyait n'avoir jamais vues, et que cependant on avait rencontrées, mais dont les traits ou le portrait nous avaient frappé sans qu'on en eût conscience [1].

Tous ces motifs nous prédisposent à pressentir naturellement ce qui doit arriver, et c'est ainsi que s'explique le caractère prophétique qu'ont offert certains rêves, caractère qui avait si fort frappé les anciens. De là encore la fameuse prophétie de Cazotte, rapportée par Laharpe, et celle que contient la chanson dite *Turgotine*. Bien des esprits clairvoyants pressentaient alors les révolutions et les malheurs auxquels conduiraient les théories du dix-huitième siècle, embrassées par tant de gens avec plus d'enthousiasme que de prudence, et associées à une foule d'idées fausses et dangereuses.

1. Conf. ce que j'ai dit plus haut, p. 123. C'est par une circonstance de ce genre que peut vraisemblablement s'expliquer comment Jeanne-Françoise de Chantal vit en songe le prêtre qu'elle devait prendre pour directeur en entrant dans la vie dévote. La pensée et l'image de saint François de Sales, qui s'apprêtait à venir prêcher en Bourgogne où elle habitait, siégeaient déjà, à son insu, dans son imagination, et la première fois qu'elle aperçut le pieux évêque, elle reconnut les traits que quelque image lui avait déjà offerts, mais qu'elle avait oubliés.

Un officier que j'ai connu, et dont l'imgination était notoirement préoccupée d'une guerre future avec la Russie, rêva, en 1852, qu'il était envoyé combattre les Russes en Turquie et périssait dans la guerre. Ce rêve se réalisa quelques années plus tard. Voilà un exemple de prévision qui eût singulièrement frappé nos pères et n'a pourtant rien que de naturel. Que l'on cherche à pénétrer les causes qui ont engendré bien des rêves réputés prophétiques, et l'on se convaincra qu'il y avait toujours chez le rêveur une préoccupation antérieure des faits qu'il s'est représentés en rêve, et un pressentiment fondé d'événements probables.

Malheureusement ceux qui nous ont rapporté les rêves prophétiques n'ont jamais pris le soin de recueillir les indications propres à nous faire juger de leur naturalisme, et c'est le goût du merveilleux qui les leur a fait raconter.

Ces réflexions sont applicables à la soi-disant prévision des somnambules, à leur faculté supposée d'être informé intuitivement de ce qui se passe loin d'eux. Je ne parle pas, bien entendu, de toutes les supercheries auxquelles recourent de prétendus somnambules, des individus qui font argent de la pratique du magnétisme, je ne m'occupe que du petit nombre de ceux qui apportent dans leurs expériences une complète bonne foi.

Chez le somnambule artificiel, de même que chez le rêveur, ces idées, qui se présentent spontanément à l'esprit avec une extrême vivacité, sont le résultat des préoccupations dont il avait été agité durant la veille et qui ont laissé dans le cerveau un reste d'ébranlement. C'est aussi ce qui se passe quelquefois pour le somnambulisme naturel.

Il se produit dans l'état magnétique, somnambulique et jusque dans le sommeil simple, un sentiment plus ou moins vague du temps, de la durée. Ce sentiment offre du reste le même caractère que dans l'état de veille, et il apparaît d'autant plus prononcé que la réflexion a été moins profonde, l'absorption dans certaines idées moins complète. Si une conversation nous charme ou nous captive, si un spectacle nous enchante, si notre attention est puissamment fixée par un travail mental, le temps s'écoule sans que nous en ayons pour ainsi dire conscience. L'esprit ne faisant pas à certains moments ces retours sur soi-même, qui permettent d'apprécier le temps écoulé, la durée n'est qu'imparfaitement perçue. Si, au contraire, nous avons toute liberté de rapporter chacun de nos actes à d'autres faits qui en mesurent la durée, nous parvenons à évaluer beaucoup plus exactement le temps. L'animal, qui ne fait pas assurément de réflexions bien profondes, et dont l'attention est ordinairement aussi mobile que celle de l'enfant, montre fréquemment un sentiment précis du temps.

J'ai un chat qui connait parfaitement les heures des repas et apprécie avec assez de justesse le moment où rentrera du marché la domestique chargée de lui préparer ses aliments. Un de mes frères possédait un chien qui savait presque à la minute l'heure à laquelle celui-ci se rendait à son bureau, où il avait coutume de le suivre, et qui, à quatre heures sonnant, sortait de son sommeil et s'apprêtait à rentrer avec son maître. Les loups, les bêtes fauves savent fort bien à quel moment du jour se rendront au pré les troupeaux sur lesquels ils méditent une irruption. Le cheval que l'on promène tous les jours à une certaine heure arrive à savoir, à quelques minutes près, le moment de sa sortie de l'écurie. Des faits analogues sont journellement enregistrés; ils appartiennent à la classe des phénomènes d'habitude. L'heure assignée aux repas, à la promenade, au travail, amène pour certains organes le besoin de repos ou de changement dans le mode d'action, au bout d'un temps déterminé. La faim nous avertit de l'heure de manger, et la fatigue nous dit que la tâche habituelle est fournie. C'est aussi l'habitude, comme l'a observé Alexandre Bertrand, qui fait que nous nous éveillons à telle heure, sans que nous ayons besoin d'interrompre de temps à autre notre sommeil, afin de nous assurer du temps que nous avons dormi. Si cette habitude n'est pas encore acquise, nous ne pouvons avoir, comme je le disais tout à l'heure, conscience du temps qu'au détriment de l'attention apportée dans nos occupations; il nous faudra, à certains intervalles, vérifier par des comparaisons ce qu'il y a déjà de temps écoulé. L'homme qui n'est pas encore fait à s'éveiller à une heure fixe dort d'un sommeil imparfait et se réveille plusieurs fois durant la nuit.

Les hommes sont inégalement aptes à acquérir cette habitude. Il en est qui n'y arrivent jamais. D'autres, au contraire, la prennent rapidement en pensant fortement avant de s'endormir à l'idée de se réveiller à telle heure. Vraisemblablement cette préoccupation empêche toutes les parties du cerveau de s'engourdir également, et dispose les sens à recevoir les moindres sensations de nature à nous faire connaître qu'il est l'heure du réveil.

Le sentiment du temps observé chez les somnambules naturels et artificiels n'est donc nullement une preuve qu'ils possèdent une faculté intuitive[1]. Le somnambule prédit l'heure à laquelle il sortira de sa crise, la durée du mal dont il souffre et dont se complique l'accès de somnambulisme, de la même façon que le dormeur avant de se livrer au repos peut, s'il est habitué à se réveiller à la même heure, vous dire à quel moment il sortira du sommeil.

Les affections nerveuses, fréquemment liées aux diverses formes du somnambulisme, sont générale-

1. M. le général Noizet (*Mémoire sur le somnambulisme*, p. 161 et suiv.) avait déjà rapproché avec raison le sentiment du temps qu'on a dans le sommeil de celui que présentent les somnambules.

ment périodiques dans leurs accès, et voilà ce qui explique les exemples de prévision sur la durée des crises qu'ont rapportés les auteurs et où l'on a vu des effets d'une faculté prophétique. La somnambule du docteur Mesnet annonçait de même d'une manière très-exacte la durée de ses accès d'hystérie[1]. Il est d'ailleurs facile de comprendre que les somnambules naturels puissent, sans s'en rendre compte, juger par certains symptômes de l'invasion ou de la disparition prochaine de la crise, ainsi que cela a lieu chez plusieurs cataleptiques, d'après l'observation du docteur Favrot[2]. C'est là un fait de prévision naturelle, comme celui que nous offrent les malades qui prédisent leur fin prochaine. Cette prévision est due à un sentiment vague de la désorganisation qui se produit dans l'économie[3]. Il est de plus à noter que la surexcitation nerveuse rendant l'organisme beaucoup plus délicat pour certaines impressions qui n'agissent que faiblement sur nous dans l'état de santé, le

1. Voy., sur le sentiment du temps chez certains hystériques, la curieuse observation du docteur Latour, rapportée par M. Guéritant dans un rapport fait à la Société des sciences physiques d'Orléans. Alex. Bertrand, *Traité du somnambulisme*, p. 128 et suiv. Une foule de médecins ont, depuis Arétée, constaté la possibilité de la prévision dans différentes maladies.

2. *Thèse sur la catalepsie*, p. 42.

3. Voy., sur ces pressentiments, *Revue britannique*, 6e série, t. XXVII, p. 27, 28. Deleuze, *Mémoire sur la faculté de prévision*, p. 151.

sentiment du mal interne, de ce qu'on pourrait appeler l'incubation de la mort ou de l'état de crise, doit être plus prononcé [1].

Mais de quelque façon qu'on explique d'ailleurs la faculté d'évaluer le temps, il est constant qu'elle existe chez l'homme à des degrés divers; elle peut donc être exaltée ou affaiblie dans certains états morbides. Le docteur Rech et d'autres médecins ont constaté que ce sentiment est en grande partie aboli chez l'homme qui a pris du hachisch. Une personne à laquelle on avait administré cette préparation croyait, par exemple, avoir vécu trois mille ans [2]. En songe, si parfois le sentiment du temps se conserve, d'ordinaire il s'efface le plus complétement. Il y a quelques nuits, je rêvais que je faisais un voyage en Portugal, contrée que je n'ai jamais visitée, et il me semblait que ce voyage avait duré plusieurs mois.

Les faits que je viens de rappeler ne doivent d'ailleurs être acceptés qu'avec une extrême réserve, car tous ceux qu'on a consignés ne présentent pas le même caractère d'authenticité. On ne saurait nier néanmoins que la prévision du temps que doit durer un accès ou un mal ne se manifeste chez certains somnambules; mais ce que j'ai dit montre qu'il y a là autre chose qu'une faculté prophétique. Ajoutons

1. Voy. ce qui est rapporté d'une folle qui prédisait l'arrivée des orages, *Revue britannique*, 5e série, t. V, p. 119.

2. Voy. *Annales médico-psychologiques*, t. XII, p. 34.

que l'imagination, qui joue un si grand rôle dans les affections nerveuses, contribue singulièrement à mettre d'accord les événements avec les idées que s'en font les malades; ces idées, s'étant manifestées à eux d'une manière toute spontanée, leur apparaissent comme de véritables révélations, et elles influent sur leur état subséquent beaucoup plus que ne le feraient de simples opinions.

L'instinct des remèdes dont on a fait tant de bruit ne peut guère être invoqué plus que la prévision du temps, que l'existence de la faculté prophétique, en faveur de l'origine surnaturelle de l'état somnambulique.

D'abord il est constant que le charlatanisme et l'intérêt ont érigé en médecins ayant la science infuse des somnambules ignorants qui donnent les plus ridicules consultations, et dont les réponses indiquent qu'ils sont étrangers à toutes notions de physiologie et de thérapeutique. Que les remèdes prescrits par ces imposteurs à des personnes prévenues ou crédules aient eu quelquefois un bon effet, cela n'a rien qui doive nous surprendre; on sait l'influence qu'exercent la croyance et l'imagination sur le cours de la maladie.

La plupart de ceux qui consultent les somnambules sont d'ailleurs en proie à des affections nerveuses, c'est-à-dire précisément au genre de mal sur lequel l'imagination a le plus d'action.

Si l'on écarte les faits entachés de fraude, et ils se rencontrent par milliers, on ne trouvera rien à alléguer pour établir le prétendu instinct des maladies, sauf quelques réponses conformes à l'état pathologique réel du consultant. Mais ces réponses ne sont après tout que l'expression de l'opinion que se fait le somnambule sur la nature du mal au sujet duquel il est interrogé. En prenant connaissance de plusieurs de leurs réponses, j'ai pu me convaincre qu'elles ne sont autres que le récit de visions relatives à la maladie cherchée dont l'imagination du somnambule est vivement préoccupée. Ces visions, selon l'instruction médicale de la personne magnétisée, et le degré d'exactitude de son diagnostic naturel, sont plus ou moins d'accord avec la réalité.

« Les somnambules, écrit le docteur Rostan, qu'on ne saurait accuser d'incrédulité en matière de magnétisme animal, assurent qu'ils voient dans l'intérieur du corps. Les recherches réitérées que j'ai faites à ce sujet m'ont bien prouvé qu'ils faisaient des efforts pour distinguer leurs organes ; ces recherches m'ont bien convaincu qu'ils éprouvaient quelques sensations intérieures, mais je n'ai jamais obtenu que des descriptions tout à fait fausses ou du moins fort erronées. Il est extrêmement rare que des somnambules, même très-lucides, voient approximativement leur intérieur. Ils n'ont la plupart que des idées absurdes qui ressemblent à de vains songes, et c'est tout. »

Il n'y a donc point dans l'état magnétique prévision des remèdes, vue à l'intérieur du corps malade, mais simple hallucination, rêve où le somnambule voit ce qu'il imagine. Conçoit-il quelque chose d'analogue à l'affection dont le consultant est réellement atteint, et cela sur les indications qui lui sont fournies, il a alors tout l'air de deviner réellement la nature du mal. S'il possède de plus quelques notions thérapeutiques, il pourra parfois prescrire des remèdes efficaces. Car il est à noter qu'il se traîne toujours dans les voies de la médicamentation connue ; et la preuve qu'il n'y a chez lui aucune intuition médicale, c'est que pas un somnambule n'a découvert de spécifiques nouveaux.

D'ailleurs, dans ses réponses, la personne magnétisée subit presque toujours l'influence des idées qui lui sont suggérées par le magnétiseur, et ceci me conduit à parler d'un des phénomènes les plus merveilleux que l'on ait rapportés du somnambulisme artificiel, la communication des pensées.

J'ai déjà fait remarquer plus haut que l'emploi des procédés de l'hypnotisation a pour effet d'amener un affaiblissement notable de la volonté et de porter atteinte à la faculté du jugement. L'hypnotisé tombe dans un état en quelque sorte passif[1], fort analogue à

1. Voy. ce que dit M. Philips de ce qu'il appelle l'état passif dans son ouvrage intitulé : *Électro-dynamisme vital, ou les relations physiologiques de l'esprit et de la matière* (Paris, 1855,

celui que nous offrent certains cas d'aliénation mentale ; il ne réagit plus contre les impressions du dehors, ou, ne réagissant que très-mollement, en subit presque toujours l'empire. Ainsi privé de la volition volontaire, s'il est permis de s'exprimer ainsi, ou si l'on veut de la volonté délibérée, le patient n'a plus guère d'idées que celles qui lui sont communiquées par les impressions auxquelles il est soumis, ou directement par la parole de ses interlocuteurs, autrement il demeure dans une sorte d'état d'hébétude, observé chez quelques aliénés comme aussi chez les crétins [1]. Il s'opère alors une sorte de fascination dont les expériences de M. Philips ont fourni de curieux exemples. L'hypnotisé croit ce qu'on lui dit, parce que la parole qu'on lui adresse, ou pour mieux dire l'idée qu'elle exprime, produit sur son imagination, sur son intelligence affaiblie, une impression telle, qu'il ne peut plus se soustraire à ses effets. L'idée transmise provoque la sensation interne, inséparable de la pensée de cette sensation même ; et à raison de l'atonie du système nerveux, cette sensation rappelée, qui n'est que légère à l'état normal, se manifeste avec autant d'énergie que la

p. XXI et suiv. et 299). Toutefois l'auteur a beaucoup trop étendu la sphère des phénomènes qu'il analyse et singulièrement exagéré leur importance et leurs effets.

1. Voy. à ce sujet mon article dans la *Revue des Deux Mondes* du 1er janvier 1861 sur les dégénérescences de l'espèce humaine et le crétinisme en particulier.

sensation réelle, de façon qu'elle agit sur l'esprit, tout comme si le corps avait éprouvé ce dont un tiers a simplement suggéré l'idée à l'intelligence.

Vous dites, par exemple, à une personne hypnotisée: « *Tu ne pourras pas ouvrir la bouche.* » Vous répétez ces mots fortement et à plusieurs reprises, de manière à impressionner vivement l'imagination du patient, à ébranler les parties du cerveau mises en jeu pour la perception de cette idée. La pensée de ne pas pouvoir ouvrir la bouche entre alors fortement dans l'esprit du patient et elle est nécessairement accompagnée d'un rappel, d'un léger retentissement de la sensation que nous éprouverions réellement si nous ne pouvions ouvrir la bouche[1]. C'est le même phénomène qui se produit chez l'hypocondriaque : la seule pensée d'un mal, d'une souffrance, la lui fait éprouver. Il perçoit des douleurs qui n'ont point pour causes l'affection de l'organe, mais le rappel, le ravivement d'une perception dont toute idée est accompagnée. L'attention qu'on appelle fortement sur l'organe que l'on veut

1. C'était par une action de ce genre qu'un sectaire gnostique, Marc, disciple de Valentin, parvenait à faire prophétiser les femmes qu'il avait endoctrinées. Après avoir vivement frappé leur imagination en recourant à des invocations, ainsi que nous l'apprend saint Irénée, et les avoir jetées à l'aide de ses pratiques dans une sorte d'hypnotisme, il les contraignait à ouvrir la bouche et à prophétiser. Les prophéties n'étaient autres que les idées-images qui s'offraient alors spontanément à l'esprit exalté de ces femmes.

frapper d'un mal, d'une paralysie imaginaire, augmente encore cet effet, car l'attention amène l'afflux du sang dans la partie du corps sur laquelle elle se fixe. Quand le sang se porte avec facilité dans un organe, il est beaucoup plus facile par la simple pensée d'y éveiller la douleur. C'est ainsi que j'ai maintes fois éprouvé que la seule idée de lire des caractères très-fins me produit une sensation de fatigue dans les yeux. Tout le monde a remarqué que l'idée du bâillement la provoque et la pensée d'un mets succulent vous fait éprouver un commencement de sensation gustative. On comprend, du reste, que par une réaction nerveuse, l'attention ramenée sans cesse sur un organe y porte le trouble et y provoque le mal que l'imagination a rêvé [1]. A raison de l'affaiblissement du système nerveux, lequel a transporté et comme accumulé dans le cerveau toute la force nerveuse qui se porte d'ordinaire aux extrémités frappées d'engourdissement dans l'état hypnotique, ce retentissement des sensations s'opère avec une plus grande énergie et se rapproche beaucoup d'une sensation réelle. L'homme hypnotisé, auquel on assure qu'il ne peut parler, éprouve donc quelque chose d'analogue à ce qu'il ressentirait si vraiment sa bouche était forcément close.

C'est en cela que paraît consister le phénomène de la

1. Voy. ce que j'ai dit des stigmatisés dans mon ouvrage intitulé : *la Magie et l'Astrologie dans l'antiquité et au moyen âge*, p. 385 et suiv.

fascination déterminée par une impression violente chez des personnes d'une constitution nerveuse délicate ou affaiblie. La frayeur l'engendre souvent pour ce motif. Un enfant qui vous connaît et sait fort bien que vous avez pris un déguisement ou que votre figure affecte momentanément un aspect étrange jette des cris lorsque vous vous présentez devant lui ainsi métamorphosé. Vous lui dites : « *Je suis un loup, une bête* « *qui va te manger*, » et il se cache la figure, il se sauve en pleurant. Ici visiblement l'idée suggérée à l'enfant produit sur son esprit une impression aussi vive que la réalité même ; il finit par croire un instant que vous êtes un loup ou une bête dévorante ; il s'enfuit pour échapper à la fascination qui s'empare de lui. Un soir, dans le calme de l'obscurité, racontez à des personnes peureuses quelque histoire de revenants ; composez votre voix et vos gestes de façon à rendre votre récit plus saisissant, et vous ne tarderez pas à faire passer dans l'esprit de vos auditeurs la pensée que les revenants sont là ; chacun sera saisi d'une frayeur superstitieuse et croira voir et entendre le spectre.

Que se passe-t-il encore ici ? l'idée n'a-t-elle pas provoqué un rappel de sensation aussi vif que l'eût été la sensation même ? L'esprit perçoit comme une image véritable cette idée qui n'est qu'une image affaiblie, parce que son impressionnabilité, c'est-à-dire une exaltation cérébrale et nerveuse, donne aux moindres sensations internes la même intensité que les sensations vraiment sensorielles.

C'est le phénomène du même ordre que celui qui fait qu'une guérison s'opère sous l'impression d'une foi vive, quand l'impressionnabilité est telle que la conviction donnée par la foi se transforme en une perception réelle, laquelle, réagissant sur l'organisme, détermine un changement salutaire[1].

Les effets de suggestion observés chez certains magnétisés appartiennent à cette catégorie de réactions puissantes de l'esprit sur les sens et l'organisme. Vous communiquez au somnambule artificiel des idées, soit par un geste, soit par la parole; ces idées produisent une telle émotion sur son esprit affaibli par la crise où il se trouve, qu'elles ne tardent pas à prendre l'inten-

1. J'ai déjà donné quelques détails sur ces effets du moral sur le physique dans mon ouvrage : *la Magie et l'Astrologie dans l'antiquité et au moyen âge* (Paris, 1860). Le fait de guérisons par la seule vertu de la foi a été observé dans différentes religions. Ces guérisons se produisent chez des personnes d'une constitution nerveuse, délicate ou très-exaltée. Il est certain que l'influence du moral peut aller jusqu'à déterminer des changements profonds dans l'organisme. M. Philips cite l'histoire d'une femme du Valais qui, sous l'empire de la frayeur profonde que lui inspirait l'opération de l'ablation d'un goître énorme qu'elle devait subir, fut débarrassée presque subitement de cette infirmité. Voy. *Electro-dynamisme vital*, p. 239. Montaigne, au chapitre xx du livre I de ses *Essais*, — *De la force de l'imagination*, — relève un grand nombre de faits du même ordre, qui prouvent la vérité de l'axiome de l'école : *Fortis imaginatio generat casum.*

sité qu'aurait la perception née des impressions du dehors. J'ai assisté chez M. le docteur Puel à des expériences de cette sorte. On disait à un magnétisé qu'il ne pouvait lever les bras ; il le croyait si bien qu'il devenait réellement inapte à soulever ses membres ; la seule pensée de cette impuissance provoquait chez lui une sensation toute semblable à celle qu'il aurait éprouvée si son bras eût été paralysé. On annonçait à un autre somnambule qu'on était un lion ; on en prenait quelque peu l'allure, en marchant à quatre pattes et en simulant son rugissement. Le magnétisé manifestait alors une violente terreur qui se peignait sur ses traits, et donnait tous les signes d'une conviction positive. J'ai vu de même dans une séance de M. le baron Dupotet une personne de ma connaissance, dont je ne saurais suspecter la bonne foi, à laquelle ce magnétiseur avait déclaré qu'elle ne pourrait franchir une ligne tracée à la craie sur le plancher. Elle s'avança jusqu'auprès de cette ligne, puis se trouva retenue là comme par une force magique, qui n'était en réalité que sa propre imagination. Plongée dans un état d'anesthésie somnambulique, la personne en question subissait non pas précisément la volonté du magnétiseur, mais la tyrannie de l'idée qui lui avait été communiquée. La seule pensée qu'il lui était impossible de franchir la ligne marquée à la craie produisait sur son cerveau affaibli les mêmes effets que si un obstacle réel l'eût empêchée de passer par-dessus la ligne. C'est encore un phénomène du même ordre qui fait qu'un somnambule croira boire de la limonade ou du thé, tandis qu'il avale un simple verre d'eau, parce que vous lui avez dit que telle était la boisson que vous lui présentez. Les médecins se bornent généralement à dire que c'est là un pur effet de l'imagination. Oui, sans doute; mais répondre ainsi n'explique pas le phénomène; il faudrait encore nous apprendre pourquoi l'imagination parle alors aussi haut que le témoignage des sens. Eh bien, l'explication me paraît être dans cette remarque que l'innervation affaiblie, privée de son énergie naturelle, est ébranlée aussi vivement par l'image que par l'objet réel. Il y a là une véritable hallucination que la parole ou le geste suffit à provoquer.

Chez une extatique telle qu'était sainte Gertrude, par exemple, la pensée, non plus communiquée par autrui, mais suggérée par la lecture des livres mystiques, fait de même naître des sensations imaginaires. Cette femme se figurait sentir l'odeur de violette qu'exhalait Jésus-Christ. Pareillement sainte Ida de Louvain, préoccupée de l'image du poisson sous laquelle le Sauveur est symboliquement représenté, croyait, après avoir reçu la communion, sentir un poisson s'insinuer dans son estomac; saint Pacome sentait l'odeur empestée du démon dont les tentations inquiétaient son esprit.

La conviction forte ou délirante de faits chimériques qui s'observe chez les aliénés n'a souvent pas d'autre origine. Un médecin polonais m'a cité l'exemple d'un fou qui s'imaginait avoir sur la tête un énorme bois de cerf. On lui fit croire qu'on allait le lui couper, et pendant l'opération simulée il poussa des cris comme s'il eût éprouvé une douleur réelle. L'idée provoquait donc une sensation aussi puissante que la réalité, et la croyance parlait avec autant d'éloquence que l'eussent fait les sens ; c'est assez dire que le rappel des sensations qui accompagne l'idée ou le souvenir, lequel n'est que l'idée ravivée, s'opérait avec la même énergie que si la sensation eût été directe.

Les faits de la nature de ceux que je viens de mentionner ont conduit à la doctrine de la communication de pensées et de l'influx de la volonté du magnétiseur. J'ai assisté à bien des expériences de magnétisme; j'ai interrogé bien des observateurs éclairés et de bonne foi; je n'ai recueilli aucun fait de nature à démontrer la possibilité de cette communication sans l'intermédiaire de la parole ou du geste. Je ne dis pas que deux idées fort simples n'aient pu se présenter à la fois à l'esprit du magnétiseur et à celui du magnétisé quand ils étaient au contact l'un et l'autre, dans des conditions propres à faire naître cette idée. Il arrive souvent que deux personnes vivant habituellement ensemble et qui sont placées l'une à côté de l'autre, sans se parler ou ne se parlant que par intervalles, ont tout à coup en même temps la même pensée. Cela m'est arrivé plusieurs fois avec ma mère et avec ma femme. Mais on ne saurait voir là une véritable communication de pensées. Nos idées naissent spontanément en nous, sous l'action non consciente d'une foule de sensations internes ou externes, et l'on conçoit facilement que deux personnes habituées à vivre ensemble et dans une situation analogue aient simultanément une idée identique. Notez que la conversation ou les faits qui ont précédé amènent souvent cette même idée dans les deux esprits. Tel est aussi le cas pour le magnétiseur et le somnambule. Ce dernier, interrogé plusieurs fois mentalement sur la nature de son mal, sur ce qu'il éprouve, sur l'heure qu'il croit qu'il est, sur ses intentions pour la journée, pressent ou devine naturellement en bien des circonstances la question qui va lui être adressée.

On ne doit pas non plus oublier l'influence du regard, tout ce que dit l'expression de l'œil qui est aussi un langage. C'est par le regard que les animaux, les jeunes enfants nous comprennent ; c'est par le regard que nous trahissons souvent nos pensées les plus secrètes, et l'on sait quel rôle joue le regard dans la magnétisation !

Pour ce qui est de pensées réellement développées, d'un dialogue qui se ferait mentalement entre le magnétiseur et le magnétisé, je n'ai, je le répète, aucune preuve vraiment concluante ; et plusieurs observateurs exercés[1], qui se sont maintes fois livrés à des expé-

1. Voy. ce que dit M. le général Noizet dans son *Mémoire*

riences à ce sujet, n'ont pu parvenir à réunir que des preuves assez douteuses.

Mais quand même on réussirait à mieux établir qu'on ne l'a fait jusqu'à ce jour qu'il peut, en quelques circonstances, s'opérer une transmission de pensée, il faudrait simplement en conclure que, par suite d'une liaison étroite qui s'établit entre deux organismes placés sous les mêmes influences, telle opération intellectuelle s'exécute de la même façon dans les deux cerveaux et aboutit au même résultat. Il n'y a pas pour cela besoin d'une identité absolue d'état mental; il suffit d'une analogie de constitution physique; car les deux célèbres jumeaux siamois, qui n'étaient unis que par un simple appendice charnu, avaient presque toujours en même temps et sans se les communiquer les mêmes pensées; ils prenaient les mêmes déterminations et se mouvaient dans le même sens, sans jamais se concerter préalablement et avoir eu besoin de s'entendre sur des actes qu'ils étaient contraints d'accomplir en commun. On a cité pareillement plusieurs exemples de frères et de sœurs atteints en même temps d'un même genre de délire ou de folie[1].

sur le somnambulisme et le magnétisme animal, p. 127 et suiv., et 135. Cet expérimentateur ne cite aucun fait de transmission de pensées proprement dit qui lui soit personnel; ceux qu'il a consignés dans sa note P, p. 328, se rapportent simplement aux visions du somnambule.

1. Voy. les deux observations citées dans les *Archives cli-*

En outre, la communication supposée de pensées s'opère souvent par des attouchements, notamment le contact des mains. Que de sentiments se trahissent rien que par le toucher! et quand le système nerveux est très-surexcité sur un point, combien les sens ne deviennent-ils pas aptes à percevoir les impressions les plus légères et à discerner des différences qui nous échapperaient dans l'état normal!

Enfin, ainsi que l'a noté M. Baillarger pour un fait rapporté par lui à la Société médico-psychologique [1], le somnambule peut lire sur les lèvres du magnétiseur, et deviner, comme le pratique le sourd, par leur simple mouvement, les paroles que celui-ci articule quelquefois à voix basse, voire même mentalement, mais en s'accompagnant d'un mouvement de lèvres.

Si la mémoire d'un fait est toujours accompagnée du retour de l'impression sensorielle interne qui l'a gravé dans l'esprit, il n'est pas impossible que toute pensée, surtout une pensée forte et répétée, ne soit accompagnée d'un mouvement nerveux des lèvres et de l'organe vocal, assez léger pour échapper aux sens d'autrui dans l'état ordinaire, mais qu'ils pourront saisir s'ils sont très-surexcités.

Ainsi, à tout prendre, cet état semi-cataleptique,

niques des maladies mentales et nerveuses, recueil publié par M. le docteur Baillarger, t. I, n° 1, janvier 1861, p. 13 et 29.

1. Voy. *Annales médico-psychologiques*, 3e série, t. IV, p. 262.

semi-somnambulique, qu'engendre en certains cas l'emploi des procédés magnétiques, n'est, comme je le disais en commençant, qu'une variété, ou, si l'on veut, une extension du sommeil. Si le merveilleux doit être cherché quelque part, ce n'est pas plus ici que dans les autres manifestations de l'intelligence privée de son intégrité et soumise à l'influence alternative de l'exaltation et de la dépression nerveuse.

CONCLUSION

La suite des observations et des rapprochements présentés dans cet ouvrage a fait saisir l'enchaînement des différentes formes du délire, depuis celui qui constitue nos rêves, jusqu'à la perturbation profonde que trahit la manie. Parallèlement à ce désordre, accompagné ordinairement d'une surexcitation partielle, on rencontre des degrés divers qui forment comme les passages du sommeil à la démence sénile, et qui s'allient, coïncident souvent avec le délire. Déjà M. J. Moreau, dans un mémoire que j'ai plusieurs fois cité, avait appelé l'attention des médecins sur ce sujet et marqué les divers échelons de l'échelle descendante de l'intelligence. « Les deux termes extrêmes qui représen-
« tent d'une part le maximum d'intensité, de l'autre le
« minimum d'intensité de la modification cérébrale,
« écrivait-il, se tiennent par des rapports d'analogie et
« des points de transition. »

Au degré le plus bas de cet affaiblissement de l'action cérébrale, nous trouvons d'un côté le sommeil complet sans rêve, de l'autre la démence arrivée à son dernier terme : l'un correspond à l'état de santé, l'autre à l'état de maladie. Dans les deux cas le cerveau n'agit plus assez pour que les idées se produisent et que la conscience subsiste. Puis, en remontant l'échelle et sur une ligne parallèle se placent le sommeil avec rêves fugaces, images incohérentes et mal définies, et ce commencement de démence où les idées ne se suivent plus, où les paroles ne correspondent plus aux idées. Le délire du rêveur et celui du maniaque ou du fébricitant représentent le premier, pour l'état sain, le second, pour l'état pathologique chronique, le troisième pour l'état pathologique aigu, ce trouble intellectuel dans lequel l'association des idées devient incomplète et où les hallucinations sensorielles ne sont plus distinguées des impressions réelles des sens.

Le somnambulisme naturel, l'extase, le somnambulisme artificiel, l'hypnotisme mettent l'économie dans une condition semi-pathologique analogue et constituent, quant à l'état intellectuel, des variétés d'un désordre mental du même ordre, désordre où les sensations externes s'abolissent en partie, se dénaturent, où l'intelligence affaiblie tombe sous l'empire d'idées spontanées ou communiquées, qu'elle prend les premières pour étrangères, les secondes pour les siennes propres[1].

1. Cet échange continuel entre nos perceptions et nos conceptions tient à ce que la distinction des deux opérations intellectuelles n'est pas aussi tranchée qu'on le suppose généralement. La conception n'étant fréquemment qu'une

Il y a alors mélange d'atonie et d'exaltation nerveuses. Dans le somnambulisme naturel, nous avons un effet idiopathique, dans l'extase, un effet dû à des moyens

perception dont nous ignorons l'origine, souvent nous croyons avoir trouvé ou pensé ce qu'on nous a dit et entendu dire ce que nous avons pensé ou imaginé. Dans l'état extatique, hypnotique et somnambulique, il y a confusion fréquente des deux opérations, parce que la conscience nette du moi s'est affaiblie. Nous parlons, nous agissons à la suite d'une réflexion. Mais la réflexion est si instantanée que tout prend dans nos pensées un caractère spontané ; cette spontanéité fait que dans le moment nous ne discernons pas si nous sommes mus par notre propre volonté réfléchie ou par un entraînement du dehors. Notre esprit est comparable à un balancier que la plus légère addition de poids ferait osciller, sans qu'on pût voir si cette oscillation est due à une main qui le pousse ou à un mouvement intestin des molécules du balancier même.

Toutes nos actions, écrit un psychologue distingué, forment une chaîne dans laquelle on est conduit d'une extrémité à l'autre par une infinité de degrés intermédiaires ; de sorte qu'il serait impossible de dire où finit l'action dite spontanée, et où commence celle que l'on nomme réfléchie; d'autant plus que nous n'agissons peut-être jamais entièrement à notre insu, ou sans avoir aucune conscience de ce que nous faisons ; la réflexion elle-même peut être ou n'être pas accompagnée de conscience, si bien qu'il peut nous arriver de réfléchir plus ou moins, en agissant ou avant d'agir, sans nous en douter, et qu'alors nous ne saurions dire positivement si nos actions sont réfléchies ou spontanées. (Voyez Gruyer, *Controverse sur l'activité humaine et la formation des idées*, dans les *Nouveaux Mémoires de l'Academie de Belgique*, tome XXIII.)

Plus nous devenons raisonnables, mieux nous distinguons

artificiels agissant directement sur l'intelligence, dans le somnambulisme artificiel, l'hypnotisme, un effet de moyens artificiels agissant à la fois sur l'esprit et le corps, et dans l'anesthésisme, un effet de moyens artificiels, qui s'adressent seulement à l'organisme, mais réagissent sur le cerveau.

Chez l'homme soumis à l'intoxication des anesthésiques, des narcotiques ou simplement des alcooliques, il se produit un engourdissement des sens, un état plus obtus des appareils sensoriaux, qui s'associe à un délire provenant de la surexcitation cérébrale. Les sens n'acquièrent qu'exceptionnellement et seulement par

les causes extérieures sous l'empire desquelles nous sommes placés, mieux nous apprécions la différence de ce qui est le fait de notre volonté et le résultat des forces qui nous sollicitent. Dans le sommeil, comme dans l'extase ou l'état d'atonie nerveuse, nous agissons, nous pensons, nous voulons sans avoir le sentiment précis du mobile, de l'influence qui nous détermine ; nous ne discernons presque plus le moi et le non moi dans leur action sur notre organisme. Tous les jours la maladie nous fournit la preuve de ce fait. Qu'un changement atmosphérique subit modifie la constitution d'une personne; qu'un médecin soumette l'aliéné à un traitement moral ou physique qui améliore sa constitution mentale, il en résultera chez eux un changement d'idées, d'opinions, de sentiments que ces malades prennent pour un produit de leur volonté et qui est pourtant l'effet direct des impressions que leur a communiquées autrui ou une cause externe. Qu'un magnétiseur ordonne à son patient de se lever et que celui-ci se lève avec cette volonté, le fait est le même que si le patient prenait une potion qui, altérant intermittence une plus grande impressionnabilité. Dans l'hypnotisme, même état sensoriel; toutefois, la dépression intellectuelle domine et remplace généralement le délire proprement dit. L'esprit est alors comme à la merci des impressions qui lui sont communiquées, et les sens se cataleptisent sous cette impression; l'intelligence ne se possède plus et entre dans un état d'activité passive ou communiquée.

Dans l'extase les sens sont également émoussés, les membres paralysés; l'esprit est totalement absorbé par des idées dues à une méditation continue sur le sujet auquel elle se rapporte. L'extatique subit l'influence tyrannique de ses propres idées soudainement réveil-

l'action cérébrale, amènerait chez lui une volonté qu'il n'avait pas auparavant. Il y a là une perception qui devient conception.

La réflexion nous permet ordinairement de juger des effets volontaires propres et de ceux qui sont dus à une action exercée sur nous. Si l'état nouveau où l'on veut mettre notre intelligence est très-différent de celui où nous étions auparavant, nous nous sentons violentés, nous constatons l'empiétement sur notre liberté; mais si cet état en est peu différent, si nous sommes dans un état tout passif qui se prête à toute impression du dehors, alors nous subissons la volonté d'autrui, la force étrangère, sans nous en apercevoir, et nous agissons par la vertu d'autrui, en croyant que nous agissons de nous-mêmes.

Là est l'explication de la force, de la puissance morale. L'homme qui en est doué communique aux autres ses volontés, et ceux-ci la subissent, l'acceptent, l'adoptent comme la leur, sans cesser de croire qu'ils sont libres.

lées, comme l'hypnotisé subit celles qu'on lui communique.

Dans le somnambulisme naturel les sens et l'esprit, frappés comme de catalepsie ou d'impuissance, n'agissent que dans la sphère d'idées se rapportant aux préoccupations antérieures de l'esprit. Le somnambule est étranger à tout le reste; il dort pour tout ce qui n'est pas le sujet de son rêve somnambulique, comme l'extatique dort pour ce qui ne fait pas le thème de sa contemplation; son intelligence et ses sens acquièrent d'autant plus de puissance dans le cercle étroit où ils agissent, qu'ils sont plus fermés pour ce qui est en dehors, de même que l'extatique voit ses visions d'autant plus clairement que son œil n'aperçoit plus aucun objet réel.

Enfin le somnambulisme artificiel est un mélange de phénomènes de catalepsie, d'extase et de somnambulisme naturel, d'hypnotisme et de phénomènes hystériques, dans lesquels l'intelligence reste plus susceptible d'entrer en relation avec le monde extérieur qu'elle ne l'est dans le somnambulisme naturel, et où elle peut dès lors subir l'influence des idées communiquées comme dans l'hypnotisme.

Tous ces états pathologiques sont, d'ailleurs, étroitement liés, et plus d'un cas d'une de ces affections se complique des symptômes d'une autre; l'observation de plusieurs malades montre qu'ils peuvent s'engendrer les uns les autres, preuve qu'ils ne correspondent pas à une vie particulière de l'âme, mais qu'ils tiennent à un désordre du système nerveux, dont l'aliénation mentale nous offre le dernier terme.

De tous ces phénomènes le point de départ est le rêve; il en offre comme la forme élémentaire; car il est dû à une fatigue périodique et il fournit les premiers linéaments de la maladie mentale, il se complique très-souvent de surexcitation partielle, est parfois accompagné d'un trouble passager, d'un état quasi morbide, mais accidentel, de l'économie.

Quant à la cause physique de ces divers phénomènes, à leur étiologie médicale, elle ne saurait encore être nettement assignée. Tous les délires que j'ai passés en revue, depuis le simple rêve jusqu'à la fureur avec hallucinations du maniaque, se lient par des rapports étroits et se servent mutuellement de transition. Les désordres nerveux qui les accompagnent, qui frappent surtout dans le somnambulisme et l'hystérie, prouvent que la lésion de l'intelligence se rattache généralement à une lésion plus ou moins étendue de l'innervation. Mais il n'y a pas de doute qu'au point de vue pathologique ces lésions ne puissent être fort dissemblables. Comme elles tendent toutes à troubler les fonctions intellectuelles, leurs symptômes psychiques et psycho-sensoriels sont analogues; il n'en faut rien conclure pour cela sur la nature intime du mal. L'intelligence est, après tout, une fonction du cerveau, fonction d'un ordre spécial, plus élevé sans doute que les fonctions purement physiques[1], mais fonction réelle. Or des fonctions peuvent offrir un dérangement presque identique en vertu de causes morbides très-différentes. La digestion, par exemple, peut devenir plus pénible ou plus difficile, par suite d'une paralysie du grand sympathique, d'un commencement de cancer, de tumeur à l'estomac, d'une gastralgie intense, etc. La ressemblance des symptômes présentée par des maladies différentes fait précisément la difficulté du diagnostic.

Ainsi un même délire peut procéder d'altérations très-diverses du système nerveux et de l'encéphale. Tantôt, il y a un simple engourdissement, léger arrêt de la circulation cérébrale, comme dans le sommeil ; tantôt surexcitation locale de certaines parties se produisant en même temps que l'engourdissement d'autres, comme dans le sommeil avec rêves clairs et multipliés ; tantôt exaltation de certaines fibres, telle qu'elle abolit pour ainsi dire l'action des autres, comme dans le somnambulisme ; tantôt congestion active du cerveau, comme dans l'ivresse ou le délire des fièvres ; tantôt altération de parties plus ou moins étendues de la substance cérébrale,

1. Je ne parle, bien entendu, ici que de notre existence en ce monde et non des conditions différentes qui peuvent lui être attribuées par Dieu dans la vie future. Je ne prétends pas nier l'action de l'âme ; mais je ferai remarquer que cette action est toujours étroitement liée au jeu de l'organisme.

comme dans la manie et la démence ; tantôt paralysie, soit par un effet de la compression que le sang exerce sur le cerveau, soit par suite de l'affaiblissement de la force nerveuse elle-même, ainsi que cela s'observe dans certaines aliénations mentales, dans l'état de l'hypnotisé, de celui qui a respiré des anesthésiques, et cette paralysie se complique à son tour d'exaltations intermittentes.

Et de même que dans l'organisme, à raison de la relation des organes et du concours des fonctions, une maladie en engendre une autre, les affections nerveuses dues à la congestion ou à l'affaiblissement de l'innervation finissent par produire d'autres affections également associées au délire et au trouble des fonctions sensoriales. De là encore la connexité des divers désordres auxquels est sujette l'intelligence humaine.

Un jour peut-être l'anatomie et la physiologie pathologiques éclaireront les obscurités derrière lesquelles se dérobent les causes si variées de ces délires. Mais lorsque même elles seront parvenues à différencier nettement les diverses catégories de troubles intellectuels, l'analogie et les relations que nous saisissions entre toutes n'en subsisteront pas moins. Car l'homme, malgré la complexité de son organisme, est un être un, dont les parties sont étroitement solidaires. Le jeu de toutes se réfléchit au cerveau, le foyer des rayons de la vie ; dès qu'une cause quelconque vient à faire dévier ces rayons, un trouble, une altération, se manifeste dans l'esprit, qui ne perçoit plus normalement et n'a plus la conscience nette des opérations qu'il accomplit. Aussi, dès que l'homme s'endort, c'est-à-dire dès que ses fonctions commencent à perdre leur activité essentielle, l'intelligence éprouve-t-elle les premiers vertiges ; répétés, continués, étendus et multipliés, ces vertiges produisent bientôt la succession de dérangements et de perversions qui aboutissent à la démence et à la mort. C'est en cela, mais en cela seulement, que le rêve doit être rattaché psychologiquement à l'aliénation mentale. Il y a entre tous les délires une parenté intellectuelle, et c'est cette parenté dont j'ai cherché dans l'ouvrage qu'on vient de lire à esquisser le fidèle tableau.

FIN.

APPENDICE

DU SOMMEIL DANS SES RAPPORTS AVEC LE DÉVELOPPEMENT DE L'INSTINCT ET DE L'INTELLIGENCE.

Pour divers physiologistes, notamment pour Burdach[1], le sommeil est l'état primordial de l'âme, celui où elle se trouve au moment où la vie apparaît. En effet, l'animal qui n'est pas né n'a point encore conscience de soi-même, la volonté n'est point éveillée chez lui, elle n'existe même pas; les mouvements qu'il exécute sont purement automatiques; il est en un mot dans un état analogue à celui de l'homme qui dort d'un sommeil profond et sans rêves; les sensations restent vagues et ne sont plus perçues par l'intelligence. C'est graduellement que l'âme se manifeste, qu'elle sort de cette torpeur première et arrive à la plénitude de la vie intellectuelle. Sans doute, à n'envisager que le côté physiologique, ce rapprochement entre le sommeil et la vie embryonnaire n'est pas complétement fondé; il n'en existe pourtant pas moins une analogie très-réelle entre les deux états psychiques qui leur correspon

1. *Traité de physiologie*, trad. Jourdan, t. V, p. 229.

dent. N'avons-nous pas vu que le sommeil, quand il n'a rien de comateux, est le résultat de l'affaiblissement de l'activité nerveuse; cet affaiblissement est accompagné, il est vrai, parfois d'une surexcitation de quelques parties du système cérébro-spinal; mais comme, en thèse générale, il est dû au besoin qu'éprouve la force nerveuse de se réparer, de former pour ainsi dire un nouvel approvisionnement, il doit être regardé comme un ralentissement du jeu de l'économie. A ce ralentissement succède une activité nouvelle qui acquiert un surcroît d'énergie du repos que l'homme vient de se donner par le sommeil. Dans l'état embryonnaire le fœtus n'a qu'une vie bien inférieure en activité à celle qu'il aura, une fois en possession de la lumière; il ne saurait accomplir les actes de l'homme né et éveillé; il est, de plus, placé dans un milieu qui fait obstacle aux impressions par lesquelles l'intelligence pourrait être mise en mouvement; en outre, pendant les premiers mois de la gestation, l'embryon n'est pas encore pourvu des organes nécessaires pour que les impressions soient perçues et conduites au cerveau.

On peut donc dire que le fœtus dort, quoique ce sommeil ne soit pas tout à fait celui de l'homme qui a vu la lumière. Le moment précis où la vie apparaît dans l'œuf qui a été fécondé ne saurait être assigné; mais ce qui est certain, c'est qu'elle ne s'y développe que graduellement et que l'état psychique suit les phases de ce développement organique auquel il est indissolublement lié.

A l'origine, la vie de l'embryon est une simple végétation ne constituant guère qu'une fonction de la vie de la mère, fonction un peu plus distincte de son économie que les autres. Le fœtus respire et se nourrit par sa mère [1], il n'a qu'un petit nombre d'organes qui lui soient propres; à mesure qu'il se forme, il en acquiert de nouveaux; mais ces organes, en partie différents de ceux qu'il offrira une fois exposé à la lumière, ne permettent pas aux fonctions de la vie sensitive de s'exercer. L'embryon n'a pas la locomotion. Toute son organisation est appropriée à cette existence intra-utérine; il a une peau extérieure, l'amnios, qui n'est point la peau de l'adulte; il respire à sa façon, d'abord par les vaisseaux omphalo-mésentériques, plus tard par les vaisseaux allantoïdiens.

Toutefois, dans cette vie préparatoire qui contraste en tant de points avec la vie véritable, il y a, au bout d'un certain temps de gestation, des manifestations dépassant déjà la limite de la vie végétative, bien qu'elles demeurent encore automatiques : le fœtus se meut, s'agite et il a certainement des sensations vagues. Né, l'enfant est loin encore d'être ce qu'il sera à l'âge adulte, bien que le développement marche rapidement; les sensations qui se produisent chez lui en grand nombre vont se perfectionnant; le toucher, le goût, l'ouïe, la vue s'éveillent successivement, et l'intelligence suit aussi cette marche progressive; les facultés deviennent de plus en plus aptes aux opérations intellectuelles.

L'homme, depuis le moment où il est conçu jusqu'à

1. Voy. Flourens, *Ontologie naturelle*, *ou étude philosophique des êtres* (Paris, 1861), p. 149, 176, 190.

celui où il a atteint sa maturité, remonte donc tous les échelons de la vie animale, et son âme passe par des états analogues à ceux que traverserait celle du dormeur amené graduellement d'un sommeil complet à l'état complet de veille.

Dans le sommeil profond ou comateux la vie est en quelque sorte végétative ; l'intelligence ne s'élève guère au-dessus de celle des animaux de l'ordre le plus inférieur ; les fonctions végétatives, la nutrition, par exemple, prennent le dessus sur les autres; le mode d'existence se rapproche donc des animaux dont le système nerveux est peu développé ; car la sensibilité, bien que liée à une organisation plus complexe, ayant dans ce sommeil perdu de son énergie, participe de celle des ordres inférieurs des vertébrés, les reptiles, par exemple[1].

Que le sommeil devienne moins profond, et des images, autrement dit des idées, s'éveilleront dans l'esprit ; elles ne seront pas volontaires ; elles ne résulteront pas de l'association raisonnée et suivie d'autres idées ; elles seront uniquement provoquées par les sensations internes ou par des impressions externes incomplètes, dues à un reste d'activité dans le système cérébro-spinal ; elles procéderont de la persistance de certains mouvements cérébraux, répercussions de sensations extérieurement perçues à l'état de veille, c'est-à-dire qu'elles seront un effet de la mémoire.

Si l'on écarte ces dernières idées, héritage de la veille,

1. Voy. l'excellent article *Sommeil*, du *Dictionnaire de médecine* de Nysten, 11e édition, revue par MM. Littré et Ch. Robin.

durant laquelle a en quelque sorte fonctionné un organisme plus parfait, si l'on ne s'attache qu'à celles qu'engendrent les sensations présentes, on reconnaîtra entre l'état du dormeur qui n'a que des rêves vagues et mal définis et celui de l'enfant aux premiers jours de son existence une assez frappante ressemblance. Ces images s'offrent soudainement à l'esprit; elles sont alors dépouillées de tout le cortége d'idées qui, dans notre vie intellectuelle, ne se séparent plus des sensations, que le moindre ébranlement provoque, parce que notre cerveau est alors complétement éveillé. Il en est de même chez les animaux où l'intelligence n'a atteint qu'un faible développement. Ce n'est point chez eux, de même que chez le jeune enfant (*infans*), la réflexion, c'est-à-dire un travail intellectuel volontaire qui amène les idées; elles sont l'effet direct, nécessaire des sensations qu'ils éprouvent. L'animal croit forcément ce qu'il voit, ce qu'il entend, ce qu'il odore; il n'y a pas à distinguer en lui l'impression de la croyance. Sans doute, si son système nerveux vient à être accidentellement surexcité, ses sens lui transmettent des illusions, comme on peut s'en assurer en observant un chien auquel on a fait prendre du hachisch. Tout dénote alors en lui de fausses perceptions et un véritable délire. Mais la réflexion n'accomplissant pas dans son esprit, de même que cela a lieu pour un très-jeune enfant, le départ entre la sensation perçue et l'idée vraie, on ne saurait distinguer chez lui l'hallucination de la folie hallucinatoire proprement dite. L'animal qui a la mémoire et dont le système nerveux est assez développé pour être susceptible de surexcitation peut avoir des hallucinations ; le chien rêve et manifeste par ses gestes, soit en dormant, soit quand on lui a fait respirer de l'éther, qu'il croit assister à des faits n'ayant aucune réalité ; il aboie, il témoigne de la crainte ; il a donc une véritable vision, car il voit, entend ou sent des choses imaginaires. La folie est quelque chose de plus : elle implique un désordre dans les facultés intellectuelles produit précisément à la suite de ces illusions, de ces hallucinations répétées. Pour que l'animal puisse devenir aliéné, maniaque ou monomaniaque, il faut qu'il soit doué d'une intelligence capable des opérations qui se vicient dans l'aliénation mentale. Or, c'est ce qui n'a lieu que chez les animaux dont l'intelligence se rapproche le plus de la nôtre, et encore est-on en droit de se demander si les animaux, même les plus haut placés dans la série zoologique, ont de véritables conceptions, de ces conceptions qui se distinguent des croyances, parce qu'elles sont volontaires, tandis que la croyance est un fait immédiat et forcé, la conséquence, pour notre entendement[1], de certaines perceptions. Les conceptions se forment par un travail de l'esprit, dont le point de départ est la mémoire. L'animal se rappelle ses perceptions, mais il ne les associe pas volontairement. Les conceptions qu'elles produisent ne semblent être en fait que des croyances.

Ainsi la folie raisonnante, la monomanie qui tient à des conceptions fausses, absurdes, n'existent vraisembla-

1. Aristote, *Traité de l'âme*, livre III, ch. III. — Ad. Garnier, *Traité des facultés de l'âme*, t. III, p. 246.

blement pas chez les animaux. Il n'y a pas de chien qui puisse s'imaginer être un cheval, de chat qui croie habiter un palais, quand il est le compagnon d'une pauvre famille, parce que les idées sur lesquelles reposent ces délires ne sont pas accessibles à l'intelligence animale. La folie du chien, du chat, du cheval ne saurait tenir qu'à des erreurs de perceptions, à de fausses croyances. L'un prendra du foin pour de la paille, l'autre ne saura plus reconnaître son gîte ou son écurie. Bref la véritable folie des animaux nous apparaît comme une sorte de manie aiguë, c'est-à-dire un accès de délire furieux, un égarement d'esprit ou la démence. Celle-ci est, en effet, l'affaiblissement des facultés, même les plus élémentaires de l'esprit humain, facultés qui se retrouvent chez une foule d'animaux. Un cheval, un chien, un oiseau même peuvent perdre la mémoire de ce qu'ils ont vu, entendu, n'être plus capables de comprendre les gestes, d'accomplir les actes qu'entraîne la satisfaction de leurs besoins, parce qu'ils possèdent, en effet, toutes ces facultés. Ils sont susceptibles de devenir stupides, comme le vieillard atteint de paralysie générale, de ramollissement cérébral.

Les idées-images qui, dans le sommeil et l'aliénation mentale, affectent l'esprit, à la suite et comme conséquence nécessaire des sensations, sont précisément celles qui se produisent dans le cerveau des animaux; car les idées dues à la raison pure leur sont étrangères. Cette production d'idées est le premier degré de la vie intellectuelle, le premier pas fait au delà de la vie purement instinctive, qui constitue celle des êtres d'un ordre inférieur; elle implique déjà une vague conscience de soi, un certain sentiment mal défini de la personnalité.

Mais dans le sommeil, non-seulement nous avons des idées-images qui sont l'effet direct des sensations, nous pouvons aussi, quelquefois, par un effet de l'habitude et sans l'intervention de la volonté, les enchaîner d'une manière logique; c'est de la sorte que nous reproduisons en rêve une série d'actes ou d'idées que nous avons eues pendant la veille. Le cerveau fait, pour ainsi dire, automatiquement ce que l'esprit avait d'abord fait librement et avec conscience.

Cette seconde phase de la vie intellectuelle du sommeil se retrouve chez les animaux, notamment ceux que l'on dresse à exécuter certains actes dont ils ne comprennent ni la signification ni la portée. Les oiseaux privés, les singes, les chiens savants, exécutent, par un effet de l'habitude, certaines actions auxquelles on les a d'abord obligés par des coups, des menaces, en leur donnant des friandises, c'est-à-dire en provoquant en eux des sensations distinctes et séparées. Ces sensations ou, si l'on veut, cette éducation physique donnée toujours suivant le même ordre, finit par associer entre eux, dans l'esprit de l'animal, des actes dont il ne comprend pas la connexité. Il les répète, il les reproduit, à raison d'une association spontanée, automatique et forcée d'idées ou d'actes qui n'en sont que la traduction. Un mouvement en appelle un autre, et l'animal agit, comme le perroquet parle, sans savoir ce qu'il fait. En rêve, où nos idées même raisonnables, celles qui appartiennent à la sphère de la raison pure, s'enchaînent forcément par un effet de l'habitude, c'est-à-dire par une reproduction de mouvements que nous avions d'abord imprimés volontairement à l'esprit, nous avons sans doute une sorte de conscience mal définie de l'acte accompli, parce que nous sommes naturellement plus intelligents que les animaux, mais nous agissons pourtant encore automatiquement.

Là ne se bornent pas les opérations intellectuelles de certains animaux d'un ordre élevé. Non-seulement ils se rappellent, mais ils comparent, ils induisent, ils généralisent pour des faits, il est vrai, d'une nature assez simple; ils ont des conceptions très-élémentaires. On voit des chiens réfléchir, essayer le moyen d'exécuter un projet, puis l'abandonner, pour en essayer un autre et arriver ainsi au meilleur. Ces actions délibérées sont manifestes notamment chez les singes.

« Les animaux reçoivent par leurs sens, écrit M. Flourens, analysant les observations de Frédéric Cuvier [1], des impressions semblables à celles que nous recevons par les nôtres; ils conservent comme nous la trace des impressions; ces impressions conservées forment pour eux, comme pour nous, des associations nombreuses et variées; ils les combinent, ils en tirent des rapports, ils en déduisent des jugements. »

Toutes ces opérations, nous les effectuons dans le rêve, et l'enfant qui n'a pas encore la plénitude de l'intelligence les accomplit également. Mais quand nous

1. P. Flourens, *De l'instinct et de l'intelligence des animaux*, 2e édit., p. 49. Cf. 4e édit., p. 105.

pensons et agissons en songe, nous le faisons en quelque sorte sans retour sur nous-même, sans une véritable conscience de nos actes. Tel est précisément le mode suivant lequel pense et agit l'animal; le plus intelligent de tous ne franchit pas cette limite.

« Toute leur intelligence, poursuit judicieusement M. Flourens en parlant des animaux, se réduit là. Cette intelligence qu'ils ont ne se considère pas elle-même, ne se voit pas, ne se connaît pas. Ils n'ont pas la réflexion, cette faculté suprême de l'esprit de l'homme de se replier sur lui-même et d'étudier l'esprit; les actes de leur esprit sont, sans qu'ils sachent qu'ils sont. »

Cette remarque se trouve déjà chez notre immortel fabuliste, conduit par son exquis bon sens à reconnaître ce qui avait échappé à Descartes et à Bossuet, infatués du prétendu machinisme des bêtes, aveuglés par un faux et orgueilleux spiritualisme :

> Qu'on m'aille soutenir, après un tel récit,
> Que les bêtes n'ont point d'esprit.
> Pour moi, si j'en étais le maître,
> Je leur en donnerais aussi bien qu'aux enfants.
> Ceux-ci pensent-ils pas dès leurs plus jeunes ans?
> Quelqu'un peut donc penser ne se pouvant connaître.
> Par un exemple tout égal,
> J'attribuerais à l'animal
> Non point une raison selon notre manière,
> Mais beaucoup plus aussi qu'un aveugle ressort.
>
> *Les deux Rats, le Renard et l'Œuf.*

Ainsi l'animal ne possède pas la vraie réflexion, quoiqu'il puisse réfléchir; il n'a que la réflexion telle qu'on l'entend souvent dans le langage de tous les jours, celle qui n'est que la comparaison, le jugement. L'acte par lequel l'esprit se sent et se voit pensant et agissant est étranger à l'animal; on alléguera peut-être qu'il l'est aussi fréquemment à l'homme; j'en conviens, mais tout homme en a du moins le germe, la faculté réflective ne se développant que par l'éducation et le progrès de l'intelligence.

Ainsi définie, la réflexion est par-dessus tout l'apanage de l'homme éveillé; c'est elle qui nous donne la conscience que nous sommes dans le monde réel, non dans celui des visions et des chimères. L'individu qui songe, et est encore raisonnant, intelligent dans son rêve, juge, compare, induit, généralise, mais il ne réfléchit point; ses opérations intellectuelles peuvent être raisonnables; elles ne sont pas pour cela réfléchies; voilà pourquoi il n'a pas plus alors la liberté que l'animal, pourquoi les actes qu'il accomplit en rêvant ne sauraient lui être imputés, comme on le fait pour les actions de la veille.

Cependant, ainsi que l'a remarqué Sénèque[1], l'animal doit avoir une conscience vague de son être, c'est-à-dire de sa constitution propre, et c'est à cela que tient le maniement si libre que nous voyons qu'il possède de ses membres. Il connaît sa constitution obscurément et en gros, comme nous savons que nous avons une âme: *constitutionem suam crasse intelligit*, écrit le philosophe stoïcien; et les animaux sont à cet égard, continue-t-il,

1. Épître CXXI.

à peu-près où en sont les enfants (*sic infantibus quoque, animalibusque, principalis partis suæ sensus est, non satis dilucidus, nec expressus*). De là aussi pour l'animal une sorte de liberté morale, proportionnée à son intelligence et qui rappelle celle de l'enfant n'ayant pas encore atteint l'âge de raison[1].

La conscience morale est chez le rêveur dans un état offrant quelque analogie avec ce qu'on peut appeler du même nom chez l'animal. Nous commettons parfois en songe de fort méchants actes, tout en nous représentant ce qu'ils ont de funeste, de répréhensible; car cette idée est demeurée attachée dans notre cerveau à l'acte même par suite de l'éducation, de l'instinct du bien et du mal que cette éducation a développé et dirigé; mais nous n'avons guère la faculté de refréner nos actions par la seule considération de leur immoralité, de leur nature déshonnête et coupable. Une force nous entraîne à agir, notre volonté est affaiblie ou éteinte, nous péchons, nous nous voyons, nous nous sentons pécheurs, nous n'avons pas la force, parfois même la pensée de résister. L'acte est instantané, comme celui que dicte la passion brutale et purement instinctive; et notre conscience ne nous sert de rien, pas plus que dans le cauchemar la vue d'un précipice ne nous empêche d'y tomber, de nous y lancer, tout en nous devenant machinal. L'animal domestique, lui aussi, a certainement connaissance de la nature mauvaise de l'acte qu'il accomplit. Mon chat, qui est fort

1. Flourens, *De l'instinct et de l'intelligence des animaux*, 4e édit., p. 106.

enclin au vol, sait, après avoir dérobé, qu'il a commis une action répréhensible; et la preuve, c'est qu'il paraît alors tout honteux, et cherche à se soustraire au châtiment qu'il prévoit; mais cette connaissance du mal dont il est l'auteur constitue une notion et non un fait de conscience morale proprement dit. L'éducation et l'expérience ont appris à l'animal qu'il ne fallait pas dérober ce qui est déposé dans le buffet; il n'a pas pour cela conscience de la portée du mal commis par lui en volant. Il est comme l'enfant qui s'abstient de tel acte que son père lui a défendu, non parce qu'il veut éviter le mal que cet acte pourrait entraîner, mais parce qu'il redoute le châtiment dont il est menacé en cas de désobéissance ; aussi qu'il oublie la menace, qu'elle cesse de faire sur son esprit un effet comprimant, il enfreindra la défense. C'est donc la peur qui domine l'enfant ou l'animal, et qui peut quelquefois le retenir, non le sentiment du devoir.

Quand en rêve nous commettons un crime, nous n'ignorons pas la culpabilité de notre acte, ainsi que les faits qui se lient souvent à ce crime imaginaire le démontrent; cette notion pourra parfois suffire à nous arrêter dans son accomplissement; mais comme nous ne réfléchissons pas sur nous-mêmes, que nous agissons tout spontanément ou automatiquement, nous ne faisons que connaître la culpabilité de l'acte sans l'apprécier réellement, nous n'en possédons pas pleine conscience ; autrement nous ne céderions pas à la passion, nous nous dominerions, comme nous le faisons dans la veille. C'est qu'en songe il n'y a pas de volonté délibérée, une des conditions fondamentales de la véritable conscience morale. Une autre passion, une passion contraire ou devenue telle par une association d'idées due à l'éducation, est seule apte à refréner l'impulsion qui nous porte au mal. Nous sommes comme l'homme lancé par une force mécanique : une autre force supérieure en puissance pourra seule le retenir. En résumé, l'homme qui en songe tue, vole, a commerce avec une femme autre que la sienne, sait, tout en rêvant, qu'il agit d'une manière coupable, répréhensible; mais cette notion n'influe en rien sur son acte, parce qu'il l'accomplit spontanément, sans participation de sa volonté, sans conscience nette de ce qu'il fait; il a en un mot perception, non conception de l'action perverse dont il se figure être l'auteur. L'homme rentre alors, quant au mode d'action, dans la catégorie des animaux, lesquels agissent, savent la conséquence de leurs actes, et ne sont pas pour cela libres de ne les point accomplir, ne sauraient être retenus que par des impulsions contraires, également irréfléchies et spontanées.

Nous sortons donc en réalité ici du domaine de l'intelligence et sommes amenés aux faits d'instinct dont il sera question plus loin.

On a souvent confondu et fort à tort la connaissance, la simple notion de la nature de l'acte, avec la conscience de cet acte. La différence est cependant assez tranchée. L'homme ou l'animal peut agir, sans savoir ce qu'il fait, sans discernement aucun, par l'effet d'une sorte de vertige qui s'empare de lui, comme cela a lieu pour les fous furieux, dans l'état qu'on appelle égarement d'esprit, pour certains animaux atteints subitement de fureur. Il n'y a alors ni connaissance, ni conscience ; car la fonction intellectuelle est troublée, suspendue [1]. Mais ce n'est point de la sorte que nous nous comportons en songe. L'homme peut aussi agir, en connaissant la nature de son acte, toutefois sans en mesurer la portée et les conséquences, par l'effet d'une impulsion qui le domine, à la suite d'un mouvement spontané. C'est ce qui se passe chez le rêveur. Cela a également lieu pour la bête, mais avec cette différence qu'en songe nous n'apprécions pas la valeur de l'acte accompli par nous, parce que les fonctions intellectuelles sont en partie momentanément altérées, que la volonté est aux trois quarts abolie, tandis que l'animal n'a pas pleine conscience du sien, par une infirmité essentielle, un défaut de développement de l'intelligence qui tient à son espèce. Au demeurant, le résultat n'est pas différent. L'homme endormi, de même que l'animal, assiste à ses méfaits, sans pouvoir s'abstenir de les commettre, et n'est susceptible d'être retenu, je le répète, que par une impulsion également irréfléchie, inverse de la première.

Ainsi, on peut dire que nous montons ou descendons en rêve les divers degrés de l'échelle intellectuelle, mais nous n'atteignons le dernier qu'en nous éveillant. Nous n'arrivons à la pleine connaissance de nous-mêmes qu'une fois entrés dans la vie réelle.

Quand le rêve cesse et que le sommeil persiste, nous

1. Voy. à ce sujet Marc, *De la folie considérée dans ses rapports avec les questions médico-judiciaires*, t. I, p. 160 et suiv.

nous voyons replongés dans la vie embryonnaire, dans la vie sans pensées, sans idées, la vie purement machinale. Entre ces deux formes de la vie de l'âme, il y a toute une série d'échelons qui répondent aux divers degrés de la vie instinctive et pour lesquels nous retrouvons encore dans le sommeil des états analogues; mais si l'on veut saisir ces rapports, il faut préalablement bien connaître comment l'instinct se développe et comment il s'allie à l'intelligence. Il serait peut-être même nécessaire, pour éviter toute confusion, de bien s'entendre sur le mot instinct, car on l'a appliqué aux passions comme aux actes destinés à assurer à l'animal sa nourriture, sa sécurité et sa propagation. Mais, dans ces acceptions diverses, on retrouve toujours, ainsi que l'observe judicieusement M. Ad. Garnier[1], la désignation d'un acte de l'âme qui devance l'enseignement de l'expérience et les décisions de la volonté. Ces mêmes passions, ces mêmes inclinations qui nous font agir, guident l'animal, sans qu'il s'en doute, et lui font satisfaire des besoins qu'il sent, mais qu'il ne connaît pas. On peut donc définir l'instinct un automatisme intelligent. L'animal que pousse l'instinct agit rationnellement, sans avoir conscience du but et de la portée de ses actes, sans être, à proprement parler, intelligent lui-même. L'opération, effectuée instinctivement, exigerait en effet, si elle était la conséquence d'une notion acquise, une faculté d'observation de comparaison, de recherche, une expérience dont l'animal est incapable.

1. *Traité des facultés de l'âme*, t. I, p. 359.

Les insectes qui ne voient jamais leur progéniture et qui préparent à l'avance pour elle la nourriture dont elle aura besoin agissent avec sagesse et prévoyance, sans savoir ce qu'ils font. Ils ne sauraient avoir aucune notion acquise de ce que deviendront leurs œufs. Les pompiles, qui placent dans leur nid le corps d'un insecte qu'ils ont tué, pour servir à l'alimentation de leurs larves, dont le genre de vie est différent du leur, celles-ci étant carnassières tandis que les pompiles vivent sur les fleurs, rendent encore bien plus manifeste l'intervention d'une intelligence purement instinctive; car l'animal n'a pu juger de la nourriture de ses petits par la sienne propre. En accomplissant ces actes instinctifs, il obéit à une impulsion aveugle, bien qu'infiniment raisonnée. Cette impulsion, c'est le Créateur qui la lui communique ou plutôt qui l'a liée à l'organisme de l'insecte même.

L'homme, l'être raisonnable par excellence, ne saurait sans beaucoup d'application, de calcul et de soin, parvenir à tisser une toile aussi fine que celles de certaines araignées, à construire une ruche avec la régularité géométrique qu'y apporte la guêpe ou l'abeille, et établir des huttes sur pilotis aussi habilement disposées que celles du castor du Canada. L'araignée, l'abeille, le castor réussissent à exécuter ce qui serait impossible à des animaux beaucoup plus intelligents qu'eux; ils agissent toujours de la même manière et ils déploient leur industrie, dès le commencement de leur vie, sans avoir reçu de leurs parents une éducation préalable. Fr. Cuvier a constaté ce fait curieux que des castors pris très-jeunes, élevés loin de leurs parents et placés dans une cage, ont bâti comme ils l'eussent fait dans l'eau [1].

C'est donc une force non consciente, aveugle, qui entraîne l'animal à accomplir une série d'actes dont il n'apprécie pas le but, et dont il ne saurait découvrir, par sa faculté bornée d'observation, les moyens d'exécution. Toutefois, l'instinct, tout aveugle qu'il paraisse, n'est cependant pas pour cela un pur mouvement machinal, assimilable à celui de la vie végétative, une simple fonction du corps.

Chez les végétaux et les animaux d'un ordre très-inférieur, les fonctions s'exécutent par le simple effet de la propriété des matières organiques, par la réaction des tissus et des liquides, les uns sur les autres. Les plantes sont des machines dont les rouages tiennent aux propriétés chimiques de certaines substances et de leurs composés.

Chez les animaux, il existe des fonctions qui s'opèrent de la même façon et qui, pour ce motif, rentrent dans la classe des faits de la vie végétative. Mais dans l'accomplissement de l'acte instinctif, il ne se produit pas un pur mouvement de ce genre. L'animal ignore sans doute pourquoi il doit agir de telle ou telle façon ; l'abeille ne sait pas la géométrie, ni le castor la construction. A cette ignorance s'allie pourtant une véritable intelligence ; car l'animal déploie de l'intelligence pour la réalisation du fait instinctif même ; et la preuve, c'est que l'oiseau modifie la manière de disposer son nid, il en

1. Flourens, *ouv. cit.*, p. 46.

change les matériaux, suivant les exigences des lieux. Ici, ce n'est point une force fatale qui le pousse; il y a de sa part observation, comparaison, choix, c'est-à-dire jeu de facultés intelligentes. L'instinct entraîne l'animal à agir suivant une certaine direction et d'une certaine façon; l'intelligence lui permet de choisir entre les moyens qui assurent le mieux l'accomplissement de son action.

L'*icterus mutatus* (*Orchard starling* des Américains) suspend son nid hémisphérique aux branches des arbres fruitiers, et le compose de longs brins d'herbe flexible qu'il coud ensemble, dans l'acception véritable du mot. Quand il choisit de longues branches feuillues pour cet objet, il fait son nid moins profond et d'une contexture plus légère, parce que le rameau l'abrite suffisamment et le dispense de donner à son œuvre plus de solidité[1]. Il est clair que, pour en agir ainsi, l'*icterus mutatus* doit être en état de juger de la force, de la longueur et de la nature de la branche et de rapprocher ces faits de la forme à adopter pour son nid.

Dans ce cas l'intelligence de l'oiseau vient visiblement au secours de son instinct, dont elle rend l'impulsion plus intelligente.

La chenille dite *rouleuse* se construit une habitation dans une feuille qu'elle roule en forme cylindrique, et dont l'extrémité la plus petite offre seule une ouverture destinée à l'entrée et à la sortie de l'hôte qui l'habite. La rouleuse commence son travail par fixer un

1. Voy. J. Rennie, *Bird-Architecture*, new edition, p. 197.

certain nombre de fils de soie très-forte du bord d'une feuille à l'autre; elle tire ensuite ces espèces de câbles avec ses pattes, et quand elle a obligé les côtés à se rapprocher, elle les maintient en place par des fils plus courts. Si l'une des grosses nervures de la feuille présente trop d'épaisseur et résiste à ses efforts, elle l'affaiblit, en en rongeant çà et là des parties sur une portion de son trajet.

Ce fait curieux, observé par le célèbre Ch. Bonnet, nous montre que la chenille n'agit pas seulement instinctivement, c'est-à-dire toujours de la même façon, qu'elle modifie ses manœuvres, suivant la nature de la feuille. Elle manifeste une certaine intelligence dans la construction d'ailleurs tout instinctive de sa demeure.

C'est sans doute un pur instinct qui pousse le bourdon à aller pomper dans les fleurs le miel dont il se nourrit. Mais quand il voltige, cherchant le lieu où il fera son nid, il examine, il s'assure des cavités qui lui fournissent un endroit commode et convenable; l'instinct fait alors acte d'intelligence, puisqu'ici les formes qui s'offrent à son inspection varient, les circonstances ne sont pas toujours les mêmes, et l'insecte doit être apte à les percevoir et à les apprécier. L'acte dans son ensemble est instinctif, mais les facultés que le bourdon déploie exigent des facultés intellectuelles.

Les dernières observations faites sur les abeilles n'ont-elles pas montré que la reine pouvait à volonté engendrer des œufs mâles ou des œufs femelles; elle est pourvue à cet effet de muscles qu'elle fait ou non agir à son gré [1]. Il résulte évidemment de là que l'abeille doit être en possession de facultés qui lui permettent de juger quand il convient de pondre des mâles ou des femelles; pourquoi doit-elle pondre plus de mâles que de femelles, assurément elle ignore, elle n'en peut pénétrer le motif, mais ce qu'elle connaît, c'est quand il lui faut agir dans un sens ou dans un autre.

Chez l'homme où l'instinct se manifeste aussi bien que chez l'animal, mais où il est le plus souvent masqué par l'intervention de l'intelligence, on observe le même phénomène. L'enfant joue en vertu d'un instinct qui repose sur la nécessité de développer ses muscles et d'habituer ses membres aux divers mouvements. Le goût du jeu est un fait d'instinct; l'enfant est entraîné à jouer par une impulsion dont il ne se rend pas compte et sur laquelle il ne réfléchit pas. Mais dans l'accomplissement de ses jeux, il déploie son intelligence, il observe, combine, réfléchit.

Cette intervention de l'intelligence dans l'acte instinctif ne s'effectue pas toujours au même degré. Il y a des actes dans lesquels la part faite à l'observation, à la réflexion, est très-faible; il y en a d'autres où elle est considérable. Il existe diverses formes d'instincts; au plus bas de l'échelle nous trouvons ceux qui se distinguent à peine des fonctions de la vie purement végétative; au plus haut sont ceux qui ne sauraient se produire, sans une série d'opérations rationnelles dictées en

1. Voy. Flourens, *De l'instinct et de l'intelligence des animaux*, 4e édit., p. 316.

quelque sorte par la nature à l'animal, mais où l'intelligence, la comparaison, la réflexion interviennent à chaque instant.

Pour se faire une idée de ces diverses catégories d'instinct animal, il faut étudier une fonction dans toute la série zoologique, et rapprocher les actes auxquels il se lie. Je choisis les fonctions de la reproduction, comme l'une des plus générales, l'une de celles auxquelles se rattachent les actes les plus variés.

Chez les animaux de l'ordre le plus inférieur la faculté de reproduction ne donne pas naissance à un instinct proprement dit, ce n'est encore qu'une fonction, une action végétative où les parties de l'être organisé agissent en vertu de leurs propriétés chimiques. Les découvertes de la chimie moderne tendent à faire admettre que les corps dits organiques ne sont que des composés, formés d'après les lois générales de l'affinité, mais acquérant des propriétés nouvelles dont la plus élevée est la force végétative [1].

La force vitale n'est pas nécessaire, en effet, pour former les substances organiques. « Les effets chimiques de la vie sont dus au jeu des forces chimiques ordinaires, au même titre, écrit M. Marcellin Berthelot, que les effets physiques et mécaniques de la vie ont lieu suivant le jeu des forces purement physiques et mécaniques. » Dans les deux cas, les forces musculaires mises en œuvre sont les mêmes, car elles donnent lieu aux mêmes effets.

1. Voy. M. Berthelot, *Chimie organique fondée sur la synthèse*, t. II, p. 805 et suiv.

« La vie, remarque judicieusement M. de Quatrefages[1], n'est pas une force tellement spéciale qu'elle soit de sa nature en opposition avec les forces physico-chimiques. Sans doute, dans une foule de circonstances, elle modifie et contre-balance leur action ; mais les forces physico-chimiques, mises simultanément en jeu, agissent bien souvent de même les unes sur les autres. La chaleur modifie l'action de l'électricité, et toutes deux l'emportent dans certains cas sur la pesanteur, c'est-à-dire sur l'attraction, sur cette force, la plus universelle de toutes et qu'on retrouve dans les corps bruts et les êtres vivants tout comme dans les soleils et les mondes. La vie est tout simplement une force qui vient s'ajouter à d'autres forces. C'est elle qui à côté et au-dessus des corps bruts, fait surgir les êtres organisés. L'organisation et par suite l'individualisation d'une certaine quantité de matière, voilà les deux immenses phénomènes que la vie introduit à la surface du globe. »

Ce que M. de Quatrefages dit de la vie peut être dit également de l'intelligence instinctive. C'est encore une force nouvelle qui vient s'ajouter à la force vitale, qui réagit sur elle, comme celle-ci réagit sur les forces physico-chimiques, qui produit la volonté, comme la force vitale produit l'organisation et fait naître la connaissance, comme celle-ci amène l'individualisation. L'intelligence avec conscience est une force d'un ordre supérieur; elle accompagne la volonté libre ou délibérée et la notion raisonnée et comparative, qui réa-

1. *Unité de l'espèce humaine*, — *Revue des Deux Mondes* du 15 décembre 1860.

gissent sur l'instinct, comme l'instinct réagit sur la vie, et la vie sur les forces physico-chimiques.

Entre ces diverses forces, aussi bien qu'entre les diverses classes d'êtres, les limites ne sont pas nettement accusées; on passe de l'une à l'autre, par des intermédiaires où les forces vitales fonctionnelles et l'instinct, où l'instinct et l'intelligence se confondent.

Chez l'homme, ces quatre ordres de forces, les forces physico-chimiques, les forces vitales, les forces instinctives, les forces intellectuelles agissent collectivement et concourent à former la personnalité humaine. Dans chaque série d'actes on reconnaît leur intervention respective ; il n'y a presque pas d'actes où chacune d'elles n'ait sa part. L'échelle des êtres nous offre des combinaisons en proportions diverses de ces quatre ordres de forces, et dans chaque fonction il y a intervention simultanée de plusieurs.

La science humaine ne saurait dire si ces forces sont d'essences radicalement distinctes, ou si elles s'engendrent les unes les autres. Ce qu'elle peut seulement constater, c'est leur liaison et leur présence dans les différents organismes.

La faculté de conservation et de reproduction de l'utricule primitif est en quelque sorte le point de départ de la vie organique. Les utricules s'accroissent, se multiplient. De nouvelles se forment à l'extérieur ou à l'intérieur des anciennes, ou s'interposent entre celles qui sont déjà existantes. Elles se groupent et s'agrégent pour constituer des tissus de diverses natures, au sein desquels s'accomplissent des effets chimiques, et d'après des lois qui correspondent, pour le règne végétal, à ce qu'est la cristallisation pour le règne animal; c'est alors que l'individu végétal prend naissance. La feuille du végétal est un composé d'utricules, et l'on a démontré que tous les organes appendiculaires des plantes ne sont que des feuilles diversement modifiées [1]. Les différentes parties de la fleur, l'organe reproducteur, ne sont à leur tour que des transformations de la feuille. Dans les phénomènes de germination et de croissance, on ne rencontre donc qu'une extension du principe de la vie végétative dont les fonctions caractéristiques sont l'absorption, l'excrétion et la sécrétion. Diverses parties du corps des animaux ne sont pas régies par des actions d'un ordre plus élevé. La faculté de propagation des polypes qui se reproduisent à l'aide d'un véritable bourgeonnement, n'est en réalité qu'une forme de ces fonctions végétales, et entre les spores du *chara*, du *vaucheria*, de certaines conferves, et les nodosités reproductrices des hydres, les bourgeons des alcyons, la distance est très-faible. La différence n'est guère plus sensible entre les marcottes d'œillets et les germes fissipares des hydres, lesquels, comme Trembley l'a montré, deviennent de nouveaux individus.

La faculté génératrice est alors toute mécanique; l'intelligence même à l'état de lueur, même insciente, n'y intervient pas; tout dépend des seules propriétés de la matière organisée. C'est l'apparition des œufs qui

1. Voy. Ach. Richard, *Nouveaux éléments de botanique*, 6e édit., p. 10 et suiv., et Aug. de Saint-Hilaire, *Morphologie végétale* (Paris, 1841).

marque chez les animaux le premier éveil d'un véritable instinct de reproduction, et encore à l'origine, quand cette génération ovipare est une simple forme alternante de la gemmiparité, rien n'indique chez l'animal des facultés instinctives distinctes des actes volontaires. Ainsi on ne discerne pas de faits d'instinct chez les *naïs*, annélides, qui tantôt se propagent par des œufs, tantôt par une espèce de drageons se formant à l'extrémité postérieure du corps, et dont les segments engendrent de nouveaux individus. Ceux-ci tiennent d'abord à la mère par la tête et par la queue, après quoi ils se détachent et vivent de leur vie propre.

Ces modes de reproduction sont assimilables à celle de la peau, des chairs, des poils, chez les animaux d'un ordre plus élevé, à celle des pattes chez les écrevisses, de la queue chez les lézards et les orvets, des yeux chez les salamandres [1]; c'est un fait purement physiologique.

L'instinct qui pousse le mâle des poissons à venir passer sur le frai pour le féconder, ne se distingue que peu d'une fonction physiologique proprement dite, de ces opérations de la vie organique qui reposent sur la propriété des tissus et des liquides [2]. Le besoin d'uriner, d'expectorer, tient également à des sécrétions qui amènent le besoin. Il n'y a d'intelligent dans l'acte du

1. Voy. à ce sujet H. Straus-Durckheim, *Théologie de la nature*, t. II, p. 257, 258.

2. J'excepte naturellement de cette classe les poissons cartilagineux qui s'accouplent, sont ovovivipares, et dont l'instinct de reproduction se rapproche déjà de celui des reptiles.

poisson mâle, il n'y a d'acte proprement dit que la reconnaissance des œufs qui flottent dans les eaux, celle des lieux où la femelle les dépose. Ainsi l'opération instinctive se réduit ici comme en général, dans l'action de boire et de manger chez les animaux, à accomplir des mouvements et à percevoir la nature particulière des lieux. Le mâle ne connaît pas la femelle; il n'exécute aucun acte destiné à exciter chez elle l'instinct de l'amour et de la maternité. Celle-ci en pondant, comme le mâle en fécondant les œufs, obéit à une impulsion tout aussi aveugle qu'est l'acte de la digestion, et l'un et l'autre sexe, dans cette classe d'animaux vertébrés, ne dépensent qu'une quantité très-limitée d'actions instinctives, l'un en vue de découvrir le frai, l'autre en vue de le déposer dans les eaux les plus propices à l'éclosion des œufs. Je parle ici, bien entendu, de la majorité des poissons; car il en est quelques-uns, comme les épinoches et les épinochettes, qui construisent un nid, qui connaissent leur progéniture et leur donnent des soins[1].

Nous trouvons donc chez les poissons un des plus bas degrés de l'instinct, celui où il ne nous apparaît que comme une extension de la fonction. L'acte accompli par l'animal n'implique ni mémoire, ni comparaison, ni induction, ni généralisation; c'est la conséquence d'une force fatale qui l'entraîne et qui tient vraisemblablement à des impressions exercées sur le poisson,

1. Voy. à ce sujet le curieux mémoire de M. Coste sur la *Nidification des épinoches et des épinochettes*, dans les *Mémoires de l'Académie des sciences*, — *Savants étrangers*, t. X, p. 567 et suiv.

à des odeurs qui l'attirent et provoquent des excitations nerveuses.

Montons un échelon de plus sur l'échelle de l'instinct de reproduction, nous rencontrerons les batraciens. Chez ces reptiles encore, le besoin de reproduction, comme l'ont montré MM. Duméril et Bibron, est un besoin tout physique; il n'exerce aucune influence sur l'état social de ces animaux; il n'y a parmi eux nulle communauté de désirs ni d'affections, ni même aucun attachement momentané du mâle pour la femelle, laquelle n'est jamais la compagne ni la mère de ses enfants; ceux-ci lui demeurant toujours inconnus. Cependant l'instinct que déploie le batracien indique déjà un acte plus intelligent que ne semblent être les actes des poissons. La femelle n'abandonne pas ses œufs avant qu'ils soient fécondés, ou au moins elle ne les abandonne qu'après que le mâle est déjà intervenu. Il n'y a pas sans doute un véritable accouplement; les rudiments du nouvel être sont formés, sécrétés d'avance dans les ovaires; ils s'en détachent et passent dans les oviductes avant d'avoir été vivifiés. C'est seulement dans le cloaque que l'imprégnation s'opère. L'accouplement est dans ce cas imparfait; les œufs ne sont-ils fécondés qu'après leur expulsion du corps de la femelle, cette expulsion est au moins facilitée par le mâle. Chez les anoures à quatre pattes, le mâle, placé sur le corps de la femelle, l'étreint fortement, et avec ses pattes de derrière il l'aide à se débarrasser des œufs qui sortent lentement par l'orifice libre du cloaque. Après quoi il les arrose de la liqueur spermatique. Chez les batraciens qui conservent leur queue, le mâle excite par ses agaceries la femelle à déposer ses œufs, qu'il féconde dès leur sortie.

On le voit, l'animal montre ici un instinct moins brut que le poisson. Il lui faut reconnaître la femelle et exécuter une série d'opérations raisonnées. C'est toujours une force aveugle qui le conduit, qui le pousse, mais à cet instinct de reproduction s'associent déjà des actes qui dénotent des passions et impliquent des facultés. Là s'arrête l'intervention de l'intelligence proprement dite; le mâle, en arrachant les œufs de la femelle, ne fait que satisfaire le besoin qui le pousse; quant aux œufs, quant aux petits, il n'en a souci; car ceux-ci naîtront sous une forme différente de la sienne, ce seront des têtards qui pourvoiront eux-mêmes à leur nourriture. Toutefois on constate déjà chez quelques batraciens l'instinct de la paternité ou de la maternité. Le pipa ne se borne pas à accoucher de ses œufs la femelle, comme le font certains crapauds; il les dépose encore sur le dos de celle-ci, qui se rend ensuite à l'eau. Dans ce liquide la peau du batracien, irritée par le contact des œufs, se gonfle et forme des cellules où les petits éclosent et demeurent jusqu'à ce qu'ils aient achevé leurs métamorphoses. C'est alors seulement que la mère revient à terre. Ici, il faut que la femelle puisse juger du degré de développement des petits, que le mâle puisse reconnaître sa compagne, laquelle se prête à ses manœuvres. L'intervention de l'intelligence est évidente; non pas qu'on puisse admettre que le pipa se rende compte de l'acte qu'il accomplit, mais en l'accomplissant il met en jeu des facultés qui sont autre chose que des fonctions.

Passons aux animaux chez lesquels un véritable accouplement a lieu, et nous noterons un plus grand degré d'intelligence mise au service d'un acte encore aveuglément raisonné.

D'abord nous trouvons des animaux où la mère reconnaît ses œufs et les soigne, sans connaître pour cela les petits qui doivent en naître. Chez les crustacés décapodes, la femelle porte ses œufs suspendus aux fausses pattes de son abdomen; chez les cymothoadiens, il y a une véritable poche destinée à l'incubation. Les araignées font davantage; il y en a qui traînent avec elles et défendent courageusement le cocon dans lequel leurs œufs sont renfermés. Déjà même, elles témoignent une certaine préoccupation de leur progéniture. On voit les araignées-loups aller rechercher le précieux sac qui contient leurs œufs, dès que le danger est passé, et veiller quelque temps à la conservation de leurs petits. Les lycoses ou tarentules emportent le cocon attaché à leur abdomen. Les petits sont-ils éclos, ils se tiennent cramponnés sur le corps de la mère, jusqu'à ce qu'ils soient assez forts pour chercher par eux-mêmes la nourriture.

Au contraire, chez les serpents et les chéloniens, le soin des œufs ne va pas au delà du choix d'un endroit propre à leur éclosion, et encore chez quelques-uns, telles que les tortues de terre, la femelle se borne-t-elle à les abandonner dans des trous.

L'instinct de la reproduction offre donc ici plusieurs

degrés d'intelligence. Tandis que certains animaux n'apportent à son accomplissement que des perceptions très-limitées, que des actes fort simples, par exemple la faculté de reconnaître un trou ou de le pratiquer, les autres agissent avec plus de discernement et s'occupent, soit du nid, soit des œufs, soit même des petits.

L'incubation, qui apparaît chez les oiseaux, mais n'existe ni chez les sauriens ni chez les serpents, si l'on en excepte les pythons, dénote un progrès considérable dans l'intelligence animale. Chez les oiseaux, le mâle reconnaît sa femelle, il l'agace, il lui fait la cour; il l'aide même souvent dans le soin de ses œufs et la construction de son nid, dans l'éducation et la nourriture des petits. Il y a toutefois encore des degrés dans l'instinct intelligent des oiseaux. Les uns déploient beaucoup plus d'intelligence que d'autres, parce que l'œuf demande plus de soin et que le petit réclame de ses parents la becquée.

Chez les gallinacés et la plupart des palmipèdes, les petits ont la faculté de courir, de chercher leur nourriture, peu d'instants après être sortis de l'œuf. Les parents ne sont pas alors dans la nécessité de leur préparer, de leur apporter les aliments. Tous les actes intelligents que ces soins nourriciers entraînent leur sont étrangers; par contre, le jeune oiseau arrive plus vite au degré d'intelligence instinctive qui appartient à son espèce, et il ne passe pas par ces phases où l'instinct participe encore de la fonction, où il n'est accompagné d'aucune intelligence. Étudiez tous les actes qu'impliquent la nidification, l'incubation, l'éducation des jeunes oiseaux, et vous reconnaîtrez là un ensemble très-complexe d'actes intelligents et raisonnés. L'animal reconnaît et choisit les matériaux de son nid, distingue entre les divers aliments qui conviennent à sa couvée, et les prépare au besoin. Il veille à la sûreté des petits, et ne les abandonne qu'après qu'il a jugé que ses soins ne sont plus nécessaires. En accomplissant tous ces actes, l'oiseau en ignore la portée et la nature; il les exécute toujours de même, ou ne les varie du moins que dans d'étroites limites. Cela prouve qu'il procède instinctivement. Toutefois, comme je l'ai déjà remarqué, cette œuvre instinctive ne saurait être accomplie, sans que l'animal possède certaines facultés intelligentes, et les modifications mêmes qu'il apporte dans ses opérations prouvent qu'il n'est pas un simple mécanisme, que son acte n'est pas une pure fonction. Il n'y a point de machine qui modifie elle-même légèrement ses rouages, quand la place lui manque ou que la matière sur laquelle elle travaille change de nature ; il n'y a pas de fonction physiologique qui se transforme tout à coup, quand les substances ingérées dans le corps viennent à n'être plus les mêmes. L'oiseau, au contraire, varie sa nourriture comme son mode de nidification, suivant les lieux; il apprend, il acquiert de l'expérience, donc il est intelligent dans l'accomplissement de l'acte instinctif même. Lorsqu'un chien, après avoir déposé ses ordures sur la pierre, la frotte de ses pattes de derrière, comme il le ferait sur un sol meuble, afin de recouvrir ses excréments, il agit sans discernement et sans intelligence; c'est de sa part pure affaire d'instinct; mais quand le chat, après avoir déposé dans un trou ses ordures, les recouvre avec soin de terre et s'assure qu'elles sont bien dissimulées, il met au service de ce même instinct qui poussait le chien, une véritable intelligence.

Si de la catégorie des animaux qui pondent des œufs nous passons à celle des animaux qui les mettent au monde vivants et les allaitent, nous remontons encore davantage l'échelle intellectuelle. Sans doute, c'est toujours l'instinct qui entraîne le mâle vers la femelle, qui pousse la mère à prendre soin de ses petits et à les nourrir, mais que d'intelligence déployée dans tous ces actes, quelle variété de passions mises en jeu, quelle série d'opérations intellectuelles à accomplir! Ici apparaît pour le soin de la progéniture le même degré d'intelligence que pour l'alimentation. L'animal a un besoin naturel de se nourrir; toutefois il n'emploie pas toujours, afin de saisir sa proie, les mêmes moyens, les mêmes ruses, il ne dépense pas les mêmes efforts. Il cherche, il observe, il compare, il se rappelle; il reconnaît les lieux qu'il a visités et les changements qui s'y opèrent; il se méfie de ses ennemis; et cela est certainement un fait d'expérience, car les jeunes sont moins méfiants que les vieux, et dans les pays que le chasseur n'a pas visités, l'animal se laisse attraper aisément. Dans la façon d'établir sa tanière, où elle déposera sa portée, dans les précautions qu'elle prendra pour cacher ses petits à l'homme ou à l'animal son ennemi, la femelle du mammifère montrera une égale prévoyance, une pareille observation. Il y aura alors dans chaque acte autant d'intelligence que d'instinct, et le petit lui-même demandera d'autant plus d'éducation qu'il sera appelé à avoir plus d'intelligence. L'instinct tout à fait aveugle qui appartient au fœtus, près d'être viable, fera place, plus ou moins de temps après la naissance, à un instinct intelligent. Sans doute que dans la classe des marsupiaux, qui forme comme un intermédiaire entre les mammifères et les animaux à métamorphoses, l'instinct aveugle subsiste comparativement plus longtemps, car le petit naît sans être complétement formé, les yeux sont à peine marqués, les os ne sont guère encore que des cartilages, et une sorte d'incubation s'effectue. Le jeune marsupial, déposé dans la bourse, n'a pas même l'organisme et par conséquent l'instinct suffisant pour teter, il ne peut qu'adhérer à la mamelle qui tient lieu du placenta dont ces animaux sont privés, et la mère est pourvue d'un appareil merveilleux qui lui permet d'injecter le lait dans la bouche du fœtus, protégé lui-même par un appareil spécial qui l'empêche d'être asphyxié par une injection trop abondante. Ce n'est qu'à la fin de cette gestation en quelque sorte externe, que le petit, ainsi que cela s'observe chez le kangourou, a acquis assez d'intelligence et une organisation suffisante pour commencer à prendre la nourriture qu'il cherchera librement et seul, une fois qu'il sera parvenu à l'âge adulte.

Chez les véritables mammifères, l'incubation est exclusivement intérieure; la gestation accomplie, l'animal est déjà sorti de la période purement fonctionnelle. On saisit clairement chez les ornithoryuques le passage de l'oviparité à la viviparité, et dans cette famille d'animaux l'intelligence s'abaisse au niveau de celle des oiseaux palmipèdes, dont les mœurs rappellent les leurs.

La vie psychique de l'animal qui n'a point encore atteint l'âge adulte, qui ne compte encore que quelques jours, que quelques heures, forme un intermédiaire entre la vie purement embryonnaire et la vie intelligente.

J'ai déjà indiqué plus haut les analogies que présente l'état intellectuel du fœtus avec celui de l'homme qui est plongé dans un sommeil profond. Mais, voulant montrer comment dans le sommeil l'instinct apparaît aussi à côté de la vie purement fonctionnelle ou végétative, je dois revenir sur ce sujet.

Chaque nouvelle sensation apportée à l'être mis au jour agrandit le cercle de ses idées et étend ses perceptions. L'embryon avait d'abord vécu comme la plante, d'une vie purement fonctionnelle; mais, quand il est arrivé à constituer un véritable fœtus, quand les organes sont tout formés et permettent à quelques sensations d'être perçues, l'instinct, c'est-à-dire l'intelligence insciente se manifeste. Seulement l'utérus, au sein duquel l'animal se développe, est un milieu trop borné pour que les sensations y soient nombreuses et variées; les organes du fœtus ne s'y prêtent pas. Ses perceptions ne sauraient encore être que confuses et incertaines. La vie psychique de l'embryon, parvenue à son plus haut degré de développement, doit donc se rapprocher de celle de la classe des animaux les plus inférieurs, des mollusques par exemple. Chez ces animaux, l'instinct s'élève un peu au-dessus de la fonction, comme cela a lieu chez les poissons; mais la grande imperfection de la partie sensorielle entraîne un moindre degré d'intelligence. Je parle du moins de ceux des mollusques, tels que les tuniciers et les bryozoaires, chez lesquels les sexes sont confondus et qui se propagent à la fois par des œufs et par des bulbilles, des stolons, ou encore des mollusques acéphales, des cyclobranches, qui sont hermaphrodites. Chez ces êtres, l'instinct de reproduction n'entraîne aucun acte volontaire proprement dit; c'est une fonction qui s'accomplit sans le concours de deux animaux distincts, et il faut remonter jusqu'aux gastéropodes, jusqu'aux céphalopodes, en général aux animaux dioïques, pour rencontrer une série d'actes qui constituent la première apparition d'un instinct qui n'est plus uniquement le jeu des appareils fonctionnels.

Si chez l'embryon l'instinct, si chez l'enfant, le petit animal l'intelligence ne se manifestent pas spontanément, s'il est nécessaire pour l'apparition du premier que les organes aient acquis leur complet développement, et pour l'apparition de la seconde, qu'une éducation ait été donnée à l'animal par sa propre expérience et par ses parents, c'est que la vie psychique a, comme la vie organique, besoin d'une période d'incubation. Les métamorphoses observées chez l'animal, lorsqu'il passe d'une phase de la vie à une autre, lesquelles se réduisent, au sortir de l'œuf, à des changements de peau et à de légères altérations des organes chez les crustacés et les arachnides, qui disparaissent à peu près ou se confondent avec la simple croissance chez les animaux d'un ordre supérieur, correspondent à des transformations de la vie fonctionnelle en vie instinctive, et de la vie instinctive en vie intelligente. Les insectes à métamorphoses complètes[1], qui nous présentent de la manière la plus accusée le phénomène des métamorphoses, où l'on voit l'œuf donner naissance à la larve, chenille ou ver, celle-ci se transformer ensuite en nymphe ou chrysalide, d'où sortira l'insecte parfait, marquent bien les différentes stases de la vie animale. Dans l'œuf, elle n'est encore que fonctionnelle, dans la larve ou chenille, elle est le plus souvent purement instinctive. La larve qui vit dans la terre, dans les bois, les fruits, les matières animales en décomposition, est à peu près comme le fœtus qui vit dans l'utérus de la mère; elle ne reçoit que des impressions très-bornées, et son instinct se réduit à peu près aux actes destinés à assurer sa nourriture et sa demeure. Pourtant l'habitation de certaines larves indique parfois une intelligence égale, supérieure même à celle de l'insecte parfait; l'on observe dans ce cas un fait correspondant à celui qu'offrent certains singes, plus intelligents à l'état jeune qu'à l'état adulte. J'ai cité plus haut un exemple qui prouve chez des chenilles une véritable intelligence mise au service de

1. Il y a des insectes qui ne passent pas précisément par l'état de larve, autrement dit où la larve n'est qu'une demi-larve, car elle présente déjà la forme de l'insecte ; ce n'est en réalité qu'un fœtus vivant à l'air libre. Voy. Th. Lacordaire, *Introduction à l'entomologie*, t. I, p. 56.

l'instinct. Mais la plupart des larves ne s'alimentent que d'une manière purement fonctionnelle, telles sont celles qui se nourrissent des humeurs des animaux ou du fluide mielleux des fleurs. Ce qui rapproche encore l'état de larve de celui du fœtus, c'est qu'il est essentiellement transitoire et variable; il apparaît plutôt comme une période de développement que comme un état stable. Les larves grossissent rapidement; bon nombre changent de peau et même d'appareils viscéraux. Donc, en thèse générale, on peut tenir la larve comme une simple manifestation de la vie purement instinctive.

Dans l'insecte parfait, la vie commence déjà à être intelligente; car, ainsi que l'ont remarqué judicieusement divers naturalistes, l'insecte, malgré sa petitesse, possède une certaine dose de facultés véritablement intellectuelles. Quiconque observera une république d'abeilles ou de fourmis, verra ces chétifs animaux déployer une réelle intelligence dans les actes qui tendent à l'accomplissement de l'œuvre instinctive. Mais avant de passer de l'état de larve à celui d'insecte parfait, il y a comme une seconde incubation; la chenille redevient embryon, et le cocon est comme un autre œuf où doit s'accomplir cette métamorphose. C'est au moins le cas pour le plus grand nombre des insectes, pour ceux qui subissent les métamorphoses complètes. Certaines nymphes, ne se distinguant pas, le fait est à noter comme exception, des larves proprement dites, ne sont pas des masses inertes, ou douées d'une vague sensibilité, d'une simple faculté de locomotion : elles sont aussi actives, aussi voraces que les larves elles-mêmes. L'animal renaît, dans ce cas, à une vie nouvelle plus développée, plus intelligente, dont il fait déjà preuve, dans l'enveloppe qui le cache à l'état de chrysalide, pour en sortir et la percer. Chez les animaux pseudo-vivipares, tels que les poissons cartilagineux, les scorpions, les insectes diptères, du groupe des sarcophages et des dexies, les orvets et certains lézards, les vipères, etc., l'œuf éclôt dans l'intérieur des oviductes; il se développe dans la matrice, il n'y a pas de période d'incubation proprement dite. Quand l'animal apparaît à la lumière, il a déjà acquis sa forme. Ce mode de génération paraît tenir à ce que l'œuf ne rencontrerait pas à l'extérieur les conditions suffisantes pour son développement et sa maturation. On sait que les serpents vivipares vivent dans des endroits secs, et M. Florent Prévost a montré que les couleuvres peuvent être rendues vivipares, si on les tient longtemps dans des endroits privés d'eau. Ces animaux échappent par conséquent à la première période dans laquelle la vie instinctive seule se manifeste, ou pour mieux dire, cette vie s'accomplit dans le sein de la mère, comme pour les animaux d'un ordre supérieur.

Les différentes phases psychiques de l'animalité peuvent donc être résumées ainsi :

Germe de l'œuf fécondé, formation du germe, correspondant à la vie purement fonctionnelle. Est-il fécondé après l'expulsion du sein de la mère, l'instinct du mâle se distingue à peine de la fonction. Est-il fécondé au sein de la mère, mais par un accouplement encore imparfait, pendant le séjour de l'œuf dans le cloaque ou immédiatement après son expulsion, l'instinct du mâle est déjà plus développé; il s'y mêle des actes intelligents. Y a-t-il accouplement parfait, les amours de l'animal s'associent nécessairement à des actes où l'intelligence est manifeste.

L'embryon naît et se développe dans l'œuf, soit que cet œuf ait été réellement pondu et exige une incubation, soit qu'il se couve dans le sein de la mère, comme chez les ovovivipares, soit que la gestation remplace l'incubation. Ce n'est encore qu'une force purement végétative qui se montre par l'apparition du *punctum saliens;* plus tard le véritable animal apparaît et l'instinct donne déjà des signes d'existence. Mais cet instinct qui prend son départ dans des sensations confuses et incomplètes, à peine distinctes des fonctions végétatives, est encore quelque chose d'aveugle et de fatal. C'est celui du poussin qui va sortir de l'œuf, du fœtus peu avant le part. L'embryon achève-t-il son évolution hors de l'œuf ou de la matrice, comme chez l'insecte ou le marsupial, l'instinct fœtal participe déjà de celui de l'animal enfant, adulte, et peut en certains cas l'égaler : tel est le cas pour la chenille. Car alors les organes de la vie fœtale sont appropriés à la vie externe ou demi-externe que l'animal doit mener.

Quand celui-ci a vu le jour et revêtu sa forme définitive, quand les sensations multipliées ont donné naissance à des perceptions nombreuses, l'instinct arrive à son plus haut degré de développement, mais ce developpement, il ne l'acquiert qu'à la condition que l'intelligence se développera elle-même. Les opérations instinctives d'un ordre élevé ne sauraient se passer de l'exercice de certaines facultés intellectuelles ; toutefois, chez l'animal, l'intelligence n'est jamais que la servante de l'instinct. Les mammifères, tels que le chien, le singe, l'éléphant, qui nous apparaissent comme les plus intelligents, sont ceux chez lesquels l'intelligence intervient le plus visiblement dans des faits purement instinctifs, mais elle demeure néanmoins subordonnée à l'instinct.

Il n'y a que l'homme chez lequel l'intelligence prédomine ; les instincts subsistent encore, mais ces instincts, à mesure que l'homme grandit, tombent de plus en plus sous la loi de l'intelligence.

Ainsi le fœtus, dans le sein de sa mère, n'a d'abord qu'une vie fonctionnelle, puis une vie instinctive vague. Quand l'enfant a vu le jour, l'instinct est arrivé à son maximum, tandis que l'intelligence est encore à peine éveillée. C'est par instinct que l'enfant tette, c'est par instinct qu'il reconnaît sa nourrice ; mais au bout de peu de temps, l'intelligence renverra à l'arrière-plan les opérations purement instinctives. Il est cependant à noter que tant que celle-ci n'aura pas acquis un degré de force suffisante, elle ne dominera pas les instincts, et ne sera employée qu'à les servir et à assurer leurs effets. La réflexion seule peut opposer, chez l'homme, à l'impulsion irréfléchie et fatale les considérations de devoir, de droit, d'utilité, etc. La raison prend alors la place de l'instinct dans la direction de nos actes, et c'est seulement à partir de ce moment que nous devenons vraiment intelligents. Que d'individus, d'ailleurs, qui n'atteignent presque jamais cet apogée de la vie psychique ! que d'individus dont les facultés raisonnantes sont constamment mises au service d'un instinct, d'une passion, d'une impulsion fatale ; qui connaissent le bien et le mal, non par la conscience élevée et intime, le sentiment du droit, mais par la simple notion de leurs effets ! Toutefois la différence qui nous sépare principalement au point de vue moral, de l'enfant et de l'animal, c'est que nous avons pleine conscience de nos actes ; et c'est cette conscience qui est la manifestation la plus caractéristique de l'intelligence, l'intelligence par excellence.

Donc depuis le moment de la conception jusqu'à la maturité, l'homme passe par toutes les phases de la vie psychique, existence végétative ou fonctionnelle, instinct vague, instinct qui perçoit nettement les impressions, connaissance instinctive, connaissance réfléchie.

Maintenant que j'ai présenté l'aperçu et comme la gradation des différentes formes de l'instinct et de l'intelligence, je dois montrer comment, dans le sommeil rapproché de la veille, on retrouve une gradation analogue.

L'homme qui est plongé dans un sommeil profond, dans un état comateux et sans rêve, retombe, je l'ai dit, dans cette vie latente qui ne s'élève pas beaucoup au-dessus de la vie purement végétative et fonctionnelle. Il n'a pas conscience de ses actes, s'il en accomplit encore. Il remue un bras, une jambe, il retire la partie qu'on irrite ou qu'on pique, mais il ne sait pas ce qu'il fait, il ne sait pas qu'il agit. Il est donc au-dessous de l'animal adulte qui sait qu'il agit, sans cependant se contempler agissant. La sensation est pour ainsi dire alors sans perception, ou mieux la sensation n'est accompagnée que d'une perception vague; le mouvement est véritablement réflexe. Si dans le sommeil le cerveau commence à entrer en jeu, si quelques images vagues et incohérentes se présentent déjà devant l'esprit, mais sans que cette perception éveille aucune conception, la vie intellectuelle n'est encore que celle des animaux inférieurs, avec la différence que dans le sommeil, accompagné de rêves incomplets, aucun acte correspondant ne se produit d'ordinaire, tandis que chez l'animal ces perceptions vagues entraînent des actes et éveillent des instincts qui en sont corrélatifs.

Que les impressions se produisent moins confuses, que les rêves deviennent plus clairs, et déjà à ces perceptions se joindront des conceptions plus ou moins arbitraires. Mais ces conceptions, elles naîtront fatalement et comme instinctivement, sans que l'esprit se rende compte de son acte, en ait même pleine conscience. C'est donc encore en réalité l'instinct qui domine; l'intelligence ne fait ici que le suivre. Nous obéissons en rêve à toutes les impulsions physiques ou à celles de l'habitude; nos actes imaginaires sont l'effet de ces impulsions mêmes. Le rêve prend-il le caractère de l'extase, du somnambulisme, nos conceptions entraînent certains actes, se traduisent en actes mêmes. Elles ne se distinguent même plus les unes des autres, quand leur vivacité égale celle de la perception, par suite d'une surexcitation maladive. Nous agissons encore fatalement, sans que notre liberté intervienne, quoique l'intelligence déploie toutes ses finesses et ses ressources. C'est l'instinct qui nous pousse, qui nous entraîne, bien que l'intelligence nous conduise, et nous permette d'avoir connaissance de nos actes, de nous les rappeler. Je dis connaissance et non conscience; car la conscience n'existe pas dans le rêve, ou ne se produit que d'une manière vague, et quand nous sommes déjà près de nous éveiller. Voilà pourquoi, ainsi que je l'ai fait remarquer, on ne saurait nous imputer les actions que nous accomplissons en rêve. Ce sont des produits spontanés de l'organisme, auxquels nous assistons sans pouvoir les diriger, ou que nous dirigeons par un effet de l'habitude, par une opération intelligente, mais en quelque sorte mécanique. Nous agissons alors comme agit l'animal sous l'empire de l'instinct. Cette intelligence que nous déployons en songe et qui est dépensée à exécuter des actes imaginaires, volontaires, mais non réfléchis, nous la devons à la vie intellectuelle de la veille. Chez l'animal, au contraire, elle tient à sa constitution essentielle; éveillé, il assiste comme nous le faisons en rêve, à ses actes; il est entraîné par l'instinct et il applique son intelligence à exécuter l'acte que l'instinct lui dicte, sans réagir contre cet instinct, afin de le combattre ou de le modifier. Le même phénomène se produit chez le rêveur; quoiqu'il comprenne son rêve, il y assiste comme à un spectacle extérieur, et ne peut dès lors réagir contre lui. Une lutte commence-t-elle à s'établir entre l'illusion et le sentiment du réel, l'homme a-t-il une vague idée qu'il est le jouet d'un rêve, éprouve-t-il une impression désagréable de ce rêve même, impression qui arrache ses sens à leur torpeur, il cherche à la dissiper, il s'éveille.

On peut dire conséquemment que si en rêve notre intelligence agit, cette intelligence est toute instinctive; elle n'est que la connaissance de l'acte, sans en être la conscience. L'intelligence du rêveur doit dès lors procéder comme celle de l'animal. Prenons un exemple : je vois en rêve un voleur qui me menace de mort; je fuis; dans ma fuite, je rencontre une rivière, je cours chercher un bateau pour la traverser; j'y saute, et je fais des efforts pour accélérer le mouvement des rames. Dans tout cela, j'agis avec intelligence; j'ai compris les moyens qu'il fallait employer afin d'échapper au péril, et j'y ai recours. Mais là s'est bornée l'intervention de mon intelligence; je n'ai point été plus loin dans ma réflexion; je ne me suis pas demandé si la présence de ce voleur était possible, si un bateau pouvait exister là où je place une rivière, si vraiment je tenais des avirons. Mes perceptions ont été soudaines et mes actions instinctives, quoique intelligentes, car elles n'ont point été réfléchies. Je me suis donc comporté ici en rêve comme l'aurait fait l'animal éveillé. Celui-ci éprouve une impression; il la subit sans la raisonner, et son intelligence est uniquement employée à accomplir l'acte que cette impression détermine. Jamais, dans son action instinctivement intelligente, il ne met en rapport le moyen avec le but. L'impression suggère une idée, et l'idée commande un acte. L'animal voit, connaît, juge, mais c'est un jugement tout spontané et non réfléchi, tel que celui du rêveur. C'est une opération fatale de son esprit, qui ne s'applique d'ailleurs jamais qu'à des faits d'un ordre beaucoup plus simple que ceux que l'imagination nous retrace en rêve.

Lorsque nous nous laissons entraîner à l'impulsion soudaine d'une passion, par exemple à la colère ou à la gourmandise, nous tombons sous l'empire de l'instinct; notre acte est sans doute intelligent, car il suppose des notions précises et des jugements; mais notre intelligence agit en quelque sorte spontanément; elle est mise au service de l'impulsion fatale, et voilà pourquoi dans le premier mouvement de la passion, résultat de l'action puissante de l'organisme, on considère l'homme comme perdant sa liberté. L'enfant n'agit pas autrement; ce sont des passions qui le poussent, non des déterminations raisonnées qui le conduisent. Il est intelligent dans ses actes, mais ces actes, c'est l'instinct, non l'intelligence qui les lui dicte. En cela, il se rapproche plus que l'homme de l'animal, bien que sa dose d'intelligence soit infiniment supérieure.

Le caractère de l'instinct est conséquemment sa spontanéité, et l'intelligence qu'il implique chez l'animal est également spontanée, c'est-à-dire que l'esprit agit alors avec connaissance, mais non avec conscience, forcément, non électivement, comme chez le rêveur.

Le point de départ de tout acte humain, je dis acte et non fonction, étant une idée résultat d'une impression, et la production ou le rappel d'une idée étant le plus souvent un fait spontané, on doit considérer l'instinct comme le point de départ de la grande majorité de nos actes. L'idée se forme d'elle-même et sans l'intervention de notre volonté. Sa nature et sa forme sont la conséquence de notre constitution intellectuelle; aussi chez l'enfant comme chez le sauvage, l'action n'est-elle presque constamment que le résultat de cette idée spontanée. Mais en vertu de la nature perfectible de notre être, nous acquérons la faculté de juger, de rapprocher, d'associer les idées à notre choix, de rejeter celles qui viennent spontanément, quand elles ne se rapportent pas à la pensée qui nous préoccupe, et de n'agir que conformément aux idées que nous avons comparées et discutées dans notre esprit. Cette faculté de délibération est, comme je l'ai dit, le dernier terme de l'intelligence humaine, car c'est elle qui nous conduit à exécuter nos plus grandes œuvres et à opérer nos plus belles découvertes. C'est sur elle que repose la science. En délibérant, en réfléchissant, en coordonnant ses idées, et les jugeant les unes par les autres, l'homme se possède et arrive à une pleine conscience de soi. Il acquiert alors le plus haut degré du sentiment de la personnalité, et l'impulsion instinctive n'a plus à ce moment qu'un faible empire sur lui. L'idée raisonnée prend le dessus sur le sentiment, lequel n'est qu'une forme de l'instinct; car le propre de l'instinct est de n'être pas raisonné, ce qui caractérise aussi le sentiment.

Il y a cependant des connaissances que nous devons à l'instinct et que le travail de l'esprit ne pourrait nous donner qu'imparfaitement. On a souvent remarqué que les notions de sentiment sont plus sûres que les notions purement scientifiques et raisonnées. *Incertum est et inæquale quidquid ars tradit; ex æquo venit quod natura distribuit*, écrit Senèque[1].

Dans la notion de sentiment, il y a sans doute une intervention de l'intelligence, tout n'y étant pas instinct. Mais ici l'intelligence, comme chez les brutes, n'est employée qu'à développer une notion instinctive; elle obéit à une impression première qui ne résulte pas du travail conscient de l'esprit. Les connaissances dont l'animal fait preuve, sont presque toujours des notions de sentiment. Voilà pourquoi il se trompe moins que l'homme dans la sphère d'action qui lui est assignée; telle est également la raison pour laquelle, chez la femme, l'instinct conservant plus d'empire que chez l'homme, on observe une délicatesse de sentiment et une finesse de jugement spontané qui n'appartiennent pas à notre sexe. Les faits d'intelligence qui nous surprennent davantage chez les animaux reposent tout entiers sur des instincts, comme les insectes, les plus étonnants de tous les êtres par leur industrie, nous en fournissent la preuve. Ils ne se trompent jamais dans la construction de leurs demeures, de leurs coques. Le chien, le singe, au contraire, dans les actes qui sont un fait d'expérience purement personnel, commettent de visibles et de fréquentes méprises. Et si l'homme est celui qui accomplit les choses les plus sublimes, il est aussi celui qui dans sa sphère d'action est le plus exposé à l'erreur.

1. *Epist.* CXXI.

L'homme étant né intelligent, et l'intelligence humaine ayant pour expression nécessaire le langage, la connaissance du langage est en grande partie une notion de sentiment. Le langage repose d'ailleurs sur la combinaison de signes que la volonté n'a pas institués, qui tiennent au rapport étroit des perceptions, des idées et des mouvements de l'organisme [1]. C'est spontanément que l'enfant conçoit les principes et les règles qui président à la composition, à la coordination des mots; il n'apprend pas la grammaire, il en acquiert le sentiment; il y a là également aussi un concours d'instinct et d'intelligence [2]. L'intelligence qui se manifeste ici est insciente, elle voit et ne cherche pas, elle repose sur une intuition, non sur une perception raisonnée et volontaire. On s'explique ainsi pourquoi les enfants apprennent plus facilement les langues que les hommes faits. Et notons que les langues ne sont pas seulement un fait de mémoire, mais une science de jugement. Et cependant, quoique moins intelligent que l'homme, l'enfant arrive plus vite à les acquérir, évidemment parce que son intelligence agit alors instinctivement. Ce sentiment du langage appartient à la catégorie des actes d'intelligence spontanée et instinctive; ce n'est pas le fait de l'acquisition de l'esprit, mais de sa constitution, c'est l'expression de nos facultés intellectuelles en action. Les animaux n'ont pas le langage,

1. Voy. Ad. Garnier, *Traité des facultés de l'âme*, t. II, p. 455.

2. Voy. à ce sujet le bel ouvrage de M. E. Renan, *De l'origine du langage* (2e édit., Paris, 1858), p. 89 et suiv.

mais ils ont des cris, des gestes, des mouvements qui manifestent l'état de leur âme, par un effet également spontané[1]. Il y a toutefois cette différence entre le langage mimique et interjectif de la bête et celui de l'homme, qu'ayant l'un et l'autre l'instinct pour point de départ, le premier demeure toujours à l'état d'instinct, tandis que le second sert de thème à l'intelligence pour le perfectionner et le modifier. Là, comme dans tous les actes humains, la connaissance réfléchie s'empare de l'acte instinctif pour le diriger et le discipliner. S'il en était autrement, l'enfant naîtrait parlant, ou du moins il parlerait, sans l'éducation de ses parents, dès que son cerveau serait assez développé pour accomplir les opérations intellectuelles que le langage implique ; ce qui n'est pas.

On peut, comme je le montrais tout à l'heure, donner le nom de connaissances de sentiment ou intuitives à ces notions qui sont acquises par l'intelligence non réfléchie, et que la réflexion ne fait parfois qu'affaiblir, ainsi que cela a lieu pour le sens des langues, celui des hommes, etc. Dans ce cas encore l'intelligence agit, comme dans le rêve, sans se rendre compte de ce qu'elle fait.

Sans doute que bien des découvertes qui appartiennent à la société primitive ont été le fruit de cet instinct intelligent qui s'affaiblit à mesure que les sociétés vieillissent, et que tendent à remplacer les actes rai-

1. Voy. à ce sujet Flourens, *De l'instinct et de l'intelligence des animaux*, 4e édit., p. 95.

sonnés. Quoique en devenant plus raisonnable et moins instinctif, l'homme subisse toujours la loi de la nature, on s'est habitué à considérer l'instinct comme un effet plus direct de la nature, parce qu'il en est un produit plus immédiat. En ce sens, l'on peut dire que l'homme qui ne met son intelligence qu'au service de son instinct, est plus l'enfant de la nature que le savant de cabinet; il subit plus directement la loi des impulsions que ces sensations lui communiquent, et il délibère moins sur ses actes. L'homme qui rêve, et qui dans son songe est forcément conduit par les impressions réfléchies dans son esprit, mais dont il n'a pas pleine conscience, est donc, pour parler toujours le même langage, plus près de la nature que l'homme éveillé; il redescend l'échelle intellectuelle; il rentre dans la catégorie des animaux qui pensent, jugent, agissent, mais en vertu d'une impulsion nécessaire, résultat immédiat des sensations. Par contre, il acquiert une plus grande aptitude à certains actes, ces actes devenant non plus des faits d'élection, mais des faits de sentiment et d'instinct; ses impressions sont plus vives, ses passions plus dominantes, ses préoccupations plus exclusives. Le développement intellectuel de certaines facultés qui se manifeste alors, sous l'empire d'une surexcitation ou d'une affection nerveuse, comme cela se passe dans certains songes, dans les accès de somnambulisme, est dû aussi vraisemblablement à ce que l'intelligence agit alors tout instinctivement. Les notions acquises dans la veille et qui sont un produit de l'expérience raisonnée, se manifestent spontanément en songe et donnent naissance à des actes exécutés avec d'autant plus de précision et de sûreté, qu'ils ont été moins délibérés.

Le même phénomène se présente dans l'habitude, qui nous rend aptes à mieux exécuter certaines opérations que nous ne le ferions par le raisonnement. L'acte d'abord réfléchi et combiné arrive, par un effet de sa répétition, à s'accomplir instinctivement. C'est que l'habitude imprime aux organes une certaine aptitude qui devient instinctive et peut alors être transmise héréditairement. Les petits des animaux éduqués sont plus propres à l'être à leur tour, que les petits des animaux non domestiques. L'enfant de l'Européen apprend et conçoit plus aisément que le jeune sauvage, même confié, dès son jeune âge, à des personnes civilisées. La transmission par voie héréditaire de certaines facultés acquises, aussi bien que celle de certaines imperfections non congéniales chez les parents, est un fait actuellement établi[1]. L'habitude peut donc donner

1. Voy. P. Lucas, *Traité philosophique et physiologique de l'hérédité naturelle*, t. I, p. 329; II, p. 666. M. Flourens pose en principe que les modifications artificielles ne se transmettent pas. Cette dénégation est trop absolue, et bien des faits peuvent être produits à l'encontre. Je me bornerai à citer les deux filles d'une personne que j'ai connue, et qui avaient hérité de la gibbosité de leur père; or celui-ci avait eu l'épine du dos contournée à la suite d'une blessure reçue à la guerre. Les maladies essentiellement transmissibles ne sont souvent que des modifications artificielles. Toutefois des modifications de cette nature ne se transmettent pas le plus ordinairement; quand elles deviennent transmissibles, il faut croire qu'elles ont assez modifié l'économie du père ou de la mère tout entière pour arriver à constituer une partie intégrante de leur constitution. Il en est de même au moral; il n'y a de trans-

naissance à l'instinct, et cela est ressorti depuis longtemps pour l'homme de ses observations journalières, comme le montre l'adage connu : « L'habitude est une seconde nature. » On doit donc admettre que l'habitude confine à l'instinct, que l'instinct peut n'être qu'une habitude transmise par la génération. Et en effet, les passions, les penchants, les goûts, qui sont les motifs déterminants des actes instinctifs de l'homme, se transmettent également par voie d'hérédité. Le caractère éminemment héréditaire des affections mentales et nerveuses, de l'apoplexie, de la phlegmasie cérébrale, maladies liées de très-près à la constitution intellectuelle particulière à l'individu, est une autre preuve que les constitutions intellectuelles se transmettent, s'engendrent les unes les autres [1], c'est-à-dire que les aptitudes psychiques sont liées aux principes chimiques de l'organisme, les seuls qui soient transmissibles par l'acte

missibles que les défauts ou les qualités qui tiennent à la constitution psychique essentielle des parents ; mais quelques-unes de ces qualités ou de ces défauts peuvent avoir été acquis ; l'habitude, autrement dit le long exercice, les a alors transformés en instincts, et c'est à ce titre qu'ils deviennent transmissibles. Entre les facultés intellectuelles ou morales transmissibles, la mémoire, le sens musical, le courage, la douceur, figurent certainement au premier rang. Mais il faudrait nécessairement tenir compte des circonstances particulières qui ont accompagné la conception et la gestation, lesquelles peuvent modifier puissamment ces facultés et amener des dissemblances entre les enfants et les parents. Le rêve peut nous servir à distinguer les défauts, les qualités qui, par suite de l'habitude, ont passé dans la constitution psychique et ont pris conséquemment une nature instinctive, car ceux-là doivent intervenir dans le rêve, parce qu'ils se produisent spontanément.

1. Voy. P. Lucas, *ouv. cité*, t. II, p. 702 et suiv. Cf. t. I, p. 557.

de la génération, et aux forces qui se développent avec eux. La maladie n'est en quelque sorte qu'une habitude vicieuse de telle ou telle partie du corps, et puisqu'elle est transmissible, c'est que l'habitude peut se transmettre sous toutes ses formes; celle-ci se manifeste-t-elle chez l'individu qui ne l'a pas acquise, et l'a reçue de ses pères, elle se confond pour lui avec l'instinct. De là il suit que l'instinct des animaux peut en certains cas provenir, comme les caractères transmissibles de la race, d'anciennes habitudes acquises par l'ancêtre de l'espèce. Et en effet, on voit le petit du chien qu'on a dressé à chasser le pécari [1] ou le putois, le chasser d'instinct après quelques générations. Le bœuf, porté dans l'Amérique du Nord, gratte d'instinct la neige pour découvrir l'herbe; ce que les premiers bœufs introduits dans le nouveau monde ne savaient point faire [2].

L'instinct des animaux se modifie souvent suivant les lieux, parce que son exercice se lie à une certaine intelligence qui leur permet de l'adapter aux exigences locales; cet instinct modifié est également transmis ensuite par la génération, et il demeure le même, tant que les conditions nécessaires à son exercice subsistent.

Chez le petit qui accomplit, dès sa naissance et sans

1. Voy. Roulin, *Recherches sur quelques changements observés dans les animaux domestiques transportés de l'ancien dans le nouveau continent*, p. 19.

2. Voy. à ce sujet les judicieuses remarques de M. de Quatrefages, dans un de ses articles sur l'unité de l'espèce humaine, publiés dans la *Revue des Deux Mondes*, 1861. Cf. Flourens, *De l'instinct et de l'intelligence des animaux*, 4e édit., p. 107 et suiv., 170 et suiv.

intervention presque de l'intelligence, l'acte que son ancêtre a appris à exécuter par l'observation, dont il a contracté ensuite l'habitude et qu'il a légué à sa descendance, les opérations raisonnées se font donc en vertu d'une habitude passée dans la race; et en exécutant son œuvre instinctive, l'esprit de l'animal est comme celui du rêveur qui accomplit une série d'opérations intellectuelles, suivies et raisonnées, mais par une impulsion spontanée, sans qu'il ait de son acte une notion rationnelle.

Ces considérations suffisent pour faire apprécier ce qu'il y a de fondé dans l'opinion des physiologistes, qui font du sommeil l'image de l'existence primordiale; elles montrent que, bien que séparées par des phases tranchées qui tiennent vraisemblablement à des différences essentielles de constitution intellectuelle, les diverses formes de la vie physique se lient les unes aux autres, et qu'il suffit d'un arrêt dans l'organisme, d'un simple affaiblissement de la force nerveuse, pour faire descendre aux échelons les plus bas les intelligences qui avaient atteint les sommets de la vie spirituelle.

Les anciens voyaient dans le sommeil l'image de la mort; ils se trompaient. La mort, c'est la désorganisation, la séparation des éléments qui ont par leur assemblage et leur action collective, constitué l'individu, l'être; dans le sommeil, la vie subsiste, et à certains égards elle présente plus d'énergie. Mais le sommeil est l'image de la dégradation intellectuelle et de la perte de l'intelligence. Et ce n'est pas sans raison que l'antiquité le figurait par un génie appuyé sur le flambeau de la vie renversé. Oui, la flamme qui brûle en nous et qui, durant la veille, s'élève vers les cieux, s'abaisse quand le sommeil nous gagne ; elle se dirige alors vers la terre, c'est-à-dire vers ce qui est la personnification de ce qu'il y a de plus grossier, de plus physique.

Le génie du sommeil, c'est bien un enfant, car l'homme qui dort revient en partie par les formes de son intelligence, aux temps où, esclave des sensations, et conduite exclusivement par l'instinct, l'âme, éveillée au sein de la nature, se détachait à peine d'elle et la reflétait tout entière.

FIN DE L'APPENDICE.

NOTES

NOTE A.

SUR LE CONCOURS DES DIFFÉRENTES PARTIES DE L'ORGANISME POUR LA PRODUCTION DE LA PENSÉE.

Bien que le cerveau soit l'organe indispensable à la production de la pensée, on ne doit pas en conclure que nos idées, à ne les prendre que sous le rapport des influences physiques qui les font naître, dépendent exclusivement de l'état physiologique ou pathologique de ce viscère. Point d'insertion ou d'origine d'une foule de nerfs, le cerveau subit le contre-coup de l'état de nos divers organes; et l'influence de ceux-ci est d'autant plus grande sur les sentiments, les passions et les pensées, qu'ils se trouvent dans une liaison plus étroite, plus directe avec le cerveau. Ainsi le cœur, l'estomac, l'appareil génital, le foie, les poumons ont sur lui un effet bien plus prononcé et interviennent par conséquent beaucoup plus pour la formation des idées et la production des sentiments, que la vessie, la rate, les intestins.

Il est digne de remarque que les altérations, les modifications, les excitations dans les fonctions des premiers de ces organes correspondent à des altérations de caractère, à des perversions de sentiments, se trahissent par des pensées gaies ou mélancoliques, des penchants à la haine, à la vengeance, une lésion du jugement, un changement dans la tournure de l'imagination. Le cerveau ne varie cependant alors ni de son volume ni de composition; il reste ce qu'il était avant la maladie ou l'excitation des viscères en question. Rien ne dénote un trouble dans les opérations intellectuelles; cependant l'homme pensant, l'homme moral n'est souvent plus le même, une fois ces modifications opérées dans le cœur, l'estomac, le foie, etc. Les causes externes, les influences physiques ou morales ne réagissent plus alors de la même façon sur l'esprit, et ne donnent plus naissance aux idées qu'elles eussent engendrées, si ces modifications ne s'étaient point produites. Il faut donc nécessairement voir dans la pensée non pas seulement la conséquence de la manière dont le cerveau fonctionne, mais encore le miroir de notre être tout entier, la résultante de toutes les actions organiques, en un mot le cri de l'âme, de cette force mystérieuse et cachée qui entretient et crée la vie.

Rien ne prouve mieux ces influences extra-cérébrales que le cours différent pris par les idées, les changements de caractère qui s'opère chez la jeune fille, au moment où la menstruation s'établit, chez la femme aux époques mensuelles, ou sous l'empire d'une excitation de l'utérus. Toutefois on doit admettre qu'il s'effectue alors par contre-coup au cerveau un afflux de sang, une excitation nerveuse sympathique, qui déterminent ces changements chez un sexe où les fonctions de la maternité jouent, quant à l'économie, le rôle capital. Ce n'est là toutefois qu'un effet secondaire, et le cerveau n'est pas en réalité le point de départ du trouble et du changement intellectuel et moral; l'afflux de sang montre seulement comment l'organe de la maternité réagit sur l'encéphale. Il faut bien effectivement qu'il y ait une réaction au cerveau, puisque les idées, qui ne sauraient être élaborées que par son intermédiaire, sont notablement modifiées.

Les changements profonds qui résultent pour le caractère, la tournure d'esprit, les goûts, de la simple ablation des organes de la virilité, sont une preuve plus manifeste encore que le cerveau peut demeurer intact, les facultés qui en procèdent conserver leur énergie, et cependant les idées et les sentiments se transformer, à raison d'altérations qui ont lieu en d'autres parties de l'organisme.

Dans sou beau mémoire intitulé : *Sur les effets de la castration dans le corps humain* [1], Mojon a noté non-seulement les effets physiques, mais encore les influences morales de l'émasculation, et il ressort de ses recherches que l'homme, après la castration, prend quelque chose du caractère et des idées de la femme, jusqu'à son goût de parure, à son affection pour les petits enfants. Les hémorrhagies fréquentes auxquelles les eu-

1. 3e édit., Gênes, 1813, in-4°.

nuques sont sujets produisent vraisemblablement quelque chose d'analogue à la menstruation et amènent pour le cerveau des réactions du même ordre. Car il est bon de le rappeler ici, l'intelligence, les idées tiennent non-seulement à la constitution du cerveau, mais aux mouvements que le système nerveux et le mouvement circulatoire général y provoquent ; ce qui, soit dit en passant, prouve contre la phrénologie, que l'évaluation de l'étendue des circonvolutions cérébrales n'est pas le seul élément qui doive entrer en ligne de compte pour l'appréciation de la puissance des facultés.

Si tous nos organes sont placés dans une certaine dépendance réciproque, il n'en est aucun qui soit plus solidaire des autres que le cerveau ; par l'intermédiaire des nerfs qui s'en détachent, il est en communication directe avec tous, et l'excitation imprimée à toute partie du corps se transmet plus ou moins fortement à l'encéphale.

On comprend alors comment dans le sommeil où la volonté ne réagit pas contre les mouvements spontanés du cerveau, les idées ne soient le plus souvent que la conséquence des excitations dont diverses parties du corps se trouvent être le siége. La pensée devient le miroir fidèle de l'organisme, qui s'y réfléchit tout entier.

NOTE B.

SUR LA LIBERTÉ DANS LE SOMMEIL ET L'ALIÉNATION MENTALE.

C'est un problème fort obscur et qui a été bien agité que celui de la liberté humaine. Les fatalistes opposent à l'admission du libre arbitre le principe qu'il n'y a pas d'effet sans cause ; ils font observer que si l'homme se détermine dans tel ou tel sens, c'est qu'en fin de compte cette détermination résulte des conditions internes ou externes dans lesquelles il se trouve placé, conditions qu'il n'est pas libre de changer, et qu'il ne pourrait d'ailleurs modifier qu'en raison de ces conditions mêmes. Nos actes, disent-ils, s'appellent les uns les autres, et si l'homme peut réellement ce qu'il veut, sa volonté est à son insu la conséquence forcée de sa constitution physique, morale, intellectuelle, dont l'origine est antérieure à lui. L'homme peut choisir, mais pour choisir il lui faut un motif, et ce motif reçoit sa valeur et son poids de sa constitution même. Les défenseurs du libre arbitre font valoir le sentiment intime que nous avons de notre liberté, la responsabilité qu'entraînent pour chacun ses actes, responsabilité qui ne se comprendrait pas au point de vue de la justice de Dieu, si la liberté ne nous avait pas été accordée de les accomplir ou de nous en abstenir, suivant un choix entièrement dépendant de nous. La doctrine du péché originel et de la grâce forme comme un intermédiaire entre la théorie du fatalisme et celle de la liberté absolue; elle admet dans l'homme une incitation naturelle et par conséquence forcée vers certains actes bons et certains actes mauvais, les premiers par l'effet d'un penchant inné, héréditairement transmis et qui remonte au premier homme, les seconds par l'effet d'une intervention divine. L'homme aidé de la grâce peut résister à ses passions, héritage du péché d'Adam; mais, privé de son secours, il ne saurait complétement y réussir.

La physiologie, en démontrant le caractère congénial et l'origine héréditaire d'une foule de penchants et d'aptitudes, donne raison à la théologie, mais en même temps au fatalisme. D'un autre côté, la puissance que les convictions religieuses communiquent à l'homme pour triompher de ses passions natives, même les plus impétueuses, atteste que la foi est seule en état de transformer, sans le concours d'un changement dans l'économie, notre constitution morale. Mais il reste à vider la dernière question, à savoir si la vivacité de la foi est un effet de la grâce ou simplement le résultat des modifications naturelles qui se produisent dans la constitution physiologique. Certains philosophes le soutiennent, en faisant observer que la foi, la piété, est souvent un penchant natif, héréditairement transmis, dont le développement coïncide avec des modifications physiques; que ce n'est après tout qu'un penchant très-prononcé à croire, et que le propre de tout penchant puissant est de réagir contre les autres.

La seule physiologie ne saurait prononcer entre ces deux opinions plus voisines au reste qu'on ne pense, car les théologiens ne font en fait qu'appeler *don de la grâce divine* ce que les rationalistes tiennent pour un simple effet de l'organisation naturelle, due elle-même au concours de toutes les causes qui créent notre individualité morale.

Il est à noter de plus que la considération de la responsabilité sur laquelle s'appuient les défenseurs du libre arbitre, perd beaucoup de sa force dans le système des théologiens; car, Dieu étant libre de communiquer sa grâce à qui il lui plaît, son élection ne repose plus sur le mérite des actes, mais sur sa préférence, et l'on est ramené ainsi à la prédestination, au fatalisme.

Toutefois la théorie de la grâce n'infirme pas totalement le principe de la liberté, bien qu'elle le restreigne notablement, car la théologie enseigne que pour être obtenue, quand elle n'a pas été librement communiquée, la grâce doit être demandée par la prière, et pour cette demande l'homme demeure complétement libre. Il est alors comparable à celui qui, n'ayant pas la force de soulever un fardeau, ne pourrait pour cela se passer d'une machine, mais auquel la liberté aurait été laissée de se servir ou non de la machine.

Ainsi, en dernière analyse, l'opposition subsiste entre le principe de la liberté et celui du fatalisme. Les uns affirmant que pour se déterminer l'homme a besoin d'un motif, lequel dépend d'une constitution qu'il ne s'est pas donnée, qu'il n'aurait pu se donner que par des motifs placés en dehors de lui; les autres n'admettant pas dans le fait de la liberté le principe nécessaire de la causalité, qui ne nous est révélée que par une induction non applicable aux faits de libre arbitre, et faisant observer que si on généralisait le principe, on devrait l'appliquer à Dieu, ce qui enlèverait à celui-ci son caractère de cause première : l'âme humaine peut conséquemment être cause première et libre comme Dieu.

Je ne veux ni ne puis pénétrer davantage dans cet insoluble problème. Je me borne à dire que j'entends par liberté la faculté accordée à l'être, à l'homme, à l'animal, de se déterminer par les lois de sa constitution intime, c'est-à-dire conformément à ses idées. Ces idées sont-elles purement spontanées, comme presque toutes celles de l'homme qui rêve et de l'animal? l'être, bien que physiquement libre, ne l'est pas encore moralement; car il agit automatiquement, avec connaissance mais non pleine conscience de son acte. En ce sens l'on peut dire que l'homme éveillé seul est libre l'animal, l'enfant ne le sont pas. Car ceux-ci agissent nécessairement en vertu d'impulsions qui leur sont communiquées ou qui résultent du jeu de l'organisme; l'homme au contraire agit parfois après une délibération, après un choix; ses idées antérieures se combinent alors pour le faire agir, avec les impulsions présentes; il les appelle, les associe, et juge ainsi de ce qu'il doit faire. Il accomplit un acte conscient et non simplement instinctif ou fonctionnel.

L'aliéné peut, comme l'homme sain, jouir de sa liberté morale, c'est-à-dire agir après délibération et conformément à ses idées, à sa réflexion. Mais, ses idées étant devenues incomplètes, fausses, absurdes, par suite du trouble de l'intelligence, on ne saurait le rendre légalement responsable de ses actes; il rentre dans la même catégorie que l'enfant qui n'a pas encore atteint l'âge de raison. Il ne serait pas exact de dire que ce fou est privé de sa liberté morale; dès que l'aliéné n'est pas en proie à un délire incohérent, s'il n'est attaqué que de monomanie, de mélancolie, il se déterminera tout aussi librement que l'homme sain d'esprit, car aussi bien que lui, il agit conformément aux lois de sa constitution morale propre; ce qu'on doit dire, c'est qu'il est ignorant, abusé, trompé par des perceptions mensongères, par des jugements forcément vicieux; et c'est pour ce motif d'ignorance, d'incapacité morale et intellectuelle, non pour cause de perte de liberté, que les tribunaux devront le décharger de toute responsabilité. Son ignorance, son incapacité ne peuvent pas plus lui être imputées que la stupidité à l'idiot.

L'homme qui frappe, tue dans un accès soudain de colère, de jalousie, dans l'état d'ivresse, c'est-à-dire, comme dit la loi, sans préméditation, n'a pas au contraire sa liberté morale, bien qu'il sache souvent, à la différence du fou, ce qu'il fait; ce n'est pas par ignorance, par incapacité qu'il agit, c'est sous l'empire d'une excitation subite qui ne lui a pas laissé le temps de délibérer. Si la loi le punit, c'est qu'elle admet qu'il aurait pu vaincre, dans le principe, la passion qui finit par lui enlever sa liberté, c'est afin, en l'effrayant par la menace du châtiment, de l'arrêter dans l'impétuosité de la passion.

Certains crimes commis par les aliénés, par les maniaques, rentrent dans la catégorie de ceux qui tiennent à la perte de liberté morale, mais avec cette différence que, l'aliéné ne sachant souvent pas ce qu'il fait, la loi ne peut l'atteindre pour n'avoir pas cherché à combattre la passion qui menaçait de le conduire au crime, cette passion étant un effet forcé de la maladie.

Dans le songe, il y a à la fois ignorance, incapacité intellectuelle, par suite de l'engourdissement du cerveau, de l'imperfection des perceptions, et absence de liberté morale, à raison de la spontanéité des idées, de l'action instantanée des penchants; l'homme est contraint et égaré.

La maladie mentale et l'engourdissement du sommeil peuvent même ne plus laisser subsister la liberté physique; c'est ce qui arrive quand le fou se sent entraîné malgré lui vers des actes qu'il combat et désapprouve, quand le rêveur, exposé à un véritable cauchemar, éprouve une sorte de vertige qu'il ne peut dominer. Dans ce cas, l'arrêt ou le trouble des facultés agit sur le cerveau et l'économie, à la manière de chaînes sur les membres, des murs de la prison sur le prisonnier. Nous nous sentons liés et retenus.

On doit donc distinguer dans l'aliénation mentale trois causes qui suppriment la responsabilité, à savoir : l'incapacité de l'intelligence, la perte de liberté physique, la perte de liberté morale. Ces trois causes peuvent se présenter dans une même forme de folie, simultanément ou isolément.

NOTE C.

DE LA SUGGESTION.

Suggérer une idée à autrui, c'est la faire naître dans l'esprit de quelqu'un, soit en la lui présentant par la parole, soit en lui rappelant d'autres idées de nature à la susciter en lui. Certaines idées naissent presque forcément de certaines autres, se présentent nécessairement à l'esprit dans telle circonstance. Mettez devant les yeux d'un Français un homme qui se croise les bras et qui est coiffé d'un petit chapeau à cornes, vous êtes à peu près certain qu'il pensera à Napoléon Ier. Les images de nature à réveiller les passions les plus habituellement agissantes sont celles qui produisent surtout cet effet; elles provoquent chez tous les hommes généralement les mêmes idées : c'est ce qui a lieu notamment pour les paroles ou les représentations obscènes; de là leur danger.

Moins notre esprit est préoccupé de l'idée qui le traverse, plus facilement vous l'amenez vers la pensée que vous désirez lui inspirer. Si aucun sujet ne captive notre attention ou n'intéresse notre esprit, le système cérébro-spinal manque de ce léger stimulant qui lui est nécessaire, il tombe dans la demi-torpeur inséparable de l'atonie du système nerveux. Voilà pourquoi on bâille quand on s'ennuie, comme lorsqu'on a envie de dormir. Le bâillement, sorte de convulsion ou de spasme, est le symptôme de l'état de relâchement et d'atonie de nos nerfs. Toute cause qui tend à affaiblir l'action nerveuse, affaiblit aussi l'attention et nous rend moins aptes à nous fixer à une idée, à penser, à réfléchir, et plus prédisposé, par conséquent, à subir l'influence des idées qu'on nous présente. L'inertie où nous nous trouvons fait alors de nous de véritables machines sans ressort; il suffit de les pousser dans un sens pour qu'elles se meuvent, sans modifier leur direction. Comme l'hypnotisme, le sommeil coïncide avec l'affaiblissement de la force nerveuse; il nous livre dès lors davantage à l'influence des actions externes physiques, morales ou intellectuelles. On a vu, par mes propres expériences, que quand on dort, des impressions auditives, optiques, tactiles, olfactives, venues du dehors, font naître, le plus souvent, des songes en rapport avec ces impressions; des images spontanément engendrées dans l'esprit par la réaction de l'économie, donnent en nous lieu à la croyance en leur réalité. L'hypnotisé, le magnétisé sont dans un pareil état d'inertie intellectuelle. Les sensations qu'on leur fait éprouver, les paroles qu'on leur adresse produisent des effets tout semblables à ceux des images spontanées; ils donnent lieu à des croyances et à des sensations correspondantes. C'est ce que l'on appelle vulgairement l'effet de l'imagination. Il serait plus exact de dire que c'est l'effet de l'état passif du système cérébro-spinal. L'hypnotisé, le magnétisé, n'ayant plus la volonté, ne possédant plus une conscience nette de soi-même, ne distinguant plus l'idée qu'on lui suggère de la sienne propre, les idées qu'on évoque en lui se confondent avec les siennes, comme cela se passe pour les images du rêve. Quand on amène en moi un songe par une sensation qu'on me fait éprouver pendant que je suis endormi, je n'ai pas la conscience que c'est là un rêve suggéré; je prends pour une création spontanée de mon esprit cette idée, dont mon œil ne peut saisir la liaison avec l'acte qui la provoque. Le somnambule ou l'hypnotisé est dans un état analogue : on lui communique une idée qu'il prend pour sienne, et qu'il croit, comme nous croyons au rêve, parce que la volonté et le jugement sont lésés.

Voilà, ce me semble, à quoi tient la suggestion, à quoi se réduit ce qu'on a appelé la communication de pensée.

Je prends un exemple qui donnera plus de clarté à mon explication, et montrera en quoi elle se rapproche de celle qu'a proposée M. Philips :

Une personne est tombée dans un état de prostration et de détente nerveuse qui constitue un des prinpaux effets de l'hypnotisme; vous lui dites : *Vous allez boire du vin*, et vous lui présentez un verre d'eau. Par ces paroles, vous éveillez en elle l'idée de vin, et cette idée est accompagnée du rappel de la sensation que le vin fait éprouver au palais. L'excitation qui affecte les extrémités internes et encéphaliques des nerfs, dont les conducteurs externes sont au contraire affaiblis, donne à cette répercussion de la sensation, c'est-à-dire imprime à l'extrémité encéphalique ou rachidienne du nerf une vibration presque aussi forte que le ferait la sensation directe. Le patient, à cette seule idée de vin, une fois le nerf du goût mis en activité par l'absorption de l'eau, croira donc boire du vin, bien qu'il avale de l'eau. En rêve, il aurait eu, par l'effet du même phénomène, une conviction pareille, et cela sans l'intermédiaire de l'eau; l'image du verre d'eau, vue par l'esprit, aurait suffi. Mais le phénomène psycho-sensoriel n'est pas pour cela différent, et c'est lui qui constitue la suggestion.

Voici un autre exemple qui complétera ma pensée :

Je veux qu'un somnambule me dise l'heure qu'il est. Il me suffit d'un signe, d'un mot pour tourner sur l'idée d'heure son esprit flottant dans un état de vague et d'incertitude, qui se prête merveilleusement à ce que je m'empare de son imagination. Je dis au somnambule : *Il faut vous lever et aller voir l'heure;* ou bien je lui commande cet acte par un geste, un regard. La pensée d'aller voir l'heure entre alors dans l'esprit du patient, sans qu'aucune réaction intellectuelle de sa part la puisse venir combattre, puisqu'il est, comme l'homme qui rêve, incapable de réagir contre ce qu'il perçoit. Il obéira donc à cette pensée, et ne s'arrêtera que si, par le même procédé, je lui en communique une autre.

Les adeptes du magnétisme assurent qu'il faut que la volonté soit forte chez le magnétiseur pour qu'elle se communique; cela n'est pas nécessaire; mais ce qu'ils prennent pour la force de volonté n'est que l'acte clairement exprimé, indiqué au somnambule par le geste, la physionomie ou la voix, toutes choses qui exigent naturellement un certain temps et, par conséquent, une certaine persistance de volonté.

On peut donc dire que le magnétiseur acquiert sur son somnambule une véritable influence; mais il n'y a pas là d'action psychique; c'est tout simplement le résultat de l'affaiblissement de la volonté et du système nerveux chez la personne hypnotisée, magnétisée, affaiblissement qui fait qu'elle n'a guère d'idées que celles que son magnétiseur lui suggère par la parole, l'intonation, l'expression du regard et de la physionomie. Une fois dominé par cette idée, le somnambule ne peut réagir contre elle; il est comme le dormeur, qui subit l'influence de l'image dont est frappée son imagination, avec cette différence que chez le rêveur cette image résulte des sensations internes ou externes, tandis que chez le somnambule et l'hypnotisé elle est la conséquence de la parole qu'on lui adresse, du geste qu'on lui fait.

Ainsi que je le notais plus haut, quand une personne s'endort, mais pas assez profondément pour ne point entendre les sons qui peuvent frapper son oreille, elle fait parfois entrer les mots et les idées qu'on lui communique dans un rêve, sans s'apercevoir que ces idées ne sont pas les siennes, et elle agit en rêve en raison de ces idées *suggérées*. En voici un exemple que me fournissent mes propres expériences.

Un soir, je m'étais assoupi dans mon fauteuil; mon oreille percevait encore vaguement les sons; mon frère prononce près de moi ces mots d'une voix assez forte :

Prenez une allumette. La bougie venait de s'éteindre. J'entends à ce qu'il paraît ces mots, mais ne m'aperçois pas que c'est mon frère qui les a dits, et dans le rêve que je faisais alors, je vais chercher une allumette. Réveillé quelques secondes après, on me rapporta la phrase de mon frère. J'avais déjà oublié l'avoir entendue, quoique j'y eusse répondu dans le moment, mais sans en avoir conscience. Le fait est qu'en rêve je m'imaginais aller chercher une allumette de mon propre mouvement, ne me doutant pas que j'exécutais un ordre. Ce fait rentre évidemment dans ce qu'on a appelé la suggestion, et nous sert à l'expliquer. Que d'actions, que d'idées dans la vie de tous les jours nous sont suggérées ainsi par autrui, et que nous prenons pour nôtres; que de choses auxquelles une personne adroite nous fait penser en apparence spontanément! n'est-ce pas là toujours le même phénomène [1] ?

L'homme subit à tout instant les influences extérieures; ces influences, il n'en saisit que le reflet sur le miroir de son individualité, et il les prend là, non pour une copie, mais pour l'original, pour des images que sa volonté y a gravées. Que de fois l'homme s'imagine ainsi agir librement, quand il est à son insu le jouet, la dupe des forces qui l'entourent et le sollicitent ; c'est un pantin qui ne voit pas les fils qui lui

1. Voy. à ce sujet les remarques judicieuses de M. Chevreul sur la faculté qu'acquièrent certaines personnes d'en prédisposer d'autres à telle ou telle pensée, à tel ou tel dessein, notamment les marchands pour *engager la pratique,* les prestidigitateurs pour amener l'attention sur l'objet qu'ils désirent. *De la baguette divinatoire,* p. 250.

font agir membres et cerveau, et parce que notre encéphale ne réagit pas contre les impressions qui lui sont communiquées, nous croyons que l'âme élabore par une libre élection ses jugements et ses pensées.

Ainsi, la suggestion qui semble si merveilleuse dans l'hypnotisme et le somnambulisme naturel, n'est que l'extension d'un phénomène qui se passe journellement dans la vie de tous les hommes.

En résumé, la suggestion hypnotique ou magnétique est un rêve commandé par des paroles, des signes correspondant aux sensations à l'aide desquelles on peut provoquer tel ou tel songe chez le dormeur. Le somnambule, le magnétisé croit à la parole, au fait qu'on lui suggère, comme le rêveur croit à la réalité de ce qu'il voit, et il éprouve des sensations correspondantes, de même que celui-ci, par suite de cette surexcitation de la partie interne des nerfs, qui coïncide avec l'atonie des nerfs eux-mêmes.

NOTE D.

DU RAPPEL DES SOUVENIRS EN SONGE.

Ce que j'ai rapporté p. 115, du retour en rêve de souvenirs inscients, tient à ce que la mémoire peut, à l'insu de notre esprit, garder des traces d'impression; nous portons alors en nous, sans nous en apercevoir, une série d'idées qui nous ont été communiquées, ou que nous devions à un travail antérieur, et qui nous sont présentes sans que nous nous en doutions. En sorte que ces idées, quand elles s'offrent à nous, ont tout le caractère d'une composition de notre part, d'une véritable création. Je me souviens que j'avais un jour écrit sur un point d'économie politique quelques réflexions que je destinais à l'impression. Je perdis les pages où j'avais couché mes pensées, et je dus dès lors renoncer forcément à mon projet de les adresser à une revue littéraire. J'avais totalement oublié ce que j'avais écrit, lorsqu'on me sollicita de nouveau de donner l'article que j'avais promis. Je me remis au travail de composition, et je pensais avoir imaginé une nouvelle manière d'entrer en matière dans mon article. Deux mois plus tard, je retrouvai par hasard les pages égarées.

Grande fut ma surprise de reconnaître presque mot à mot, et avec les mêmes phrases, ce que j'avais cru depuis avoir récemment inventé. Évidemment, ma mémoire avait à mon insu gardé souvenance de ma première composition. C'est précisément ce qui se produit fréquemment dans le rêve. Une pareille confusion entre la conception et la perception prouve la liaison étroite qui les unit et sur laquelle j'ai appuyé dans la conclusion de mon livre.

Dans toute création de notre esprit, il y a une part considérable de mémoire, tandis qu'il n'existe qu'un petit nombre d'éléments introduits par le travail de la réflexion et de la combinaison. Cette part de la mémoire, nous ne la jugeons pas aussi grande qu'elle est en réalité, parce que le souvenir est inscient chez nous pour une foule de faits; tel paraît être notamment le caractère des souvenirs de l'enfance. Nous devons, à ce que nous avons appris dans nos premières années, une foule de notions, d'idées, de croyances, mais nous en méconnaissons l'origine, et, plus tard, elles nous apparaissent comme des créations de notre esprit. De là, l'influence de la première éducation sur l'homme. Les idées qui sont communiquées à l'enfant, et qu'il se rappelle ensuite sans le savoir, deviennent comme une partie intégrante de son intelligence, et se présentent plus tard sous une forme spontanée. En vieillissant, cette faculté d'assimilation s'affaiblit, et l'esprit, prenant sa constitution propre et définitive, est moins exposé à confondre ce qu'il a entendu dire et ce qu'il a lui-même conçu. Le songe, comme le corps des idées de l'enfant, est en majeure partie composé de ces souvenirs ignorés.

J'ai une fois vérifié que des vers latins, que je m'imaginais avoir composés en songe et que je me rappelai à mon réveil, étaient deux vers de Virgile que ma mémoire avait conservés, sans que je le susse. On pourrait citer nombre d'exemples de faits analogues. C'est si bien la mémoire qui tient le gouvernail de nos songes, que nous y sentons comme si nous étions éveillés, bien qu'il n'y ait plus les motifs de sentir de la sorte. J'ai la vue basse et mauvaise, et ne saurais distinguer nettement par la fenêtre une personne qui passe dans la rue. Eh bien, j'ai plusieurs fois, en rêve, cru apercevoir des gens par ma croisée, et je ne les distinguais pas mieux que je ne l'eusse fait en réalité. Évidemment, il n'y a pas une myopie imaginative, et c'était ici la mémoire de ma mauvaise vue qui me suggérait cette sensation confuse de l'appareil visuel.

On retrouve au reste là le même phénomène que celui qui fait que les aveugles rêvent qu'ils voient, que les sourds rêvent qu'ils entendent. A la longue, quand le souvenir des objets visibles, des sons, commence à s'effacer, ces songes disparaissent, et font place à d'autres où n'interviennent plus que les sensations en rapport avec les appareils sensoriaux qui sont demeurés intacts.

L'esprit de l'homme peut être comparé à un miroir qui réfléchit tous les objets dont les rayons lumineux le frappent, mais qui, avec le temps, se dépolit et devient moins apte à rendre le rayon lumineux. Sous un certain angle il y a réflexion totale; l'œil ne s'aperçoit pas de l'effet d'optique et pense voir l'objet même; tandis que sous d'autres angles, l'aspect incomplet de l'image réfléchie suffit pour nous révéler la propriété réflective du miroir.

Il en est de nos actes comme de nos idées, nous pensons les accomplir, en vertu de notre propre détermination, et cependant en une foule de cas nous ne faisons que répéter ce que nous avons vu; nous imitons, sans avoir conscience de l'imitation. La volonté d'autrui se réfléchit dans la nôtre, à notre insu, et nous obéissons en croyant agir de nous-mêmes.

Aucun phénomène ne rend plus manifeste cette vérité que le rêve; tout nous y semble spontané, nous y pensons être libres; et pourtant, nous y sommes conduits, sans le savoir, par des souvenirs, des impressions internes ou venues de dehors qui se dérobent à nous. Mais nous nous prêtons si aisément à la main conductrice, elle pèse si peu dans la nôtre, qu'il n'y a pas le moindre frottement; rien de cette pression qui nous révèle que nous ne sommes plus libres, et que nous suivons des impulsions étrangères, parce que nous le faisons avec autant d'aisance que si nous étions guidés par notre propre esprit.

Illusion qui n'est pas seulement celle des nuits, mais encore celle de tous les jours. L'homme croit s'appartenir, et il ne marche qu'environné de forces et d'influences auxquelles il se conforme, sans s'en apercevoir. Il se rappelle quand il croit imaginer; il se soumet quand il croit commander; il sent quand il croit penser. Triste jouets du conflit des choses, nous sommes le produit complexe de l'infinie variété de ce qui nous entoure, et, tandis que nous réfléchissons notre propre personnalité sur nos jugements, nos jugements sont eux-mêmes, comme nos actions, le reflet du monde où nous vivons.

NOTE E.

DU PHÉNOMÈNE DE LA PERTE DE MÉMOIRE.

La mémoire s'affaiblit avec l'âge ; d'abord la mémoire des noms propres, des mots, puis celle des choses, des faits. Cela montre que la faculté du souvenir est liée à un état particulier de l'encéphale et du système nerveux. L'impressionnabilité qui permet à l'ébranlement de la fibre cérébrale de se continuer, de façon à produire le phénomène de l'impression persistante, s'atténue visiblement, à mesure que nous vieillissons. Les faits, les choses que l'on a apprises dans l'enfance, la jeunesse, c'est-à-dire à une époque où la substance cérébrale avait la propriété d'être facilement mise en action et de vibrer avec force, demeurent presque toujours gravés dans l'esprit et ne s'effacent que si l'intelligence s'éteint tout à fait. Cela tient sans doute à ce que les vibrations communiquées à l'encéphale, dans le premier âge, tirent leur énergie de l'état moléculaire que présentent alors les fibres ; la répercussion de l'ébranlement qui a été suffisant pour engendrer le souvenir se continuera indéfiniment, tant que cette constitution ne changera pas. Quand l'altération du cerveau est très-profonde, ce qui a lieu dans la démence sénile, le ramollissement cérébral, la personne peut parfois encore comprendre la signification des mots, reconnaître les objets, faire des signes pour les indiquer; mais il lui est impossible de se les rappeler, de les nommer. Il ne reste plus dans la tête que quelques mots que le dément répète à tout propos et qu'il profère chaque fois qu'il tente de rappeler le souvenir d'un nom, d'une expression. Ces mots sont ordinairement ceux qui se lient à un sentiment énergique, puissant, sentiment qui les a plus fortement gravés dans l'esprit, par exemple, des jurons, des exclamations, des interjections. Évidemment parce que la vivacité du sentiment qui les accompagna a déterminé des ébranlements plus profonds et dès lors plus persistants.

Fait remarquable! il y a de ces malades, de ces vieillards en enfance qui peuvent encore écrire les mots, mais qui sont incapables de les prononcer, de les dire, comme cela s'observe aussi chez des personnes hypnotisées, lesquelles perdent la faculté de se rappeler les mots qu'on leur fait oublier par une impression inverse de celle qui les avait gravés dans la mémoire. D'où il suit que le signe visible produit sur l'esprit une impression plus profonde, plus durable que le signe vocal. Et, en effet, la mémoire des yeux est bien plus étendue que celle de l'oreille.

Telle personne atteinte de ramollissement cérébral confondra les mots les uns avec les autres, dira l'un quand elle voudra dire l'autre. Cela prouve que la régénération d'une idée fait vibrer les fibres correspondant aux mots, aux idées qui sont dans l'esprit connexes avec celles-là.

Un malade veut, par exemple, demander du *pain*, il demande en place du *feu*, c'est que les idées de pain et de feu ont été associées dans son cerveau. L'idée de pain n'est plus assez forte pour déterminer l'ébranlement correspondant au mot qui le représente; mais tandis que le malade essaye de produire cet ébranlement, sans réussir à le rendre assez énergique pour qu'il lui devienne perceptible, il amène l'ébranlement de la fibre dont le mouvement est lié à celui-là, et qui subsistait moins affaibli que le premier; en sorte que c'est le mot *feu* qui se présente. Un homme atteint de démence sénile veut dire le nombre *deux*, il ne parvient pas à trouver le mot; mais l'idée du signe visible subsiste encore en lui, et il montre ses deux doigts. L'association des idées a ici survécu en quelque sorte à l'idée même.

Le langage du geste, qui procède plus directement de l'organisme, qui apparaît chez l'enfant avant qu'il sache parler, résiste à la perte de la mémoire, de la parole, par le même motif que le souvenir du signe écrit survit à celui du signe vocal.

Quand l'homme oublie les signes qui sont liés aux actes répétés le plus habituellement par lui, à ceux qui ont fait originairement davantage impression sur son esprit, par exemple, son propre nom, celui de sa ville natale, de sa nation, etc., c'est que la faculté vibratoire des fibres encéphaliques est alors presque totalement abolie. On a beau lui dire le mot; un instant après, il est déjà sorti de sa mémoire, parce que l'impression nouvelle n'est plus assez puissante pour régénérer une impression ancienne qui ne retentit plus que sourdement.

Les substances qui font perdre la mémoire, la digitale, par exemple, et divers narcotiques, ont le même effet que l'âge; elles atténuent la faculté vibratoire des fibres de l'encéphale.

Les phrénologistes et quelques physiologistes ont prétendu localiser la mémoire dans une partie du cerveau. Mais on a avec raison opposé à ce système le fait que la mémoire est une faculté diverse; car elle a pour objet de rendre plus subsistantes des impressions se rapportant à des facultés d'ordres différents, distincts. Telle personne a la mémoire des mots, telle autre celle des formes, telle autre celle des lieux, telle autre celle des nombres, telle autre celle des sons. L'une de ces mémoires peut s'affaiblir, être peu développée, et l'autre subsister dans toute son énergie, demeurer très-prononcée. Il est donc plus vraisemblable que la mémoire résulte de la propriété qu'ont toutes les fibres cérébrales de conserver l'impression reçue, l'ébranlement une fois imprimé, et de l'accroître quand un ébranlement voisin, dû à une idée connexe, vient à se combiner avec lui.

Nous ne saurions nous souvenir de toutes les impressions que nous avons perçues; même les plus heureuses mémoires oublient plus d'actions, de faits, de choses qu'elles ne s'en rappellent; c'est qu'il n'y a qu'un nombre limité de fibres dans le cerveau et que chacune n'est susceptible que d'un certain nombre de vibrations. La mémoire d'une chose chasse celle d'une autre, et les faits nouvellement appris font oublier souvent ceux qu'on avait sus antérieurement. Il faut, pour se rappeler, rafraîchir la connaissance déjà acquise, c'est-à-dire rendre par des impressions nouvelles et identiques l'intensité à l'impression plus ancienne. La fibre vibre comme le pendule oscille; suivant que la secousse a été plus ou moins forte, le pendule oscillera plus ou moins de temps, mais il finira par s'arrêter, si un ressort ou la main n'entretient pas son mouvement. En vieillissant, nous sommes obligés de répéter plus souvent une chose pour la savoir, et ce que nous apprenons par cœur s'oublie vite; cela prouve que l'amplitude de l'oscillation est moindre pour les impressions nouvelles, et qu'il est nécessaire que la même cause vienne plus souvent lui communiquer le mouvement.

Si l'on veut que la mémoire d'un fait nous reste, il faut que l'impression qui l'accompagne soit vive. La mère qui donne un soufflet à son enfant, parce qu'il a oublié ce qu'elle lui a dit, et ajoute : *Tu te le rappelleras maintenant*, admet sans le savoir ce principe psychologique. Le soufflet attache à l'idée un sentiment plus fort qui rend l'impression intellectuelle plus énergique, conséquemment plus durable. Pour nous rappeler les choses, il faut donc les associer à des faits de nature à nous impressionner vivement. Quand nous sommes enfants, tout nous frappe, tout nous impressionne par sa nouveauté, et c'est là aussi un des motifs pour lesquels la mémoire est alors plus tenace.

L'objet a cependant besoin d'être lié à un signe pour que son impression soit durable; car c'est ce signe qui, rappelé à l'esprit, ravivera l'ébranlement dû à l'impression originelle; ainsi l'enfant ne se souvient guère de ce qu'il a fait quand il ne pouvait pas encore parler;

mais cette cause n'est point la seule qui produise la mémoire, et il est encore nécessaire que la substance cérébrale ait acquis la force suffisante pour que l'ébranlement, une fois communiqué, se continue un temps prolongé, après s'être produit. Jusque-là l'enfant se rappelle sans doute les choses, un certain laps de temps, mais ce laps est court. L'enfant au maillot reconnaît sa nourrice, il se souvient donc; mais ce souvenir n'est pas durable, et quand la personne cesse plusieurs jours de paraître devant lui, il l'a oubliée. Même fait a lieu dans la démence sénile, et ce n'est pas sans raison que l'on dit l'*enfance des vieillards*.

Un point difficile, c'est de se rendre compte du motif pour lequel la mémoire des noms propres se perd plutôt que celle des choses. Il me semble que cela doit tenir à ce que le souvenir des personnes est lié à un moins grand nombre d'idées que la mémoire des choses; tandis que celle-ci est sans cesse ravivée par une foule d'idées connexes qui la régénèrent, un petit nombre de faits se rattachent pour nous aux personnes que nous ne voyons pas habituellement; en sorte que l'association des idées qui fortifie tant la mémoire n'agit pas aussi puissamment dans le rappel des noms propres; et la preuve, c'est que, pour nous souvenir d'un nom, nous cherchons à le lier à un mot exprimant une chose dont l'idée nous est familière, c'est-à-dire au mouvement de la fibre cérébrale qui y correspond, fibre qui a été fréquemment surexcitée. Les noms de parents, d'amis, au contraire, demeurent aussi longtemps gravés dans l'esprit que celui des objets, et cela par le motif indiqué ci-dessus.

Notons, à l'appui de cette explication, que les noms, les mots dont on se rappelle le plus difficilement, quand la mémoire des noms et des mots s'affaiblit, sont précisément ceux qui ne se rattachent à aucune idée habituelle, qui sont tout nouveaux pour nous. Tel est le motif pour lequel, passé quarante-cinq à cinquante ans, on ne réussit guère à apprendre une langue étrangère, tandis qu'on apprend encore une foule de faits.

Ceux qui ont la mémoire des chiffres sont en général ceux qui savent le mieux les manier, c'est-à-dire qui sont le plus familiarisés avec leurs rapports tant entre eux qu'avec les choses ; ce qui confirme encore mon observation. La mémoire des sons se rencontre pour un pareil motif chez les hommes naturellement musiciens, et celle des formes chez les peintres, les sculpteurs ; celle des lignes chez les architectes.

La faculté de la mémoire se développe, comme toute faculté, par l'usage, l'exercice, parce que la fibre que l'on fait vibrer souvent acquiert plus d'aptitude à être ébranlée.

La mémoire est le point de départ de tout jugement, de toute connaissance. Il n'y a pas d'intelligence sans mémoire ; mais les aptitudes de la mémoire sont en rapport avec celles de l'esprit, et l'on peut dire que chacun a toujours la mémoire très-développée sur l'ordre d'actes qu'il accomplit le mieux. La mémoire peut, comme toute opération intellectuelle, être consciente ou non. Quand nous répétons une chose par habitude, la mémoire agit encore, mais elle n'est pas consciente d'elle-même. Nous faisons ce que nous nous rappelons avoir appris une première fois, mais sans le savoir. Il n'y a plus association raisonnée d'idées; aussi la fatigue est-elle moindre pour le cerveau. Voilà pourquoi les esprits paresseux préfèrent apprendre les choses par routine, plutôt que d'une manière méthodique. On dirait que l'habitude qui naît de cette mémoire latente imprime aux vibres cérébrales des mouvements concomitants qui s'accomplissent d'eux-mêmes et sans effort.

NOTE F.

NOUVELLES OBSERVATIONS SUR LES HALLUCINATIONS HYPNAGOGIQUES.

Depuis la rédaction du chapitre de cet ouvrage qui est consacré aux hallucinations hypnagogiques, j'ai eu occasion de faire sur ce singulier phénomène de nouvelles observations, dont je crois devoir consigner ici les résultats.

Mais je dois préalablement répondre à une objection que le rôle que je fais jouer à ces troubles de la perception, dans l'explication du mode de production de l'idée, pourrait soulever. L'hallucination qui se produit dans l'état intermédiaire entre le sommeil et la veille, est, dira-t-on, après tout, un fait pathologique, un symptôme presque morbide, et dès lors distinct de l'idée qui naît en nous à l'état sain, à l'état normal. J'en conviens, mais je ferai remarquer que les phénomènes pathologiques peuvent servir à éclairer les phénomènes psychologiques; ils offrent même un grand avantage pour l'étude de la vie psychique, parce qu'ils donnent une forme plus prononcée, des proportions exagérées à des faits qui, chez l'homme à l'état de pleine santé, seraient à cause de leur faible intensité ou de leur nature cachée, peu susceptibles d'être constatés. Les altérations qu'amène, dans telle ou telle fonction du système nerveux et circulatoire, l'acte de telle pensée, de tel sentiment, mettent en évidence les parties de l'organisme qui interviennent dès que l'âme est occupée de cette pensée ou de ce sentiment ; la maladie est, pour ainsi dire, la limite des effets produits et des modifications opérées dans l'économie, pour parler le langage de l'analyse mathématique. C'est ainsi que la statistique des formes de l'aliénation mentale et des causes morales qui l'engendrent, peut nous révéler quelles sont les passions qui agissent le plus fortement et le plus habituellement sur l'âme. Le fou n'est pas sans doute dans l'état intellectuel de l'homme raisonnable, mais il obéit encore à des impulsions, à des idées du même ordre, bien que plus entraînantes, plus violentes et fondées sur des perceptions fausses ou dénaturées. Le degré de fréquence, la puissance de tel ou tel mobile s'évaluent à la proportion dans laquelle il amène la perte de la raison ; ce chiffre peut donc être pris pour la mesure de l'influence, à l'état normal, du même mobile dans nos réflexions et nos actes. L'altération physique que l'anatomie, la physiologie pourront découvrir chez l'aliéné indiquera quelles sont les fibres nerveuses, et quelle est la partie du fonctionnement des appareils vitaux qui se lient à une action morale déterminée, à tel sentiment, telle impression, telle idée.

Ainsi, quoique l'hallucination hypnagogique soit un phénomène morbide, il n'en éclaire pas moins le mode de production de la pensée et du rêve, car il fait plus ressortir l'intervention des sens, il en grossit l'action, il resserre l'alliance entre les conceptions et les impressions sensibles qui les ont fait naître; la délicatesse de l'innervation que ce trouble de l'appareil cérébro-sensoriel implique nous découvre des phénomènes qui, sous une forme moins accusée, dans cet état d'équilibre des fonctions qui constitue la santé, nous échapperaient totalement.

L'objection écartée, ajoutons à ce qui a été dit au chapitre IV quelques remarques nouvelles. J'ai constaté que l'hallucination hypnagogique augmente d'intensité et de fréquence avec l'augmentation de la congestion cérébrale et de l'excitation nerveuse qui s'y lie; elle est alors dans une dépendance plus immédiate de la pensée. Dès que l'esprit s'arrête sur une pensée, une hallucination hypnagogique correspondante se produit, si l'œil vient à se fermer; l'excitation ressentie dans telle ou telle partie du système nerveux provoque une pensée correspondante qui se traduit en une image visible, en un son auditible, dès que la paupière se clôt. En voici la preuve :

Depuis quelque temps, sous l'influence de variations atmosphériques qui déterminent chez moi des attaques de rhumatisme dans la tête et la partie supérieure du thorax, les hallucinations se manifestent, dès que je ferme les yeux; elles font apparaître des figures se rapportant à mes pensées, lesquelles sont elles-mêmes en relation avec les excitations nerveuses que j'éprouve. Il y a un mois, je ressentais une pesanteur extrême dans les sinus frontaux et la région occipitale, avec une sensation de tension et de chaleur; je souffrais en même temps de crispations dans l'estomac. La température était ce jour-là fort élevée. Je clos les paupières, alors je vois des mets sur une assiette, comme si j'avais rêvé après un long jeûne. Les aliments n'avaient rien d'appétissant. Le lendemain, les douleurs se portent au cou, aux oreilles, et voilà qu'une hallucination hypnagogique me montre une sorte de couteau qui ratissait la peau d'une tête que je distinguais imparfaitement et qui s'évanouit au moindre clignement des yeux. Le même jour j'éprouve une douleur au talon et aux orteils; c'étaient des tiraillements avec sensation alternative de brûlure et de froid; je vois, en abaissant les paupières, un pied nu, puis chaussé. L'autre semaine, après avoir lu avec une forte attention un passage allemand dont l'obscurité me désespérait, et alors que j'étais aussi sous l'empire de mon rhumatisme, je revois mon livre les yeux fermés. Je pense hier soir à une personne de ma connaissance que j'avais aperçue les bras nus, et je la revois hypnagogiquement jusqu'au buste avec ses mêmes manches retroussées.

Ces faits établissent clairement que toute idée est accompagnée d'un commencement de la sensation, d'un retour de la perception, à laquelle cette idée se rapporte, et que réciproquement la sensation rappelle nécessairement l'idée. L'irritation nerveuse que j'éprouvais rendait mon organisme plus délicat et me montrait ce qu'à l'état sain nous ne voyons pas; car quand la sensation n'est pas douloureuse, elle est plus faible, plus fugitive, et alors l'idée qu'elle suggère a l'air d'être spontanée et indépendante de toute réaction physique, sans autre cause que la pure activité de l'esprit.

La maladie, je le répète, met en évidence les fils qui attachent nos sensations à nos idées, et nos idées à nos sensations; à l'état normal, ces fils sont si ténus qu'on ne les distingue pas. C'est de même un état morbide déclaré qui rend manifeste l'influence du corps sur les changements de caractère, de goût, de jugement, que nous ne saurions toujours découvrir à l'état de santé, parce que, quand nous sommes bien portants, l'action qu'exerce en nous le physique nous échappe; elle est en quelque sorte latente, comme les modifications qui s'opèrent dans l'économie. Car il ne faut pas oublier que chez l'homme sain ces modifications du sang, des humeurs, des nerfs, ne sont pas moins nombreuses que chez l'homme malade, seulement elles se produisent dans des limites trop resserrées pour pouvoir être saisies, et nous regardons alors comme un produit libre de la pensée ce qui n'est que la résultante de toutes les actions intestines et cachées.

La maladie, avec ses symptômes, n'est en bien des cas que le dernier terme d'une modification qui s'est opérée de longue date et a graduellement amené le désordre dans les fonctions. Ce désordre n'est au fond que la forme apparente de ce qui existait antérieurement, d'une manière moins prononcée et non encore extérieurement appréciable.

Pareil fait a lieu pour les troubles de la perception et de la conception. L'hallucination est le résultat de la liaison intime existant entre la sensation perçue et la sensation conçue; c'est un phénomène en vertu duque la liaison se décèle sans obscurité.

Ceci nous explique pourquoi, bien que l'hallucination soit, comme l'a dit M. Lélut, la transformation de la pensée en sensation, cependant elle n'apparaît pas toujours comme dernier terme de cette pensée, comme le résultat consécutif et immédiat de l'énergie de la réflexion, de la contemplation. Quand nous pensons fortement et souvent à une chose, que cette contemplation, cette réflexion, par suite de l'affaiblissement du système nerveux, réagit sur lui plus que de coutume, il en résulte une sensation intérieure plus fréquente, sensation de l'ordre de celles qui accompagnent toute conception. La partie de l'organisme ébranlée par ces répercussions réitérées se fatigue, s'affaiblit et devient sujette, sans cause externe, à des agitations automatiques, à des spasmes qui déterminent bientôt l'éveil spontané de la pensée correspondante.

Par exemple, un homme a l'esprit agité de l'idée qu'il peut être ruiné; cette idée évoque en lui l'image intérieure des effets de la ruine; ces images, incessamment évoquées, finissent par amener dans les fibres qui seraient affectées par cette image même, un mouvement de nature identique à celui qui se produirait si cet homme assistait de fait à sa ruine, s'il voyait sa maison délabrée, ses vêtements déguenillés, ses biens vendus, etc. En proie à des agitations répétées, les fibres finissent par contracter une sorte d'état épileptique; et la conséquence du mal est qu'un beau jour le trouble éclate, même sans que la pensée se soit portée sur l'image qui affecte ces fibres. Dans ce cas, les fibres malades sont prises d'une véritable convulsion, et aussitôt la pensée qu'appelle ce mouvement surgit sans avoir été provoquée par l'association des idées. L'hallucination apparaît tout à coup, alors que l'on songe le moins à ce qui en fait l'objet.

Ainsi se concilient l'explication de M. Lélut et les observations de M. Baillarger.

L'état hallucinatoire n'implique donc pas précisément un bouleversement des opérations intellectuelles, c'est seulement un ravivement de l'idée-image dû à ce que les parties internes des appareils sensoriaux, devenus plus délicats et plus facilement excitables, subissent, par l'opération de la conception, une répercussion plus forte que dans l'état sain, répercussion cependant de même nature que celle qui accompagne toute pensée.

NOTE G.

DES MOUVEMENTS INSCIENTS.

Les physiologistes reconnaissent, depuis les travaux de Prochaska et de Legallois, des mouvements *reflexes* qui sont dus à une réaction des nerfs sensitifs sur l'appareil moteur, opérée par l'intermédiaire de la moelle et sans le concours de l'encéphale, conséquemment de la volonté. Ces mouvements, tout instinctifs et en quelque sorte mécaniques, n'en sont pas moins rationnels et logiques; ils reposent sur l'instinct de conservation, et tendent le plus ordinairement à écarter une cause de destruction ou de perturbation. Sont-ce là les seuls mouvements que nous accomplissions sans en avoir conscience, ou du moins que nous exécutons machinalement et que nous ne constatons que par une observation postérieure immédiate? Je pense qu'une étude plus attentive des relations existant entre le phénomène de la pensée, le jeu de l'encéphale, qui en est la condition, et les mouvements musculaires et nerveux, conduirait à reconnaître d'autres phénomènes reflexes; mais ces phénomènes ont pour siége le cerveau lui-même.

Je crois avoir montré, dans le cours de cet ouvrage, que toute conception est nécessairement liée à un mouvement des racines encéphaliques de l'appareil sensoriel, qui reproduit à notre insu, bien que d'une manière affaiblie, le fait de la sensation même. Du moment que nous pensons à un acte, lequel se traduit toujours pour nous en un nombre déterminé de sensations, notre cerveau est affecté comme il le serait par l'acte même; un ébranlement du même ordre que celui qui se communique à l'encéphale lors d'une sensation réelle, et d'où résulte une perception, s'empare de la partie de notre cerveau où la perception serait élaborée. J'ai fait remarquer comment, de même que le pouvoir reflexe est accru par certains agents, certaines substances, l'emploi de divers procédés affectant les nerfs, ou l'action de la maladie augmente cette répercussion de la pensée sur les racines sensorielles comprises dans l'encéphale et arrive à donner à nos conceptions l'apparence d'une perception réelle : c'est ce qui a lieu dans l'hallucination [1].

Cette corrélation secrète entre la pensée et les nerfs peut-elle s'étendre jusqu'aux muscles mêmes, et imprimer à notre corps des mouvements dont nous n'avons

1. Le simple phénomène de la pensée se formulant par des paroles intérieures met en évidence la manière dont l'appareil sensoriel agit lors de cette pensée même. Prêtons de l'attention à l'acte par lequel nous pensons, et nous entendrons réellement en nous résonner, bien que faiblement, les mots et les paroles qui nous viennent à l'esprit. Si notre cerveau est congestionné, cette audition interne sera plus marquée ; elle pourra même produire un sentiment pénible et quelque peu douloureux. Enfin, si la pensée devient très-vive, les nerfs légèrement incités et déjà ébranlés par leurs racines, entreront en jeu, feront mouvoir les muscles, et nous penserons à haute voix, nous articulerons, ainsi que cela s'observe chez des gens en proie à une forte préoccupation et surtout chez les aliénés.

pas conscience? C'est là ce que je me propose d'examiner.

Un des plus éminents chimistes de notre temps, M. Chevreul, a démontré par ses curieuses expériences du pendule explorateur, qu'une action musculaire peut se développer en nous, sans que la volonté intervienne, mais par le seul fait que notre pensée se porte sur un phénomène lié à ce mouvement, sans que toutefois elle constitue précisément une préoccupation de l'action musculaire indispensable à la manifestation dudit mouvement[1]. Tout le monde a pu d'ailleurs constater que certains mouvements se produisent en nous, sous l'empire d'une émotion, d'une préoccupation, d'une simple idée qui peut ne pas toujours avoir pour objet ces mouvements mêmes. Il est des personnes affectées d'un tic nerveux intermittent, qui, du moment où elles sont préoccupées de ne point le laisser paraître, qu'elles se sentent intimidées, s'en voient au contraire plus vivement inquiétées. La pensée de bâiller, ou même de ne pas bâiller, suffit pour provoquer l'envie du bâillement. Voilà des mouvements involontaires, qu'on pourrait appeler contre-volontaires, et qui se produisent à la suite de la seule idée de ce mouvement. Dans quelques affections hystériques ou hypochondriaques, on note des faits analogues. J'ai connu une dame atteinte d'hystérie, et qui, dans ses accès, faisait et disait ce qu'elle voulait précisément ne pas dire et ne pas faire. Sous l'empire de la crainte qu'aucun mot inconvenant

1. *De la baguette divinatoire, du pendule explorateur et des tables tournantes au point de vue de l'histoire, de la critique et de la méthode expérimentale.* (Paris, 1854, in-8°.)

ne sortît de sa bouche, elle prononçait, malgré elle et sans bien savoir ce qu'elle disait, des mots obscènes. Traversant, le soir, une longue galerie solitaire de son château, un bougeoir à la main, elle était prise d'une peur extrême de se trouver là dans l'obscurité; et à peine cette pensée lui était-elle venue, qu'elle soufflait sa bougie. On observe dans le phénomène du vertige des faits du même ordre. Les aliénés font souvent ce qu'ils ne croient pas faire, et attribuent à des causes surnaturelles des actions dont ils sont eux-mêmes, à leur insu, les auteurs.

Un phénomène qui démontre clairement l'existence de ces mouvements psychiques reflexes, c'est celui que nous offrent les expériences des tables tournantes et parlantes, qui ont tant occupé les imaginations, et en séduisent encore beaucoup aujourd'hui.

M. Chevreul, dans l'ouvrage sur la baguette divinatoire et le pendule explorateur que je viens de rappeler, a parfaitement montré que dans ces expériences on voyait se reproduire des faits du même ordre que ceux qu'avaient observés Gerboin, Fortis et Amoretti, faits dont il a donné une très-judicieuse explication.

J'étais pour mon compte déjà arrivé aux mêmes idées que l'illustre académicien, quand je lus le livre où elles se trouvent développées et justifiées par un ensemble d'observations dont l'honneur lui appartient. Et après avoir eu connaissance de son excellent ouvrage, je n'ai éprouvé qu'un regret, c'est qu'il ne fût pas plus répandu, et que les faits qui y sont démontrés n'eussent pas pénétré davantage dans le public.

Qu'on me permette donc de résumer ici, en y ajoutant quelques remarques qui me sont personnelles, le fond des idées que je rencontre dans le livre de M. Chevreul.

Des personnes s'assoient autour d'une table, sur laquelle elles appuient les mains. Elles n'ont point l'intention de la presser assez, d'exercer sur elle un poids suffisant pour la faire craquer ou se mouvoir. Cependant, au bout d'un certain temps, si les personnes qui se livrent à cet exercice demeurent préoccupées du désir de savoir quand la table tournera, il arrivera souvent que le meuble craquera et entrera en mouvement. Le mouvement une fois imprimé à ce meuble circulaire, les pressions deviennent nécessairement latérales, et elles s'ajoutent de façon à accélérer le mouvement de la table. Évidemment il y a eu pression de la part des mains placées sur la table, et cette pression a été tout involontaire et insciente; elle a été la conséquence de ce que les expérimentateurs ont fortement pensé à l'idée de faire tourner la table. Qu'une pression des mains ait été réellement exercée et que le mouvement de la table ne se produise qu'autant que la pression latérale a lieu, c'est ce qu'ont mis hors de doute les expériences de MM. Faraday et Chevreul. La vue du meuble en mouvement a encore contribué chez les assistants à leur faire imprimer le mouvement; les observations faites avec le pendule explorateur démontrent en effet que la vue d'un objet qui se meut exerce une grande influence sur l'acte involontaire qui le fait mouvoir. L'idée suffit donc pour déterminer des mouvements légers de la paume et des doigts, dont la répétition a amené un commencement d'ébranlement dans un meuble que sa forme rend apte à la rotation. Et la preuve qu'il y a là un effet involontaire de la pensée sur les nerfs, puis sur les muscles, c'est que, suivant que les expérimentateurs ont tous dans l'esprit de faire tourner la table de droite à gauche ou de gauche à droite, le mouvement s'opère dans l'un ou l'autre sens.

Mais comme il est très-difficile, vu leur peu d'amplitude et leur instantanéité, de constater ces pressions inscientes, quelques personnes ont nié qu'elles s'exerçassent réellement. Les tables parlantes nous fournissent une preuve plus démonstrative.

Les hommes sérieux qui ont assisté à un grand nombre d'expériences sur ces tables, ont pu s'assurer du phénomène suivant : La table interrogée ne répond jamais à l'expérimentateur que ce qu'il croit ou que ce qu'il a dans l'idée. Si l'on demande à une table l'heure qu'il est, la somme que l'on a dans sa bourse, les prénoms d'un ami, etc., et qu'en faisant cette question on soit mal renseigné sur l'heure, sur le contenu de sa bourse, sur les prénoms de l'ami, la table abonde dans votre erreur. Ce prétendu meuble prophétique réfléchit vos idées, vos craintes et vos espérances. Le croyez-vous mû par le démon, il vous tient une conversation diabolique; vous imaginez-vous qu'un être invisible mais bienfaisant se manifeste à l'aide de ces frappements, vous ne recevez que des réponses édifiantes. Il y a des gens qui ont cru que leur table leur avait dicté un roman, un morceau de musique ou une chanson, et ces compositions se sont trouvées être du même style et du même esprit que les œuvres des expérimentateurs. Il n'y a pas jusqu'à des fautes de grammaire et d'orthographe, habituelles chez celui qui interroge la table, qui ne se soient retrouvées dans les compositions de celle-ci.

Il est donc évident que ceux qui font parler les tables, j'entends, on le pense bien, les gens de bonne foi, se renvoient leur propre pensée. Il y a là un mouvement reflexe, non par la moelle, mais par la table. Nos mains, nos doigts, tout l'appareil tactile obéit, sans que nous en ayons conscience, à la préoccupation, ou, comme dit M. Chevreul, à la prédisposition qui agit sur notre esprit. Les pressions se multiplient ou s'arrêtent, suivant les nécessités de la lettre qui doit entrer dans le mot qu'appelle notre pensée, dirigée sur l'objet à propos duquel la table est interrogée.

« Mon principe, écrit M. Chevreul (p. 223), peut trouver son application aussi bien pour les tables frappantes que pour la baguette employée comme moyen de divination, et je dis en conséquence que la faculté de faire frapper une table d'un pied ou d'un autre [1] une fois acquise, ainsi que la foi en l'intelligence de cette table, je conçois comment une question adressée à la table éveille en la personne qui agit sur elle, sans

1. M. Chevreul a observé qu'on pouvait acquérir l'habitude de faire lever une table pourvue de plusieurs pieds seulement sur l'un d'eux. Il a d'autre part cité des exemples qui montrent la puissance énorme de faibles pressions répétées pour engendrer des mouvements considérables.

qu'elle s'en rende compte, une pensée dont la conséquence est le mouvement musculaire capable de faire frapper un des pieds de la table conformément au sens de la réponse qui paraît la plus vraisemblable à cette personne. »

L'habitude peut de même imprimer à nos doigts des mouvements qui rendent notre conception, mais sans que notre attention ait besoin de se porter sur ces mouvements mêmes. Le musicien qui improvise sur un piano un motif de sa composition, ne voit et ne connaît, en quelque sorte, aucun des mouvements que ses doigts doivent accomplir sur le clavier pour donner les notes que son esprit conçoit. La pensée musicale se traduit immédiatement par le mouvement de doigts qu'un effet de l'éducation et de l'habitude lui a appris être nécessaire pour produire les notes en question. Nous agissons de même quand nous parlons. Nous ne savons plus alors quel mouvement notre langue, nos dents, notre palais, notre gosier, accomplissent pour l'émission des différents sons qui traduisent notre pensée, nous ne suivons que la pensée même, et si nous ne nous observons pas, c'est à peine si nous nous entendons parler.

L'éducation et l'habitude peuvent donc associer à la pensée des mouvements qui les représentent et que nous accomplissons presque sans nous en apercevoir [1]. Que la pensée soit très-forte, que la préoccupation soit

1. Voy. les judicieuses observations de M. Chevreul sur l'habitude dans ses rapports avec les mouvements involontaires, *De la baguette divinatoire*, p. 230 et suiv.

très-vive, que notre système nerveux lie plus étroitement, par un effet de sa délicatesse et de son excitation, les sensations aux mouvements encéphaliques, et une idée dont notre esprit sera possédé donnera lieu chez nous à des mouvements qui rendront cette idée, comme les mouvements de la glotte et de l'appareil buccal la rendent dans le langage. Il y a des exclamations qui nous échappent et qui nous trahissent malgré nous. Les mouvements involontaires de ceux qui font tourner les tables trahissent de même leurs préoccupations, et l'expérimentateur agit ne croyant point agir.

Ce qui a lieu pour les tables tournantes se produit aussi pour les *médiums ;* mais ici les muscles exécutent directement et involontairement les mouvements que dans les expériences précédentes on transmet à un meuble. Le *médium* a, comme l'homme en rêve, ainsi que je l'ai montré dans cet ouvrage, une idée non consciente, et c'est cette idée qui guide sa plume ou son crayon. Elle commande des mouvements qui ont alors tout l'air d'être involontaires, parce qu'ils sont en quelque sorte instinctifs.

On voit par là que l'étude des mouvements inscients et des merveilles qu'ils produisent, se rattache au phénomène du sommeil étudié dans le cours de ce livre.

FIN DES NOTES.

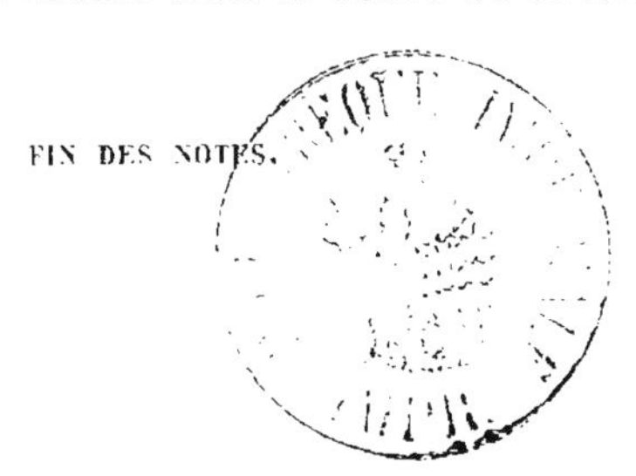

TABLE DES MATIÈRES

FIN DE LA TABLE.

Paris. — Imprimerie de P.-A. BOURDIER et Cie, 30, rue Mazarine.